U0721022

湖南省烟草公司长沙市公司 2015 年科技计划支持

洁净型煤反向燃烧热风炉

段美珍 何命军 赵阿娟 陈治锋 ◎ 著

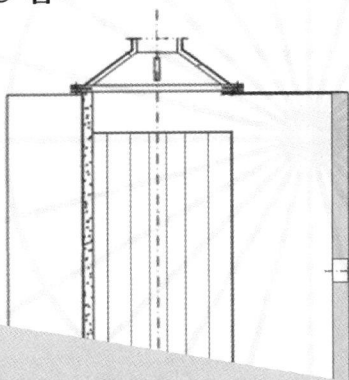

JIEJINGXINGMEI
FANXIANG RANSHAO
REFENGLU

中南大学出版社
www.csupress.com.cn
·长沙·

前　言

　　使用清洁能源、重视节能减耗是当今密集烤烟的发展方向之一。美国、加拿大等国家普遍使用燃油或天然气烤烟。目前我国新能源与可再生能源烤烟推广示范空气源热泵烤烟和生物质成型燃料烤烟。显然，空气能热泵和生物质成型燃料目前尚不能改变烤烟用能源仍然以燃煤为主的形势。燃煤烘烤以立式金属热风炉为主，少数使用隧道式非金属热风炉，它们都是暗火正燃供热，热效率低且污染环境。针对立式金属炉和隧道式非金属炉的缺点，加上今后相当长时期内我国能源消费结构仍然以煤为主的形势，项目研发推广具有一次性装煤、低投资、强控温能力、节能低污染排放等优势的密集烤烟用洁净煤反向燃烧热风炉。为现有高用工成本、高污染及高能耗的立式金属热风炉及隧道式热风炉淘汰和烟草调制加工工序实行能耗限额及环保门槛管理，提供除生物质颗粒燃烧机烤房及空气能烤房之外的另一种新方案。

　　为了配合密集烤房高效节能环保型热风炉在长沙市各烟区，乃至湖南省各烤区的迅速推广，项目组特将项目技术研究报告编辑成专著，较系统地介绍洁净型反向烘烤热风炉的研发思路、研发过程和研发成果，供广大烟农在密集烤房高效清洁型燃烧供热设备选择时提供参考。

　　感谢中南大学能源科学与工程学院艾元方副教授在项目技术方案优化论证、密集烘烤实验、论文写作和专利申报过程中的大力投入。作为项目技术依托方，他无私奉献、大胆创新、严谨治学和精益求精态度是本课题得以完成的关键。

　　由于时间仓促，水平有限，书中难免出现疏漏和不足之处，敬请有关专家和广大读者批评指正。

湖南省烟草公司长沙市公司

2020 年 4 月

目 录

1 概 述

中国现阶段烟叶烘烤大量使用密集烤房，密集烤房中燃煤热风炉保有量大，分布广、能耗高、污染重，节能减排潜力大。这些热风炉使用存在诸多问题：一是技术装备落后，大多数热风炉燃用原煤，燃烧功率小。甚至基于20世纪七八十年代手烧薄煤层暗火正烧原理的低能效、高排放的热风炉仍在使用。高效热风炉价格高，市场份额低，推广难度大。二是热风炉运行不经济。热风炉负荷波动大，调节能力有限，实际运行效率低。三是燃料匹配性差。热风炉燃料以未经洗选加工的原煤为主，煤种复杂，热值不稳定，灰分和含硫量高，不仅降低了热效率，还加重了环境污染。在烟叶烘烤过程中，清洁能源如天然气、电能、生物质能、太阳能、空气源热泵、纳米和红外线辐射、余热回收利用、柴油、气化炉供能等比重很低。四是环保设施不到位。热风炉燃用原煤，没有配置有效的除尘装置，基本没有脱硫设施，排放超标严重。由于污染源过于分散，环境监管难度大，偷排等环境违法现象突出。密集烤房煤燃烧所产生的粉尘及 CO、SO_2、NO_x 等烟气污染物对烘烤工厂周围环境已造成了较为明显的影响。

面对日趋恶化的环境污染，世界发展中国家都在深层次地研究和寻找更有效的措施加以改善。研制高效节能环保型烤烟热风炉，制订热风炉燃煤技术条件，不直接燃用高硫高灰分低热值的原煤，推广使用洁净煤和洗选煤等一系列措施，可以推进煤炭清洁化燃烧和燃料结构优化调整，降低烤烟生产成本，减少排放物对附近农田及村庄环境的影响，净化烤房群附近空气，增加烟农收入，最终实现烟草生产的可持续发展。

1.1 烤烟节能减排潜力分析

国外对烟叶烘烤排水理论需热量的研究结果各不相同，日本、美国、苏联的研究结果分别为 2368.5 kJ/kg、2445.9 ~ 2499.5 kJ/kg、2466 ~ 2478.6 kJ/kg。汪廷录等研究认为，我国烟叶烘烤过程每排除 1 kg 水分所需要的理论耗热量为

2576.1 kJ/kg。我国各主要烟区的新鲜烟叶含水量大多为80%~90%。以烟煤的低位发热量为20809 kJ/kg计算，每1 kg干烟叶的理论耗煤量为0.423~0.952 kg[1,2]。因此，密集烤房供热设备耗热过高，存在巨大的节能潜力[3]。

烟叶烘烤是一个大量耗热的过程。传统烤房燃料燃烧放热去向如图1-1所示[4]，燃料不充分燃烧的热损失为热风炉燃料发热量的15%~25%，烤房热风渗漏及围护结构的热损失为热风炉燃料发热量的15%~25%[3]。国内传统烤房供热设备的有效能耗普遍较低，仅占燃料低位发热量的20%~35%，烤烟燃料成本过高。

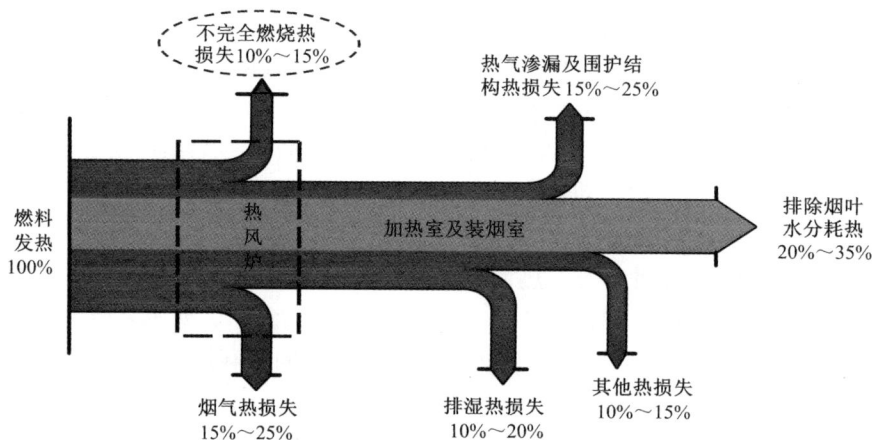

图1-1 传统烤烟能流图

近年来，密集烤房的推广和应用促进了烤烟种植规模化的发展。与普通烤房相比，密集烤房采用强制通风、热风循环，具有装烟量大、节能、省工、省时、烤后烟叶质量优良等特点，以及自动化程度高、操作简便、劳动强度低等优点；但在推广应用过程中，也存在换热效率和热能利用率不高、设备维护不到位、自动化控制与密集烘烤工艺匹配性不强、节能降本有待提高等问题。另外，密集烤房在应用过程中还存在编烟装炕工作量大、劳动强度大、能量利用率低、排放量较大、使用寿命较短等问题。从理论上讲，1 kg干烟叶耗煤量为1.2~1.5 kg。目前密集烤房平均耗煤量一般为1.5~2 kg/kg干烟。国内密集烤房能效与发达国家相比还有很大差距。美国保温性能良好的烤烟房能效已达到60%。据不完全统计，国内密集烤房能效为45%~50%，部分烤房能效低至30%~40%。

目前国内烤房煤燃烧所产生的大量粉尘及有害气体（主要是 CO、SO_2、NO_x）对烤房群周围环境已造成了较为明显的影响。据测算，一个 20 座规模密集烤房群，整个烘烤季节将排放 CO_2 219.56 ~ 260 t、烟尘 2.36 ~ 2.80 t、SO_2 2.027 ~ 2.40 t、NO_x 0.59 ~ 0.70 t。2017 年全国烟叶种植面积 1800 万亩，按 20 亩烟田配套建设 1 座标准密集烤房测算，全国建有烤房 90 万座，烘烤用煤为 380 万 ~ 450 万 t ce。按每燃烧 1 kg ce，排放 CO_2 2.6 kg、烟尘 0.028 kg、SO_2 0.024 kg、NO_x 0.007 kg 测算，2017 年全国烟叶烘烤年排放了 CO_2 988 ~ 1170 万 t、烟尘 10.64 ~ 12.60 万 t、SO_2 9.12 ~ 10.80 万 t、NO_x 2.66 ~ 3.15 万 t。据测算，5 年内高效热风炉占有率年增 4%，加上密集烤房金属炉能效有约 25% 的提升空间，即年增节能 3.8 ~ 4.5 万 t ce，能减排 CO_2 9.88 ~ 11.7 万 t、烟尘 996.9 ~ 1260 t、SO_2 911.7 ~ 1012.5 t、NO_x 266.7 ~ 315 t。以湖南省为例，2017 年烟叶种植面积 110.58 万亩，从 2009 年开始大规模建设密集烤房起，全省共建有烤烟房 7.5 万座。按密集烤房用高效热风炉市场推广后占有率为 20% 计算，湖南省市场容量超过 1.5 万座，即 5 年内年增节能 3170 ~ 3750 t ce，减排 CO_2 8230 ~ 9750 t、烟尘 83 ~ 105 t、SO_2 75.975 ~ 84.375 t、NO_x 22.225 ~ 26.25 t。

目前还没有国家或行业标准对密集烤房热风炉热效率、综合能源消耗单耗、污染物排放等指标提出明确要求。烤房群建设项目环境影响评价参照大气污染物综合排放标准（GB 16297—1996）[5] 中的二级标准，要求烟尘排放小于 120 mg/m³，参照锅炉大气污染物排放标准（GB 13271—2014）[6] 中的重点控制区标准，要求粉尘排放小于 30 mg/m³，SO_2 排放小于 200 mg/m³，NO_x 排放小于 200 mg/m³。

1.2 燃煤锅炉消烟除尘常用方法

燃煤锅炉消除烟尘的主要方法[7] 有：改进燃烧方式，设法使煤烟和飞灰的可燃部分在炉膛内烧尽，从而消除煤烟和减少飞灰量；采用除尘设备，从烟气中分离出烟尘而净化烟气；燃烧挥发分少的无烟煤或煤矸石。

（1）半煤气串联燃烧锅炉。

如图 1-2 所示，半煤气串联燃烧锅炉由 20 ~ 30 片铸铁炉片或 2 ~ 3 台立式锅炉串联起来，在前部设置炉膛，炉膛内产生的未燃尽的可燃气体和煤烟，在流出炉膛后，被送入二次和三次空气，再次进行燃烧。由于这种方法是人工加煤，煤气和黑烟的产生是不均匀的，一次加煤较多时仍然有未完全燃烧的黑烟从烟囱冒出。此外，由于串联加大了锅炉的阻力，排烟变得困难，往往造成炉门扑火冒烟等现象。

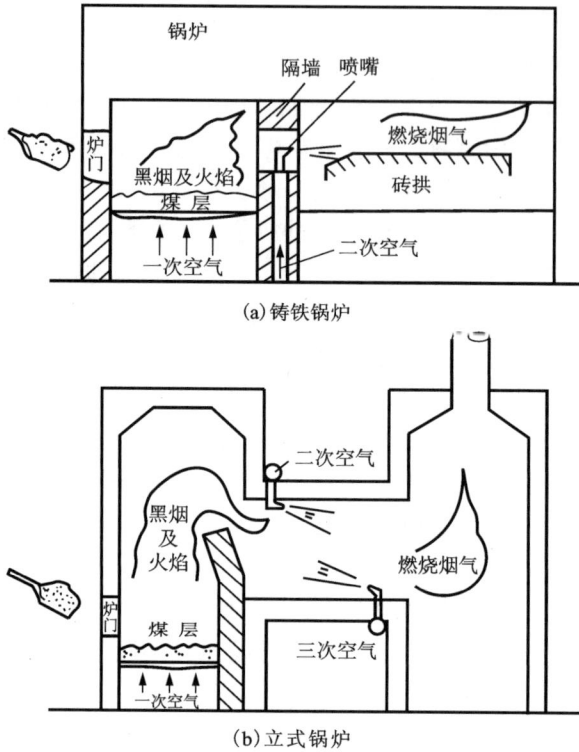

图1-2 串联燃烧消烟方法

(2)固定阶梯炉排半煤气锅炉。

如图1-3所示,固定阶梯炉排半煤气锅炉在原锅炉外砌筑了炉膛,前部是固定的倾斜阶梯式炉排,后面是普通平炉排。煤从前部煤斗加入,定期由人工拨下。在倾斜的阶梯部分,煤受热产生的煤气和黑烟经平炉排的旺火区得到完全煤气燃烧。它的消烟效果要比串联燃烧法好,但由于是人工拨煤,仍然没有完全解决均匀产生的问题,劳动强度也较大,此外,改装也比串联燃烧法要复杂一些。

(3)全煤气燃烧锅炉。

如图1-4所示,全煤气燃烧锅炉在锅炉前部设置了简易煤气发生室,产生的煤气流经后部赤热的花墙,并在该处送入二次空气。一次加煤可供几个小时燃烧。它的消烟效果很好,还降低了司炉劳动强度,但只能烧好烟煤,今后需解决燃烧次煤以及安全和负荷调节问题。

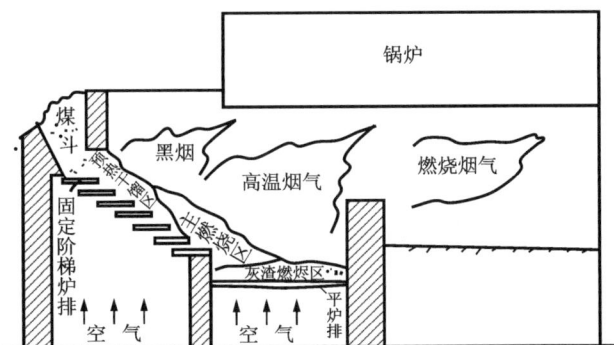

图 1-3　固定阶梯炉排半煤气锅炉

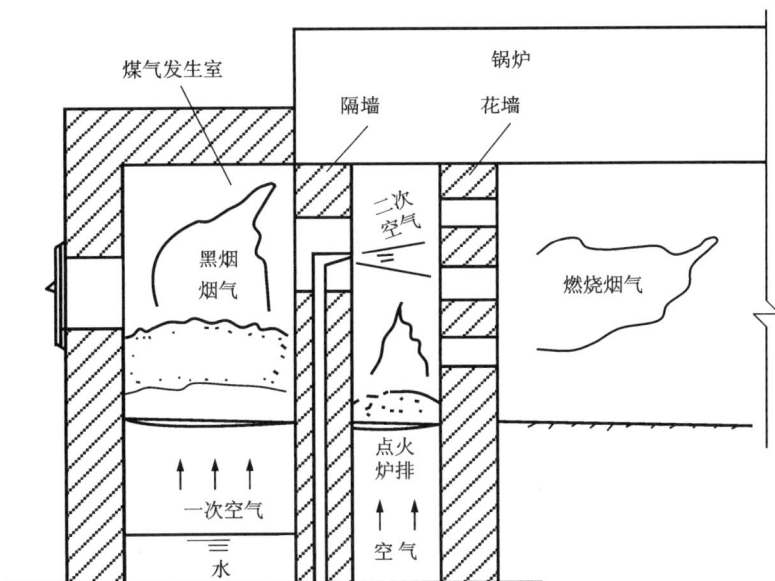

图 1-4　全煤气燃烧锅炉

（4）往复式炉排燃烧锅炉。

如图 1-5 所示，往复式炉排锅炉是活动阶梯炉排，烟气由前到后流动。由于炉排往复运动，煤从煤斗缓缓送入炉内，并在倾斜阶梯炉排前部受热，可较均匀地产生可燃气体和黑烟，这些烟贴着火层流动，经过中部的旺火区和后部的余燃区后完全燃烧。为解决锅炉内的飞灰问题，可在锅炉受热面内采用隔挡、沉积等方法，使飞灰分离出来。

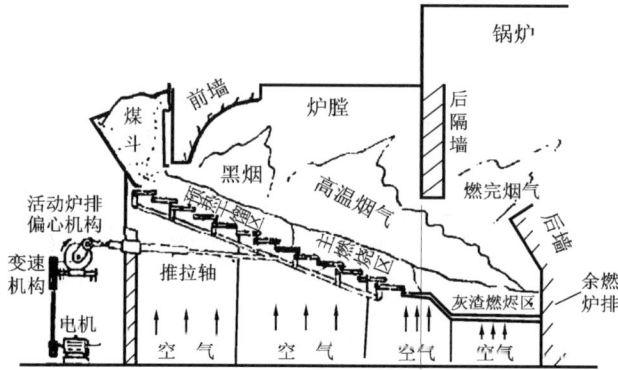

图 1-5　往复式炉排锅炉

（5）无烟煤、煤矸石锅炉。

无烟煤和煤矸石中的可燃气体较少，烧起来煤烟也很少。如图 1-6 所示，改进锅炉使其适于烧这种燃料，也可以减少烟尘。其采用厚煤层和自然通风，取得了较好的效果。这种锅炉一次加煤可烧几个小时，操作也简单，适用于稳定负荷的锅炉。

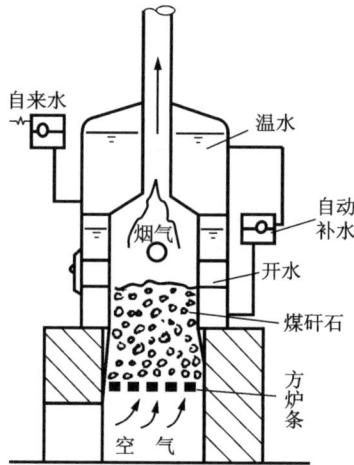

图 1-6　煤矸石锅炉

1.3　烤烟用燃烧供热技术现状

1.3.1　暗火正烧和明火反烧

1)厚煤层和薄煤层

块煤层状燃烧法分为薄煤层燃烧法和厚煤层燃烧法两种。

薄煤层燃烧法是煤炭进入燃烧室后,首先干燥和干馏,再放出水分和挥发物的方法。从挥发物燃烧,到固体碳燃烧,助燃空气全部由煤层下面供给。

厚煤层燃烧法,也称为半煤气燃烧法,其煤层较厚,煤层中氧化带产物 CO、H_2O 等向上通过还原带,还原成 CO、H_2 等可燃气体。此时增大下部一次进风,只是增加了还原反应速度。为了使可燃气体全部燃烧,须在煤层上部增设二次进风,拉长燃烧火焰,改善炉膛温度分布。煤层厚度只是决定了燃烧时间。

2)暗火正烧法和明火反烧法

(1)暗火正烧法。

暗火正烧法是在炉排上放上点火柴后,加上煤层,从炉排下面进风,在炉排上面点火燃烧。当煤燃尽后,用机械或者人工办法再加煤。这样,燃烧在煤的下面进行,燃烧的煤是在未燃烧煤的下面,即火焰被压在煤下,故称之为"暗火"。而煤的燃烧是自下而上进行的,故称之为"正烧"。目前,国内密集烤房用金属火炉散煤燃烧方法即属于人工加煤中的薄煤层暗火正烧方法。由于周期性加煤,导致供需的不平衡及燃烧过程的周期性变化,使得炉子经济性降低(燃烧效率50%~60%,热效率约50%,优质块状烟煤或无烟煤消耗 1~2 t/炉),烟尘浓度和烟气黑度大大超过国家规定的排放标准(有时冒黑烟,排烟林格曼黑度 4~5 级、排烟含尘浓度大于 1 g/m^3),严重污染大气,危害人们身心健康;操作人员直接受高温辐射和烟气烘烤,劳动条件差,劳动强度高,操作环境恶劣。为了节能和消烟除尘,在运行中可采用"勤、少、快、均"(即勤加煤、少加煤、快加煤和煤层均)和"三快"(即开关炉门快、投煤快、清除炉渣快)等操作方法。一方面,由于经常开启炉门,冷风不断侵入炉内,降低了燃烧室温度,再加上新煤层覆盖后阻力增大,通风力减弱,因此使一部分煤粒和可燃气体不经充分燃烧,就白白从烟囱跑掉;另一方面,由于间断性清炉,一部分生煤从炉条落下,增加了机械的不完全燃烧。总之,此方法存在着烟囱冒黑烟、煤炭浪费大的缺点。

炉排上的煤层实际上是煤粒群,煤粒群燃烧过程按如下四个阶段进行。

①加热和干燥。煤粒被加热到100℃时,煤中水分气化外逸,煤逐渐被烘干。

②挥发物的逸出和燃烧。当温度继续升高时,烘干的煤就干馏出许多气体,

称为挥发物。它们主要是碳氢化合物及少量 H_2 和 CO，着火温度在 250 至 700℃ 之间。煤粒四周的挥发物如果在一定温度条件下遇到空气中的氧气，就会开始燃烧，并在煤粒外层呈现黄色明亮火焰。

挥发分在温度为 300～400℃ 时析出得最为激烈，这时的挥发分主要是 CO_2、H_2O、CO、CH_4、C_2H_2 及其他重碳氢化合物。这些可燃物的析出一般要延续到很高的温度，有时可达 900～1000℃ 的高温。

③焦炭的形成和燃烧。煤的挥发物全部逸出后，就只剩下焦炭。当煤粒四周的挥发物燃烧时，就为焦炭着火燃烧创造了良好条件。焦炭是煤的主要可燃物质，但较挥发物更难烧掉。因此，如何创造焦炭燃尽条件，关系到煤粒燃烧的完善程度。

④形成灰渣。焦炭燃烧后，在其表面就逐渐形成了灰渣层。

如图 1-7 所示，在暗火正烧的整个燃烧过程中，煤层自上而下分为了加热干燥层、挥发物逸出的干馏层、还原层、氧化层和灰渣层。

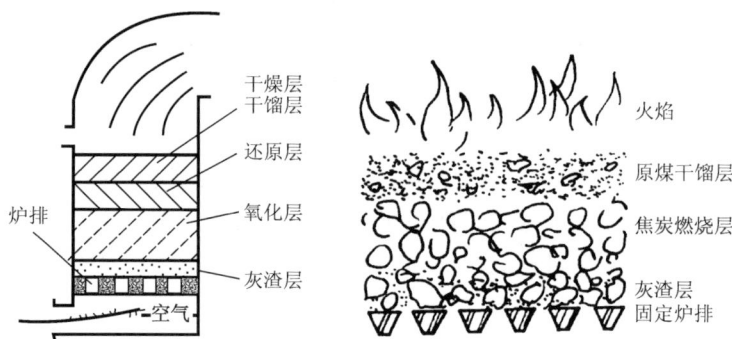

图 1-7　暗火正烧法燃烧层分层

因此，当空气自下而上穿过炉排而遇到最下层的几排灼热煤粒时，煤粒中就形成 CO，即：

$$2C + O_2 \longrightarrow 2CO$$

CO 气体在燃烧层间隙中又与过剩的 O_2 混合燃烧成 CO_2，即：

$$2CO + O_2 \longrightarrow 2CO_2$$

CO_2 气体继续向上流动，又与上层煤粒发生还原反应，即：

$$C + CO_2 \longrightarrow 2CO$$

其中，在低温缺氧条件下，干馏层中挥发分不可能正常燃烧，便发生裂化、脱氢、叠合、环化而生成含碳量多的苯环物质——炭黑；因不完全燃烧而生成环烃物质——烟炱；还可能因还原反应而分解出游离的炭粒。这些物质总称"烟黑"，烟黑被烟气带出即是所谓的黑烟。

新煤下部受下方炽热焦炭的高温加热，上部受炉膛高温烟气、炉内衬辐射和对流传热，温度很快升高，大大缩短了着火所需时间，这种方式是"双面引火"。

为达到加热工艺规范要求，正烧法需周期性地加煤、拨火、扒渣。在两次加煤的期间，加入炉内的煤经历了燃烧的各个阶段，形成一个周期。正烧炉周期性地冒黑烟是由它燃烧的周期性所决定的。在正烧法中，从下往上燃烧时，上面的煤干馏、挥发，而鼓入风中的氧气经过下层反应后，已无足够的氧来燃烧上面的挥发物，于是形成大量的黑烟。煤层厚度不固定，当新煤投入炉内时煤层最厚，随着煤的燃烧，煤层逐渐变薄。如图1-8所示，当新煤投入炉内时，突然受到高温，煤很快析出大量的可燃性气体，这时应增加所需空气量；随后，挥发气体逐渐减少，所需空气量也逐渐减少。而供给的空气量基本上是不变的，燃烧后期由于煤层变薄，阻力减小，所以空气量稍有上升。由于炉内可燃气与空气的混合难以均匀，尤其是小炉子，炉温低，炉膛空间小，烟气流程短，所以更难均匀，因此，实际起燃烧作用的空气量只是如图1-8中的曲线4所示。在二次加煤的一个周期内，有时空气量不足(标有$\ominus$)，有时空气量过剩(标有$\oplus$)。当空气不足时，大量可燃性气体不能在炉膛内得到完全燃烧，此时，形成粒度为$0.01\sim0.05$ μm的极细炭黑，排出炉外，这是黑烟主体。炭黑堆积密度只有50 kg/m^3，具有憎水性，用除尘方法是不能消除粒度大于0.05 μm的炭黑的，只能设法在炉内烧掉。烟囱内排出的另一类物质是粒度较大的灰和未燃尽的炭粒，它不仅污染环境，而且也浪费燃料，这就是手工加煤周期性燃烧的严重缺点。由于添煤拨火过程造成炉膛的温度降低，对燃烧环境产生剧烈的扰动而必然造成大量的炭粒不完全燃烧和尘粒飞扬，在此期间，排烟含尘量极大，黑度常达林格曼黑度为$4\sim5$级；同

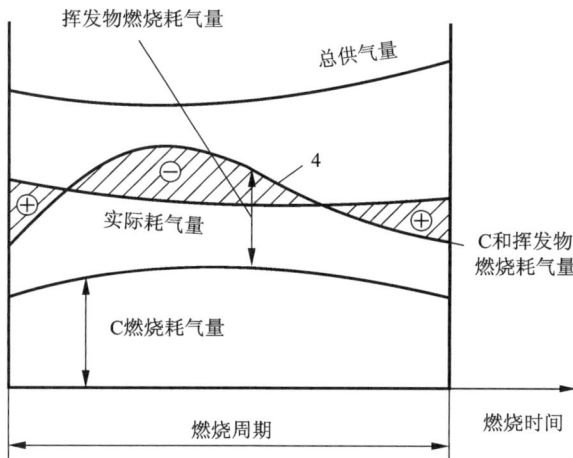

图1-8 正烧法空气供需曲线

时，由于加煤厚度不均匀，煤在干馏阶段有大量的挥发分裹携炭粒游离，受炉膛温度不稳定和扰动因素的影响，往往得不到完全燃烧便排出烟道，总体上含尘量一般在 600～5000 mg/m³，其中，粒径 <10 μm，烟尘含量 >5%，机械引风时烟气含尘量为 1500～5000 mg/m³[8]。

（2）明火反烧法。

明火反烧法是在固定炉栅的燃烧室中将一炉的用煤量（冷态下）一次投入，从煤层上面点火，也从炉栅下面鼓风，引火后使煤层由上而下地燃烧，不需要加煤和翻动煤层的一种燃烧方式。与正烧法相反，火焰是在上面，故称之为"明火"，煤是从上向下烧，又称之为"反烧"。若要添加新煤，可将风关掉，把炽热的煤堆在一边，重新加好新煤以后，再以燃煤覆盖，继续送风从上往下燃烧。这种燃烧方式，由于在燃烧过程中不开启炉门投煤，不进行间断性清炉，因此杜绝了冷风侵入，保证了燃烧室的高温，使可燃气体、煤抹烟渣和燃料中的固定碳同时燃烧，从而起到了消烟除尘和保温节煤的良好效果。明火反烧法是厚煤层燃烧，操作简单易行，维修方便，投资少且运行维修费用低，劳动强度低，能消烟除尘、节能、减少环境污染，点火容易，煤耗量小。烟气黑色度低于林格曼黑度一级，烟气排尘浓度在 100 mg/m³ 左右，二者均低于国家规定的排放标准。

明火反烧法是烟煤无烟燃烧常用方法之一，凡是使用挥发分大于10%的煤种作燃料，都要采用下加煤、上点火的明火反烧方式[9]。反烧法的关键在于克服了正烧法炉膛空间的可燃物得不到充足的氧气进行完全燃烧而冒黑烟的弊病。

链条炉排和往复炉排锅炉的燃烧，都属于明火反烧法范畴[10]。

明火反烧法常出现在 0.5～4 t/h 手烧锅炉中。

①速度控制机理。

明火反烧法，抛弃了以控制加煤量来控制单位时间内燃煤挥发分释出量的"经典"方法[11]。首先是利用挥发分释出量与温度、炉膛负压和气体流动速度成正比的原理，在炉内辟出一个区间，使该区域内能自动控制其温度、负压和气体流动速度，使之都降低到一个适当的范围内，从而达到在一次大量加煤后，挥发分能长时间、少量地缓缓释出的目的，避免了常规正烧炉因加煤而出现挥发分突然大量释出导致的不完全燃烧状况；其次是当焦炭燃烧层下面的原煤，因只受到焦炭燃烧层的传导热，且同时受到进风的冷却，所以只能逐层少量地释出挥发分，从而与从炉排下进入的新鲜空气一道进入焦炭燃烧层时，已混为含氧可燃气体。当在炽热焦炭块的缝隙中穿过时，由于这些缝隙很不规则，形状复杂，有许多转弯和扩大、收窄等变化，使其发生反向涡流和强有力的湍流混合过程。挥发分在焦炭燃烧层的缝隙中，获得了高温、足氧（一方面是未经耗氧的新鲜空气，另一方面是氧气必先满足气体燃烧的需要，如果缺氧，则焦炭可以暂不继续燃烧，而仅仅是局部气化）、充分混合和必要的燃烧时间等完全燃烧的必需条件，就如气态可燃物在炽热的多喷管燃烧器中燃烧一样，非常强烈。过剩空气系数可以小到 $1 \sim 1.05$，燃烧温度可以接近理论燃烧温度。所以，可以实现只见火焰而无黑烟的完全燃烧。一般情况下，排烟黑度可达到林格曼 0 级。

以微电脑控制运行系统，采用反向燃烧原理，使煤炭在燃烧过程中产生的黑烟转化为可燃气体进行二次燃烧，从而使热能充分保留在炉膛内。当室温达到设定温度后，锅炉的自动恒温系统会减慢煤的燃烧速度。这样一来，不但消灭了黑烟，更节约了大量的能源。

②消烟除尘机理。

A. 反烧传热过程。

明火反烧法是把引火柴放在煤层上面，让煤层自上而下进行燃烧，这种燃烧方式比较少见。热传递是由热辐射、热传导和热对流三种方式进行的。引火柴在煤层上面，要引燃煤层，对流导热是不起作用的，而要依靠热传导和热辐射传递热量。炉顶盖起聚热反射作用。运行初期，上面的火源把热量传导给最近的煤层，将表面的煤层加热到 300℃ 左右，煤就开始析出可燃性气体，可燃性气体燃烧后，炉膛温度进一步提高，热辐射传热效果进一步增强。表面煤层温度 > 450℃ 时，煤即开始正常燃烧。整个煤层燃烧过程靠热辐射或热传导由上而下、连续均匀地进行。由于进风来自炉排下边，因此氧化层在下边，上层煤因得不到足够的氧气，不能完全燃烧而形成了"红焦"的还原层，所以在煤层上边存在一定量的 CO。

因为反烧法连续均匀地进行氧化燃烧，因此煤层干馏出来的可燃气是连续而均匀的，燃烧所需要的空气量也是均匀的，不会同手烧正烧炉一样周期性地产生供氧不足的情况，也避免了游离碳的析出，所以不产生黑烟。另外，由于在燃烧过程中煤是"静止"的，灰尘的飞扬就减少了，少量被吹起的飞灰在通过氧化层和还原层时被阻挡和过滤，所以烟尘排放 $< 10 \ mg/m^3$，烟气黑度小于林格曼黑度 1 级。

B. 黑烟燃烧条件。

目前实现烟煤无烟化燃烧有两个主要技术措施，其一是将挥发分大的煤种先压制成型，经低温干馏除去挥发分，就得到了清洁的固体燃料；其二是在配套的炉具上采用上三合一式点火饼[12]。

消除黑烟，要创造一个良好的燃烧条件：高的温度（$1200 \sim 1300℃$ 以上）、充分的空气量和良好混合（空气过剩系数 $1.2 \sim 1.4$），以及必要的燃烧空间和时间。

a. 反烧法燃烧平稳，始终有过剩空气供应。

明火反烧法的煤是一次加完的，不会像正烧法一样需要周期性补煤而产生空气不足现象。当煤层厚度固定以后，空气供应较稳定（煤层厚度在 300 至 800 mm 之间，没有明显压力变化）。在整个厚煤层反烧中，煤层是自上而下层层燃烧的，每层煤的挥发物逸出是均匀的，没有周期性空气不足现象。这样，挥发物燃烧时只要较小的过剩空气量,就能保证挥发物有充足的助燃空气量了。

反烧法中装煤量的多少与热负荷大小有关,需要通过试验才能确定。

反烧法燃烧层间分布见图 1 - 9。由于煤层是越烧越薄的,从一定角度来讲,助燃空气供应会越来越富余。在实际使用中,一次加煤厚度在 500 至 600 mm 之间,燃尽以后灰渣层厚度为 100 mm 左右。因此,厚煤层反烧法不仅燃烧平稳,并且始终有较富余过剩空气供应。其供气情况如图 1 - 10 所示。

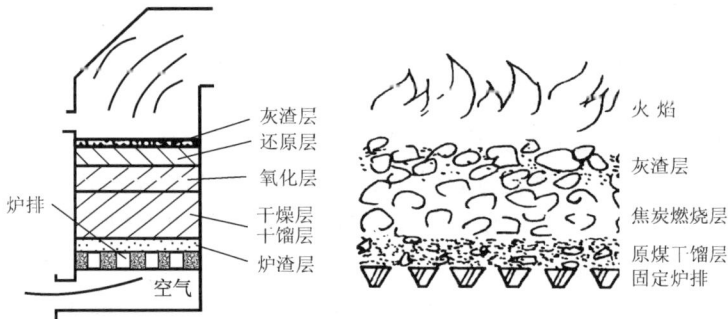

图 1 - 9 明火反烧法燃烧层分层

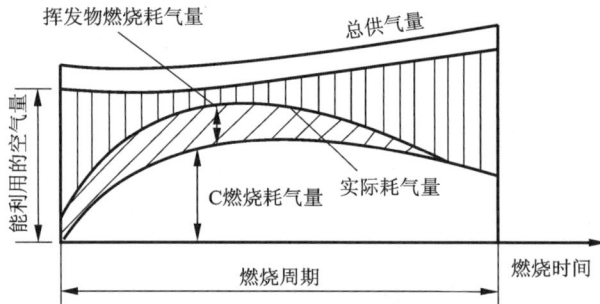

图 1 - 10 反烧法供气情况

b. 反烧法燃烧室内有一个 800℃ 以上的理想高温区。

由于反烧法的燃烧层在上面,煤从一开始燃烧便在燃烧室内形成了一个高温区。根据实际测定,燃烧室内自点火后 40 min 即可达到 800℃,60 min 以后燃烧室内可达到 1200℃ 以上。这样,干馏层中挥发物燃烧便在燃烧室内形成了一个高温区。干馏层中挥发物上升时,首先通过 1200℃ 左右的燃烧层,然后再进入 800℃ 以上的燃烧室,促使挥发物燃烧反应剧烈进行。

质量较差的煤种,在小型锅炉中用正烧法燃烧是较困难的,而且燃烧后煤渣中的含碳量也偏高。但是反烧法燃烧是连续氧化燃烧，煤层温度较高，所以质量较差煤种的燃烧情况也有改善。

C.反烧法有较理想燃烧空间。

一次性加煤，煤层堆积高度增加，燃烧室容积也相对放大一些，这就给挥发物在燃烧室中创造了一个良好的混合空间。另外，上层煤燃尽后形成的灰渣，始终处于高温加热之中，这又为灰渣熔化创造了有利条件，阻挡了飞灰外泄。

总之，反烧法消烟除尘的关键是创造了一个完全燃烧条件，使挥发物的分解物在燃烧室中充分进行燃烧反应，从而大大减少了碳粒子的游离，消除了黑烟，降低了排尘浓度。

③明火反烧法优缺点。

明火反烧法的优点有以下几点：

a.一次把煤加完，不需中途加煤。在燃烧室中煤基本上是静止的，煤的需要量根据工艺规范而定。

b.煤层燃烧自上而下进行。开始时反应较缓慢，以后逐渐加剧，直至燃尽。

c.燃烧温度可用一次进风量来控制，操作方便，燃烧平稳、均匀。

反烧法比正烧法优越，原因如下：

a.它不是同传统的人工加煤的正烧法一样间歇加煤的，不会形成燃烧周期，也不会发生周期性的空气不足和空气过剩系数增大。因此，除点火半小时内烟囱有少许黑烟冒出外，其他时间都不冒黑烟，只有少许白烟。

b.干馏层在燃烧层之下，产生的挥发物有充足的空气与之混合。挥发物上升经过燃烧层时，来不及分解就被烧完了，不会形成游离的炭黑混入空气中。

c.燃烧层及其上面的灰渣层起着过滤作用。煤层厚、送风阻力大，气流吹起的尘粉和微炭粒量小。干燥干馏层被鼓风吹起的煤屑、炭粒，通过燃烧层或灰渣层时就被滞留燃烧，很难越过进入炉气。在燃烧中后期，因燃烧层加厚，造成挥发分和氧气混合及燃烧时间增长，更有利于消烟和除尘。当飞灰从燃料层中穿过时，如同进入了一个惯性除尘器。

d.在整个燃烧过程中，无须加煤、拨火，自然也就减少了扬灰量。同时，炉门启闭次数少，减少了冷风进入，所以炉温比较稳定。

e.节煤，排烟热损失小。排烟温度低，比正烧法排烟温度低 $100\,^{\circ}\!\mathrm{C}$ 左右。另外，布煤合理，开炉门次数少，煤层厚漏风损失少，空气过剩系数小。机械及化学不完全燃烧损失小。飞尘、落灰损失少，在收集的烟尘中几乎无黑色的颗粒，灰渣含碳量仅在 5% ~8%。烟气中可燃物成分浓度在1%以下。

f.采用控制干馏速度、分级燃烧及半煤气燃烧等相结合的综合燃烧方案，克服了单一燃烧方案的缺点。采用了两段燃烧法，可以减少 NO_x 的生成量。

g.除每炉只需一次在冷态状况下装煤及扒渣外，点火以后不需要工人守着炉和频繁加煤,只需观察温度记录,控制送风管及烟道阀门即可,劳动强度不大,防止了烫伤事故的发生。成堆地加煤,避免了煤末扬起;取消了撬火与平炉等容易扬尘的司炉操作,特别是把捅火只局限于燃烧层的底层,不搅乱燃料的分层。不改煤种,不改变投煤时间,不改变加煤次数和每次加煤数量。普通工人稍经指导即可胜任。维修量减少,炉内壁各部分完好无损,无少数耐火砖脱落现象发生[13]。

明火反烧法的局限有:

a. 影响装置热效率。

反烧法是一次性加煤的,因此煤量较大,煤层厚,燃烧初期煤层对通风阻力较大。随着煤层越烧越薄,对通风的阻力也必然由大而逐渐变小,但是风量风压的调整又很难适应煤层阻力的变化。所以燃烧前阶段,由于还原层厚,多数炉子又未装二次进风设备,烟气中可燃性气体含量较高,使化学不完全燃烧损失变大。而在燃烧后阶段,由于煤层越烧越薄,对通风的阻力也就越来越小,空气过量系数越来越大,使排烟热损失增加。

b. 煤渣结成大块,出渣困难。

由于炉内温度为1200℃左右,高于煤渣的灰熔点,煤渣呈半熔化状态;又因为是一次性加煤和一次性出渣,煤渣长时间处在半熔化状态,互相之间极易黏结,而且越结越大,造成出渣困难。如果炉膛内砌有耐火砖,则熔渣与耐火砖黏结很牢固,清渣就更困难。对于灰熔点低的结焦煤和土煤,为减少清渣的困难,应在每次燃煤燃尽前用撬棍将灰渣撬成几大块,并适当给风,当燃煤全部燃尽后再进行清渣。每次装煤前,须将炉内灰渣及灰坑内的炉灰清除干净。炉条上不许有残存的炭火。每次清炉时,要将剩余的炭火留出,做下次起火的火种(可在锅炉房内搭一小炉[14],清炉时将剩余的炭火放在炉内,做下次点火的火种用)。

由于从煤炉底部添加新煤,炉中已燃煤块加煤时先取出炉外,加完新煤后再放入炉内,因此,灰渣要有一定的强度才便于操作。在炉温和煤体强度相同条件下,灰熔点高的成型煤燃烧后灰渣强度低,易粉碎;而灰熔点低的成型煤燃烧后灰渣强度较高。对于优质煤,其灰熔点低,在燃烧温度较高时易产生熔融态,导致灰渣结块,使煤体的透气性变差,燃烧不充分,残碳多,严重时会导致"塌炉"、渣块与炉胆焦结,难清除,甚至造成炉胆破损等一系列问题。

c. 引火柴消耗过多。

明火反烧,引火柴燃烧区在煤床顶部,燃烧区热量通过燃烧区向下辐射传热和热传导途径传递给燃烧区底下的新鲜燃煤。隧道式热风炉实施暗火正烧,引火柴燃烧区在煤床底部,燃烧区热量通过燃烧区向上辐射传热和热传导,高温烟气预热等途径传递给燃烧区顶上的新鲜燃煤。和隧道炉相比,反向燃烧热风炉引火效率更低,引火可靠性更差,引火难度更大,往往消耗更多的引火柴,以增加燃烧区温度、延长传热时间、加大燃烧放热的方式来降低引火风险和难度。

引火柴燃烧温度是决定煤球顺利引燃的关键。引燃物的选择要根据被引燃的燃煤种类而定：

泥煤析出挥发分温度为100~110℃，引火物为木柴；

褐煤析出挥发分温度为130~170℃，引火物为木柴；

烟煤析出挥发分温度为170~990℃，引火物为木柴；

无烟煤析出挥发分温度为380~400℃，引火物为烟煤。

木柴点不燃无烟煤。通过柴火点燃烟煤，烟煤再点燃无烟煤的方式，可点燃无烟煤。引燃难易程度还与环境温度有关，大气温度越高越容易引燃，对引燃物要求越低。

避免用高温煤渣引燃无烟煤球或烟煤球，因为引燃后所留下的炉渣会堵塞型煤气流通道，使得燃烧条件变差；煤床顶面无灰渣堵塞，是实施第二次引燃的重要条件。

d. 烟管入口端易出现裂纹。

明火反烧，炉膛温度较高，高温烟气直接由炉膛进入烟管，使得烟管的入口温度过高，特别是入口管道部分，易过热而产生裂纹缺陷[15]。要避免烟管入口端产生裂纹，要求烟管不伸入炉膛过长，否则管端在高温的环境中过热会产生裂纹；制作烟管时管端切割要整齐，避免尖角缺口和应力集中；烟管管端焊接在燃烧室外壁后要修磨。用户使用过程中要保持合适的燃烧释热强度，不得因环保要求而擅自改变燃料种类（如烟煤改成无烟煤、甚至焦炭）或改自然拨风燃烧为强制引风燃烧（加装引风机），避免炉膛温度急剧上升而导致烟管过热或开裂。

④明火反烧应用效果。

厚煤层明火反烧法在砂型烘干炉上的应用[16]表明：

a. 消烟除尘效果明显。除了在点火阶段（20~40 min），因引火木材燃烧烟囱略有黑烟外，40 min后即冒白烟，100 min后基本上没有烟迹。在不加设除尘器的情况下，即可达到消烟除尘标准。而正烧法始终低于国家规定的排放标准。

b. 有一定的节煤效果。由于在燃烧室内创造了一个良好的燃烧条件，干馏出来的挥发物能充分燃烧，起到了一定的节煤作用。与历年实际耗煤相比，年节煤量可达10%~30%。

c. 加热室温度曲线平稳、均匀。因为有较富余过剩空气供应，使燃烧反应能充分进行，所以整个加热室内温度曲线明显地较正烧法平稳、均匀。

d. 砂型烘干合格率提高。由于燃烧室空间增大，加热室温差明显减小了，炉气分布比较合理。各砂型残余水分比正烧法要少得多，从而提高了砂型烘干合格率。

e. 车间环境污染减少。一方面，在燃烧室内，上层煤层燃煤后所变成的灰渣，在高温情况下熔化结渣,这就有效地阻挡了下层挥发物灰分随鼓风上升,因而使加热室的飞灰大大减少。另一方面,由于煤粒群能得到充分燃烧,碳离子游离析出大大减少。所以,在加热室内烘干的砂型不再乌黑,而是发青发白的,给上涂料带来了很大方便。

f. 劳动条件改善,操作方便,维修简单。反烧法用抓斗等机械设备代替人工一次把煤加完,炉工劳动强度大大减轻,也不会受到炉内热气侵袭和热辐射。司炉工只要按工艺曲线要求控制进风阀门,便能控制温度,因而降低了对司炉工的技术要求。基本上没有易损件,维修简单。

砂型烘炉反烧法替代正烧法的改造[17]表明:烘炉改造前烧无烟煤,采用反烧法后改烧烟煤,引火柴用量大大减少,只用本厂木模车间的刨花、废料即可满足生火需要。

1.3.2 金属炉和隧道炉

热风炉主要由加热炉、烟气－空气换热器和烟囱组成。来自装烟室的空气经换热器加热后,通过循环风机送入装烟室内,以干燥装烟室内的烟叶。密集烤房主要采用一次或多次加煤燃烧供热,燃料包括型煤(如蜂窝煤)和散煤。控火主要通过自控设备来控制,同时灵活应用烟囱控火闸进行调控。燃用型煤调节控火闸是至关重要的,是型煤燃烧技术的关键。根据燃料燃烧特性摸清燃烧规律和各烘烤阶段热量需求及趋势,准确把握加煤时间和加煤量,提高燃烧效率和燃透率,减少因随意操作造成的温度过高或过低而增加能耗的情况发生。

目前,国内各烟区的密集烤房供热设备以燃煤热风炉为主,包括立式金属热风炉(金属炉)和隧道式非金属热风炉(隧道炉)。金属炉具有火力集中、燃料燃烧充分、火力调控简便、节煤等优点[1, 18, 19],而且安装了火口挡板,烧中火与大火时只需加 1~2 次煤/天,控火更简便。蜂窝煤炉最大的优点是火炉燃烧供热过程与烟叶烘烤需热规律相吻合,烘烤中仅需调节火门大小,升温稳温都很灵便,不会出现烤房温度猛升猛降而影响烟叶烘烤质量的现象,对三段式烘烤十分有利,而且有很好的节煤效果[20, 21]。金属炉不完全燃烧和烟气热损失为 25%~40%,在强制对流下整体换热效率为 60% 以上。多次添加散煤;金属材质易腐蚀。

金属炉整个结构分为两段,一段为换热器,另一段为炉体,两段连接端面为凹凸联结(迷宫式密封),减少密封破坏而发生泄漏的可能性,现场安装简便。热风室内金属炉四周空隙多,空气流通顺畅。材质选择有讲究,燃烧本地高硫煤。晚上需要一个人间断性看火和添加散煤,严重影响第二天烟叶采摘和烘烤生产效率。看火技术员的责任心是烟叶烘烤质量的重要影响因素。由于靠人工添加燃煤,燃烧供热放热及热风温度会上下波动,烤房内热风整体温度不均匀,导致烟叶质量不均匀。

隧道炉非金属换热管不易腐蚀,一次性加煤,降低了烘烤劳动强度[22, 23],烘烤效率大幅提高,每个烘烤员可烘烤 300 亩以上大田烟叶。在烟叶烘烤过程中,由于煤层较厚、煤的气化活性较高、进入煤层的风量不能满足正常燃烧所需的空气量、换热器中的积灰没有及时清除造成排烟不畅等,炉膛和散热管中集聚了大量一氧化碳、甲烷、氢气等可燃气体,当其与进入的空气混合后,在有明火的情况下,会产生瞬间剧烈燃烧而发生爆燃现象。为此,近年来国家烟草专卖局多次下发文件提出要加强加热室优化设计等方面的研究力度。

国家烟草专卖局 2009 年重点科技项目"新材料密集式烤房及配套烘烤工艺研究",在湘西、永州、浏阳和张家界烟区进行了试点:①研制出了 CFRC 型无机非金属材料隧道炉和 RHM-Ⅱ型非金属复合材料散热器应用于密集烤房,研究确定了新型无机非金属复合材料隧道炉的结构、力学性能、热学性能、抗热震性和使用性能等指标。新型无机非金属复合材料为 C/C 结构材料,由各种高性能增强增韧体(织物纤维、晶须、颗粒)与各种聚合物、金属、碳及非碳的非金属材料基(陶瓷基)通过特殊工艺复合而成,具有高比模量、高比强度和优异的耐高温性能。采用两种以上纤维或颗粒的混杂增强增韧体材料,或两种以上的混杂基体研制的性能、工艺、成本最佳平衡匹配的复合材料,其耐高温强度为 2000℃以上,可用于制作隧道炉。试验验证,新型无机非金属复合材料隧道炉结构合理,换热器热导率与金属材料热导率接近,远远高于普通非金属材料,且抗压强度较高而密度较低,便于运输及安装;并且解决了普通非金属材料隧道炉易开裂及导热性能差的问题,克服了金属炉易腐蚀的缺点,显著提升了隧道炉的供热性能,大大延长了密集烤房供热设备的使用寿命。何昆等[24]对非金属复合耐火材料隧道炉在密集烤房中的应用效果进行了研究,发现非金属复合耐火材料隧道炉干烟耗电量比对照少 0.01 kW·h/kg,比对照少耗原煤 0.12 kg/kg,能耗成本比对照少 0.05 元/kg,下降 4.27%,每炕干烟按 380 kg 算,节约成本 19 元/炕,而且非金属复合耐火材料隧道炉一次性加煤技术更能使烘烤用煤充分燃烧。②采用新研制的无机非金属复合供热设备材料对普通非金属材料隧道炉和散热器等供热设备进行了一体化改进。将燃烧管式炉体改进为隧道式炉体,采用一次性加煤设计和正压分级燃烧技术,提高了燃料的燃烧效率,简化了烘烤加煤操作,大大降低了劳动强度,节约了烘烤用工。用新型无机非金属复合材料散热器替代陶瓦管散热器,改拼接式连接器为一体化连接器,以火箱代替原来使用的弯管,不仅便于清灰操作,还解决了原来瓦管开裂及导热性能差的问题,优化了隧道炉结构。运用回流区分级着火原理,对密集烤烟房供热设备中型煤燃烧室进行结构和通风系统的改进设计,旨在提高燃烧的稳定性和燃烧效率,消除爆燃现象。此外,烤房的供热设备实现了成型化和标准化生产,散热器可以与金属材料密集烤房火炉对接,为金属材料烤房的非金属化改造奠定了基础。

如图 1-11 所示，以 CFRC 新型无机非金属复合材料代替耐火材料炉体，采用隧道式一次性加煤设计。炉体 $L1400 \times H900 \times W730$ mm^3，炉壁 $\delta60$ mm，炉膛容积 0.92 m^3。换热器采用 RHM-II 新型非金属复合材料制成，由 12 根 $\phi190 \times L1400$ mm 的无机非金属散热管组成，按 4-4-4 自下而上三层 12 根换热管横列结构，其中底部为高温管，中层、顶层为中高温管。新材料非金属炉体采用一次性加煤和分级着火燃烧技术，燃烧效率较高。烘烤过程中无须加煤，升温平稳，稳温持续，无忽高忽低现象，从而降低了能耗；因操作简单、温湿度易控而确保了烟叶烘烤质量；烟叶烘烤过程中无须人员值守，大大降低了劳动强度，节约了烘烤用工，减轻了烟农负担。热风炉和散热器均采用导热性能高的非金属材料制作，炉膛、炉顶砌块、连接器均采用一次性高压成型工艺加工而成，强度达 30 MPa。散热器能与金属材料密集烤房火炉对接，精度高，密封性能良好，安装简单方便。

图 1-11　新材料密集烤房供热系统

传统隧道炉，由炉门空气进气口补入空气，空气在燃烧室内的流动情况并未得到优化，存在气流死区，这一部分区域的燃煤由于得不到充足的空气，煤中的可燃物质汽化后经炉门或者烟囱泄漏出去。如图 1-12 所示，运用回流区分级着火原理，对隧道炉进行优化设计，在燃烧室一侧设置多级送口，改善炉膛内局部空气不足导致的煤炭不完全燃烧情况，而且可通过调节各级风门开度来控制合适的风量，降低过剩空气系数，使该区域的燃烧状况处于最佳状态，提高燃烧温度。在燃烧室拱顶下方安装一带条缝的隔板，维持燃煤室炉膛压力，在换热管与炉膛的连接器进口附近安装两级 45°涡流板，使烟气产生回流，卷吸高温烟气，使部分未燃成分和空气继续反应，降低烟气中的 CO 浓度。采用分级送风方式，保证炉膛内型煤燃烧所需要的合适风量，防止过氧或缺氧燃烧，再加上炉顶挡板加压和涡流板的回流强化作用，使得炉内型煤与空气可以充分接触燃烧，提高型煤燃尽率。

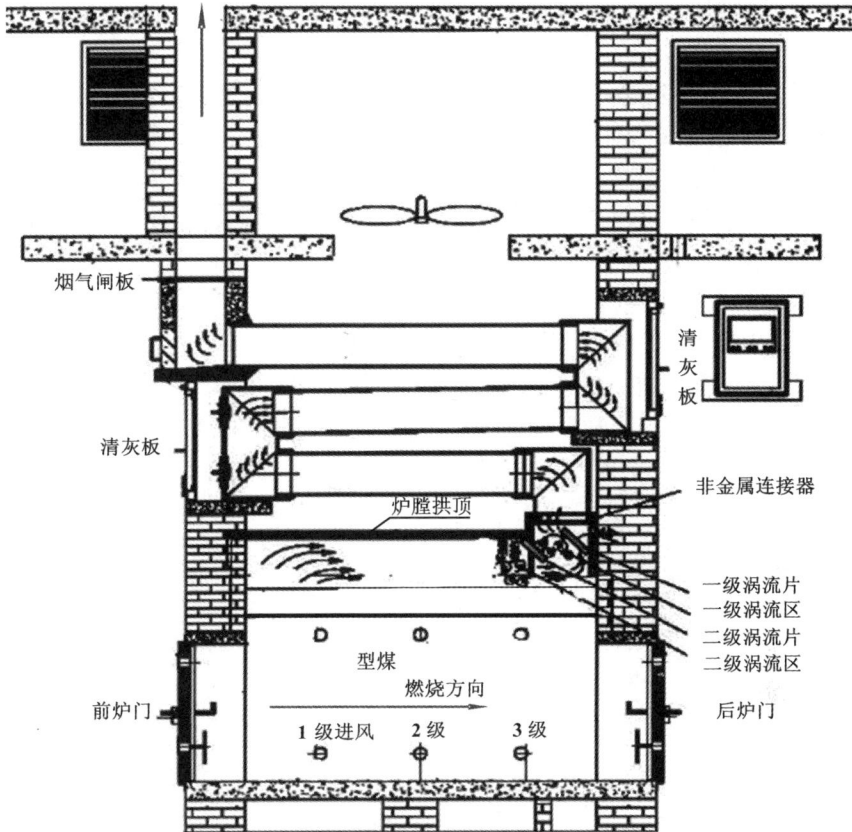

图 1 - 12　隧道式非金属热风炉内部结构

隧道炉现场应用存在的问题有：

（1）控火困难。42℃以前低温段和42℃以后高温段均有可能发生，更有甚者，升至70℃烤坏烟叶，干湿球温度偏高或者偏低，报警声不断等现象，此起彼伏，特别是在低温期，不密封，故障率高，而金属炉控火性能良好。

（2）易发生煤气中毒和爆燃。使用闸板阀[25]闷火，加上明火正燃，炉内易积聚一定浓度的煤气，易发生爆燃，出现燃气冲破炉门伤人或者爆炸伤人的事故，另外，炉周围 CO 浓度高，不利于人体健康。

（3）电气控制盒易烧损。相邻两烤房首尾相对，相邻两炉会相互干涉，首火和尾火相近时造成两炉中间区域温度高，塑料外壳的控制盒易被烧损，技术员无法靠边设置参数；

（4）预制件密封不严。出现燃烧烟气和加热空气相互串通的问题，进而出现污染烟叶的现象，此现象更容易发生在第一次启用期间；炉穹顶出现裂缝，源于燃烧的块状煤抛煤时碰及炉顶以及瞬间大火急速升温导致的热应力作用。

（5）正压喷火现象。岛形煤堆及气流组织，以及煤热值不高，需强制鼓风，煤堆对高温燃烧气流的阻碍作用，金属烤房热风炉也因频繁开门而导致热火伤人，鼓风机出风口不能正对炉门口，在吹风无隔离以及鼓风机停止运行的时候反向气流和电机直接接触而烧毁，加上闸板阀作用，会形成反烧火焰，导致两炉门处高温，热损失大，附近区域温度高，易伤人以及烧坏电气盒，也使得鼓风机技术员靠近不了，无法调控电气盒参数；倒火使得高温烟气不流向换热管及排烟口，使得换热管温度较低，增加煤耗，降低热效率，温度升不上去后加煤量增加，倒火弊端越多。

（6）加煤次数多，开门热辐射损失大，导致监管工作量大。

（7）起火慢，煤耗高。38℃以前1.5天的低温阶段需鼓风加煤，一者煤耗高，二者低温启动快。

（8）出现掉温问题。40~48℃期间既要排湿，又要升温，隧道炉升温困难，此时恰好发生在变黄和定色阶段，这将直接影响干烟叶的质量；温度滞后明显，燃烧放热温度跟不上烘烤工艺曲线，原因是O_2扩散运动速度慢。

（9）停火冷炉时间长，需要1.0~1.5天，远大于反向燃烧热风炉所需要的0.5~1.0天，装置散热较慢。

（10）鼓风机鼓风沿蜂窝煤孔隙及圆柱状通道机械对流扩散是燃烧面由一侧传向另一侧的关键，要求孔对孔，不能有堵塞，要求型煤燃烧后灰渣成形不塌陷，故只能燃烧带泥型煤，不能燃烧高热值烟煤（燃烧后易碎堵塞孔）。

在强制对流下（通风量16000 m³/h）的整体换热效率为50%以上，相关性能经指定机构检测符合密集烤房要求[1, 2, 26]。有资料报道，实际烘烤中热风炉整体换热效率为30%~45%。曾中等[27]采用碳纤维增强水泥基复合材料（CFRC）和回流区分级着火燃烧技术，设计了隧道式热风炉。在燃烧室一侧设置多级送风口，在燃烧室拱顶下方安装一个带条缝的隔板，在换热管与炉膛的连接器进口附近安装两级45°旋流板。检测表明：新材料热导率是普通耐火材料的1.5倍，烟叶烘烤耗煤量减少了8.5%，新材料热风炉换热效率（54.47%）比普通非金属材料热风炉（约50%）提高了4.47%，加煤操作用工减少到多次加煤的金属材料供热设备的1/6以下。

隧道炉的缺点是：存在火力易失控问题，没有地方喷洒冷却水，加上炉膛内已燃烧区域被等体积灰球占据，冷却水接触不到火焰燃烧面；属于非金属材料，热导率小，换热面积大，热效率低；占地面积大，现场安装时零部件占地面积大；热惯性大，难以快速升温，也难以快速降温；只能现场施工（由厂家组织施工困难），无法在生产车间进行整体式组装，现场安装技术要求高，难度大；不能承受机械作用力，零部件易碎（特别是换热单管），需小心搬运，零部件需要富余量；连接部位易裂，高温胶泥成本高，每年固定维修量大，不便更换零部件，难以全面检修到每一个漏点，检漏困难，燃烧系统密封性难以保证。优点是耐 SO_2 腐蚀，密封性能良好。

隧道炉设置了两个 300 mm × 1160 mm 清灰门，两个 515 mm × 920 mm 检修门。煤球室内腔宽 730 mm，拱高 910 mm，侧墙高 790 mm，长 148 mm，门口过渡段长 22 mm，装煤球时极不舒适，人双腿完全弯曲蹲下并向炉膛入口炉门方向后退。相邻两室间隔宽 1040 mm，不便用长撬清灰或只能用短撬从两孔同时清灰。另外，相对于金属炉，隧道炉前墙已经外移，易飘雨淋湿前墙体。隧道炉外宽度是 1.94 m，扣除两侧门槛长度，有效宽度是 1.4 m，但正前方和正后方各预留了 0.7 m 宽度，以便进入检修空间，后扩大到 2.16 mm。相邻两座隧道炉的炉门打开后有搭接地方，清灰使用短撬，不好用力，相邻两炉门中间刚好对应承重直立方立柱，挡住去路，移走粉尘难度大。

铁燕等[28]研究表明，将蜂窝煤热风炉和隧道炉组合的热风炉，是目前密集烤房热风炉中较适宜的形式，能满足烟叶烘烤时对温度的需求，且温度平稳，易控制，操作方便，节煤效果显著。

1.3.3　反向燃烧热风炉

目前国内广泛采用针对单座烤房的正烧式热风炉，供热温度会受加煤操作影响，导致烤房内温度呈波动状态，一定程度上影响了烟叶烘烤品质。该燃烧方式下，燃料难以形成相对稳定的气化环境，使整个燃烧过程始终处于非洁净燃烧状态。因而尾气中大气污染物排放严重，同时尾气中的焦油等易堵塞物容易对换热管形成二次堵塞，不但增加了维护工作量，同时也影响了整体换热效率，一定程度上也造成了燃料浪费。目前广泛采用单炉膛热风炉，即炉膛分为 2 段，上部为燃烧室、下部为储灰室，该方式结构较为简单，成本相对低廉，但供热能力有限，局部温度较高，设备使用寿命短。

黄化刚等[29]针对当前采用的烟叶烘烤加热设施普遍存在燃料利用率低、能量浪费严重、烘烤成本偏高、环保性能差、尾气排放对大气污染严重等问题，集成燃煤气化、反向燃烧、负压燃烧等新型节能环保技术，研发了双层对向正反燃烧热风炉（见图 1 - 13）技术。双层对向正反燃烧热风炉设上下 2 个炉膛，炉底至下炉排空间为储灰室，下炉排至上炉排空间为下炉膛，上炉排至炉顶空间为上炉膛，烟气出口位于下炉膛上沿。其中，上炉膛从上往下进行反向燃烧并形成高温火焰,下炉膛从下往上进行正向半气化燃烧并产生大量可燃气体,正反向燃烧产生的火焰及可燃气体在下炉膛"对向"相遇后再次进行燃烧并产生高温烟气输出。由于采用正、反向燃烧,煤的燃烧较充分,传统烟气中所含的 CO、CH_4、炭粉尘等可燃物能得到充分、高效燃烧及利用,节能环保性能优异。上炉膛采用反向燃烧方式,助燃空气从煤层上方送入,从上往下进行反向燃烧并形成明火型高温火焰;下炉膛采用正向燃烧方式,助燃空气从煤层下方送入,从下往上进行正向半气化燃烧并产生大量可燃气体,正反向燃烧产生的火焰及可燃气体在下炉膛"对向"相遇后再次进行燃烧并产生高温烟气输出,从而实现提高燃料燃烧与利用率、改善尾气排放性能的目的。燃料均进行了多次燃烧。

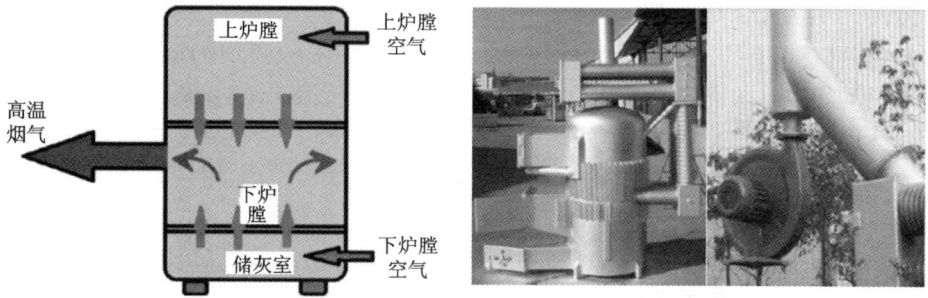

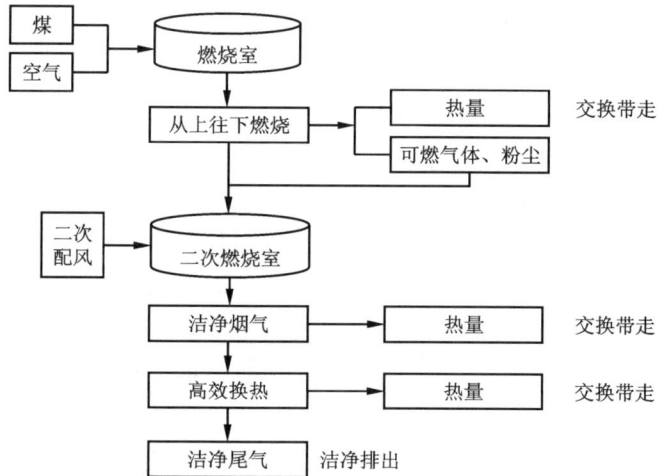

图 1-13 双层对向正反燃烧热风炉气流组织

双层对向正反燃烧热风炉煤燃烧充分,传统烟气中所含的 CO、CH_4、炭粉尘等可燃物能得到充分、高效燃烧及利用。空载测试升温速率为 $60\,℃/h$,比普通烤房提高了34℃；烘烤实载时，各阶段实测温湿度与目标温湿度吻合度高，完全能满足烘烤工艺的控制要求。平均每千克干烟耗煤量、耗电量、综合能耗成本分别比普通烤房减少了0.31 kg、0.05 kW·h和0.33元，降幅分别为17.73%、14.36%和17.46%；烘烤操作等日常用工成本较普通供热设备少0.52元，降幅为43.93%，且对烟叶烘烤质量无明显影响。升温速度快，平面温度均匀，烘烤过程中温湿度控制精准，能有效降低烘烤能耗和用工成本。

　　山东临沂烟草有限公司研制出 RF-3 型生物质压块反烧炉（见图1-14），2013年临沂烟区推广应用200套，市场销售价为2万元/台。反烧炉包括螺旋供料、反烧炉膛和肋片式金属换热器，炉膛倒立布置，单炉膛结构，炉膛底部点火，底部清渣，顶部通风并自动添加生物质压块，助燃空气自上向下流动，燃烧面自下向上移动。反烧炉结构较复杂，自动控制设计复杂但精准，人工振动清渣，保持反向燃烧节能环保多重技术优势，解决了传统反烧炉中难以自动连续进料的技术难题。压块输送装置使用380 V三相电机来保证驱动力，采用二级减速技术，螺旋转速调节精确，供料平稳，易进行加料量控制调节。采用活动炉排清灰。在燃烧过程中和燃烧结束后，通过链接排炉的手柄进行前后晃动清灰，能有效清理积灰，避免灰分堆积结焦，同时使炉排上的压块均匀分布，便于压块充分燃烧，避免压块堆积燃烧不充分现象。反烧炉采用压块燃料半汽化燃烧技术，点火容易，升温快，点火5 min即能达到理想燃烧状态，并可根据烘烤曲线控制火力，稳温时小火燃烧，燃烧充分，无黑烟。压块着火点低（约300℃），一张报纸即可点燃，点火方便。压块燃烧充分，几乎不产生烟气、粉尘、焦油，减少了大气污染。自动给料装置加入一次燃料变黄期可使用10 h左右，定色期可使用4~6 h，降低

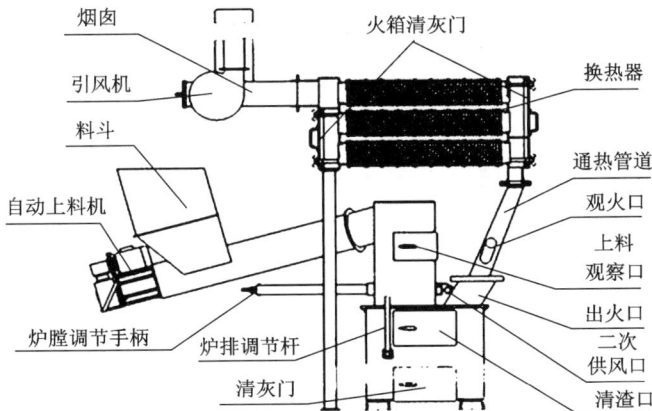

图1-14　生物质压块反烧炉外形

了连续加料劳动量,减工效果明显。经验证,压块使用量和普通立式热风炉散煤消耗量差不多,烘烤成本(生物质燃料+电力)降低了29.7%。反烧炉在停火阶段,高温炉气会反向加热烘烤炉内腔未燃烧的低温压块,导致炉内压块之上的气相空间滞留一定浓度的可燃气体,在通风燃烧供热时易发生微爆燃,引发安全事故。

安徽省推广应用悬浮隧道式蜂窝煤反烧炉,炉体整体架空悬浮于加热室内,以钢板焊制,每次从一端加入100 kg以上的蜂窝煤,在炉内燃烧完后从另一端出渣,整体设计精巧,操作方便。一次性投入增大,但其热效率更高,节能效果更好,使用寿命更长,在烟区具有更广泛的适应性。如图1-15所示,悬浮隧道式热风炉长190 cm,宽60 cm,高60 cm,底面和侧面都是钢板焊制,内衬耐火材料,两端各有一门,用于装煤车进出,顶面为生铁铸造的拱形盖板,盖板上有2~3个烟气出口与热交换器连接,炉内底面有角钢制作的轨道,加煤时与外面的活动导轨接上,装煤车就可以顺利地推进拉出。这种"内置金属隧道悬浮式炉膛+铸铁炉盖"结构,炉膛散热性能整体较好,但由于全部采用金属加工,炉壁散热性能过强,导致煤炭燃烧不完全,烘烤时炉膛起火速度偏慢,加之炉膛内置,加煤时需要停风机,使烤房降温。

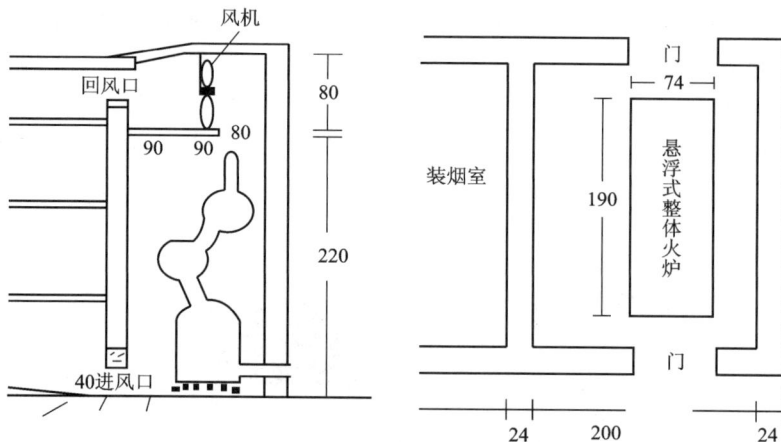

图1-15 悬浮式蜂窝煤隧道反烧炉

1.3.4 主辅炉热风炉

热风炉燃烧功率需要适应不同烤烟工艺阶段不同供热的需要,有文献报道,使用双炉膛(一个主炉膛,一个辅助炉膛)热风炉,大火期两个炉膛同时烧火,中火及小火期仅主炉膛烧火。

1.3.5 逆流循环热风炉

周昕等[30]研发了无尘环保逆流循环高效换热烤烟设备(见图1-16),烘烤时采用主、副燃烧炉间的特定"转气复燃"工艺,煤炭先由"辅助燃烧炉"(A炉),经过600~800℃的初燃处理,产生可燃气体并通过管道直接输送到"主燃烧炉"内(简称B炉),A炉初燃产生的带有大量可燃物的炉渣余烬,每间隔4.5 h左右在再次添加煤炭时,通过人工或机械链条方式送入B炉底部,使A炉余烬在B炉进行二次重复燃烧的同时也作为B炉可燃气体的燃烧火源。加热设备的供热量大小和烤房内的温度高低由新型"烟叶烘烤自动控制器"自动控制。助燃鼓风机出风口连接"Y形管道"将助燃空气一分为二,分别送入A可燃气体发生炉和B主燃烧炉内,A炉可燃气体发生量及B炉燃烧程度受助燃空气量的大小控制,实现以煤炭为原料的可燃气体的随产随用可控燃烧,安全方便。通过完善"485自动控制通信技术工艺",克服鼓风机变频器对传感器的干扰影响,在传感器上增设了抗干扰装置,解决了鼓风机变频器对烟叶烘烤自动控制器"温湿度传感器"的干扰问题,对1000 W以下的较小功率的加热设备的鼓风机变频器用"烘烤自控器内置程序"代替,减少变频器设备投资,提高设备使用的可靠性。监测和试验表明:配置该烘烤设备的烤房烟尘排放浓度,烟气中的SO_2、NO_x排放浓度,都大大低于DB37/2374—2013标准值;干烟叶平均节煤0.41 kg/kg,均价提高1.22元,平

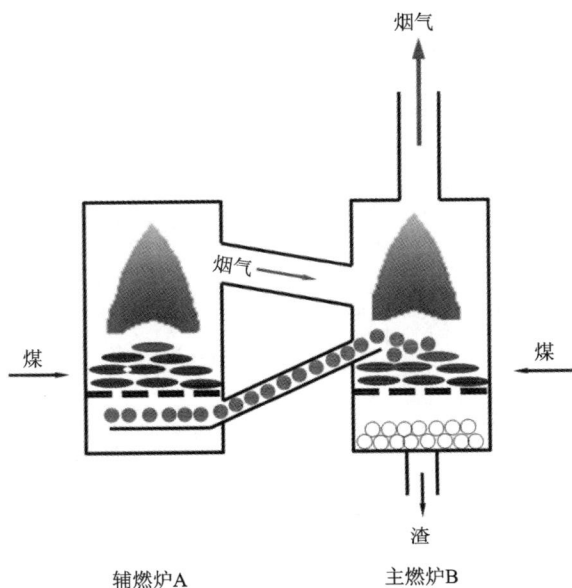

图1-16 无尘环保逆流循环燃煤热风炉

均每炉烟叶产值增加 732.96 元；烤出的烟叶油分多，上等烟比例提高 4.1%，烟叶质量明显提高。

高效节能环保型密集烤烟房，目前市场同类产品不多，普及率不高。关注烟草烘烤加工中的节能和环保问题，是密集烤房新技术产品产业化推广的前提。

1.4 项目内容简介

1.4.1 项目技术路线

项目集成主持单位多年烤烟技术装置研发经验，协作单位洁净煤燃烧、生物质高效低污染燃烧、热工设备仿真优化等研究成果，研发国内领先、高效、安全、长寿、节能、环保型密集烤房用高效热风炉新装置。

项目实施方案（技术路线）如图 1 - 17 所示。

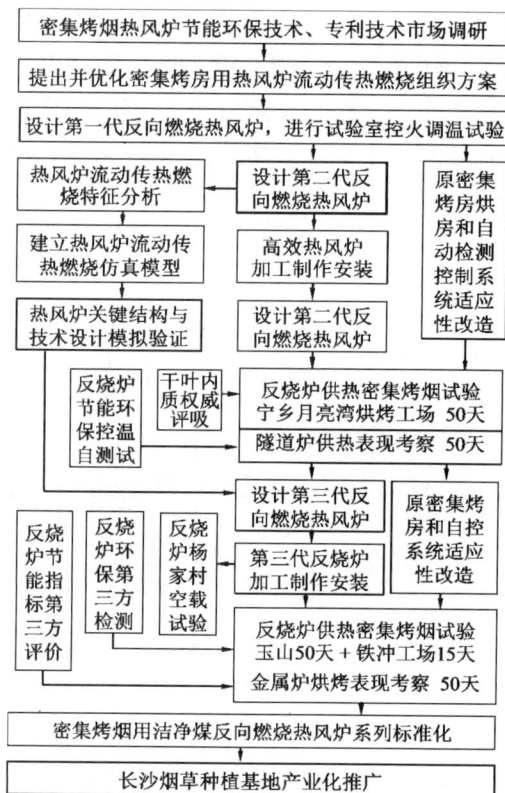

图 1 - 17 项目实施技术路线

1.4.2　项目研究内容

项目研发了一种适用于洁净型煤燃烧，燃烧过程速度调节简便，经济、高效、节能环保型烤房热风炉。计算机 CFD 模拟仿真验证反烧炉关键技术设计的准确性，以密集烘烤试验为主，集成洁净煤燃烧、高温燃烧、分区燃烧、低浓度可燃性尾气富集燃烧等技术，强化炉内可燃物 – 空气混合燃烧，延长烟气停留时间，实现节能环保烘烤烟叶。配合烘烤技术的发展，针对不同装烟密度，构建不同型号的炉体标准，以及配套烘烤工艺。

（1）洁净型煤球加工方法研究。

通过手工加工和蜂窝煤球生产线加工相结合，摸索到高效可行的洁净型煤加工方法。洁净型煤要求成形好，破碎比例低，形状规则，加工效率高，型煤干燥后坚硬结实。

（2）反烧炉流动传热燃烧优化方案研究。

项目研究热风炉内层状燃烧 – 室状燃烧强化途径和方法。燃料燃烧首先释出挥发分，然后固定碳留在炉条上继续燃烧，固定碳燃烧不完全产生的一氧化碳气体进入燃料层上方气相空间，和挥发分混合后进行燃烧。炉条上固定碳燃烧为层状燃烧，燃料层上方气相空间里的 CO 及挥发分等可燃性中间气体燃烧为室状燃烧。层状燃烧要求确保炉条上单位床层面积固定碳量和燃烧放热量，以便为炉条上固定碳的完全燃烧提供高温燃烧条件。室状燃烧要求确保燃料层上方气相空间单位容积可燃物分子量和燃烧放热量，以便为燃料层上方空间可燃物完全燃烧提供高温燃烧条件。在这一过程中，要避免可燃性中间气体过快地离开炉膛，即要将燃烧高温区调整到炉内区域，并固定灰渣在炉膛中的位置，避免因烟气热浮升力作用而飘至炉顶内壁面和散热管内，实现烟尘达标排放，避免影响散热管散热性能和使用寿命。

项目研究一种新型炉排燃烧器，该燃烧器集成洁净煤燃烧、生物质高效燃烧、高温燃烧、低浓度可燃物富集后高释热强度燃烧、高辐射换热强度燃烧、催化燃烧等燃烧新技术，能降低烟叶烘烤能源单耗指标，实现烟气极低 CO、炭黑和炭黑粉尘浓度排放，解决密集烤烟用传统热风炉部分燃烧反应中止或移至散热烟管内进行、烟道区燃烧效率低下、烤烟区环境污染等问题。

项目研究操作简单且经济性好的固体燃料热风炉燃烧过程对速度的快速调节方法，实现热风炉膛内燃料缓慢长时间完全燃烧释热过程的精准便捷控制调节。

金属炉和隧道炉基于"暗火正烧"原理燃烧供热。隧道炉从煤床下游点火引燃，风机驱动空气向煤床斜上方方向流动，燃烧面向煤床斜上方方向移动，符合暗火正烧原理，处于燃烧面斜上方的煤床受到高温烘烤，干馏气、挥发分连同高温 CO_2 气体接触高温焦炭被还原生成的 CO 气体一起，向煤床上游方向流动离开煤床,最终经排烟口散失,热效率低至50%左右,更为重要的是,排出的CO气流具有内热能,燃烧放热量减少,达不到最大,而烟气CO含量不稳定,直接导致燃烧放热量和参与燃烧反应的空气流量不成正比,加大了用空气流量自动调控炉温过程的难度。研发燃用低硫低灰无烟煤型煤(用有机黏接剂腐殖酸钠挤压成形)、成本低、烘烤房温度波动小、不超温、不掉温、不烤坏农作物、无安全事故、无人值守、节能环保的密集烘烤用高效节能环保型反向燃烧热风炉。

(3)反烧炉结构尺寸优化设计。

针对空气能热泵烤房和生物质成型燃料烤房初始投资高和烘烤能源成本高,金属炉和隧道炉正向燃烧能耗高和污染环境等问题,研发一种全部助燃空气均匀流过煤床且煤床顶面中心烟煤点火的洁净煤反向燃烧热风炉。经过三阶段优化,能预装超过900个煤球,低成本地实现精准调控烘烤燃烧供热,无助燃风机高温烧损事故,证实配套密集烘烤使用的可行性,为"三高"燃煤金属炉和隧道炉更新提供新方案。

(4)反烧炉空载模拟试验研究。

参照《密集烤房》和《烤烟密集型自动化烤房及烘烤工艺》,设定空载温度曲线,验证反烧炉最大加热升温、稳温和排湿升温能力。

(5)反烧炉燃煤热值适应性试验研究。

先后试验研究燃煤低热值对烤房控温性能的影响,归纳出适合于密集烤烟用洁净煤反向燃烧热风炉燃烧供热使用的净型煤品质基本要求。

(6)反烧炉密集烘烤试验。

项目拟租用6座标准密集烤房,其中2座为传统烤房(用于性能对比),4座将其热风炉改造为新型热风炉,烘烤房和自动检测控制系统只做简单适应性改造。6座烤房中3座散热器材质为金属材质,3座散热器材质为非金属材质。拟安排4个月带负荷热态运行试验(装烟烤烟运行)。

项目燃料考虑散煤/蜂窝煤、散状/成型生物质及其混合燃料,研制新型炉排燃烧系统及其配套工艺。项目保持烤烟房及自动检测控制系统不变,重点研制新型炉排燃烧系统(含布风器),涉及炉膛内腔、散热器及排烟管等的优化更新改造。

项目进行热风炉燃料和灰渣工业分析和元素分析、烟气流量测量及成分分析、热空气流量及温度测试,完成热风炉综合热平衡测试分析,获得热风炉燃烧效率,综合热效率,能耗单耗,烟气含粉尘、CO、O_2、SO_2 和 NO_x 浓度变化规律,完成节能环保效益评估分析。选择月亮湾、玉山及铁冲烘烤工场,组织密集烤烟试验,通过节能环保性能自测试、第三方节能评估、第三方环保检验及专业机构权威评析,验证反烧炉配合标准密集烘房使用的可行性,一次性预装煤,烤房温度调控精准性、高烘烤效率、节能环保和高干烟叶品质等技术优势。

租用 3 座标准烤烟房及非金属热风炉装置，使用时间为 2 年。

在优化设计热风炉结构及尺寸后，分两批加工制作 3 座热风炉及对应的 3 座烟气 – 空气对流换热器装置，3 座反向燃烧热风炉容量规格对应大、中、小三种规格，其中大号热风炉为 1.5 ~2 倍装烟密度非标准烤房供热，中号热风炉为标准烤房供热，小号热风炉为标准烤房供热；将 3 座租用标准烤房的一座标准烤房改造成高装烟密度非标准烤房，并完成其内部结构配套改造工作，大号热风炉配合其运行供热；完成洁净煤旋风反向燃烧热风炉烤烟试验。

（7）反烧炉操作特性模拟研究。

应用热工数值仿真技术，提高热风炉研发效率，缩短研发周期，为新型密集烤房标准化设计和产业化推广提供理论指导。

考虑到反烧炉燃烧供热调控性及节能环保效益等很大程度上取决于反烧炉操作特性，借助 Fluent6.3.26 软件数值模拟研究反烧炉内空气流动均匀性及空气利用程度，及其随堆煤高度、静压区敞开高度和上下型煤气流通道孔对准程度等的变化规律，加深对洁净煤反向燃烧热风炉操作特性的理解，为反烧炉设计操控优化提供理论指导。

1.4.3　项目研发目标

项目污染物排放指标先进。目前密集烤房产品未提及烟气污染物排放指标，项目首次对烤房烟气污染物排放提出 GB 9078—1996 要求，顺应当今烟叶调制加工减排要求。新型热风炉粉尘、SO_2、NO_x 排放达到 GB 9078—1996 要求。

项目能源单耗指标先进。高效节能环保型热风炉比立式金属热风炉相对节能 20%，反烧炉比隧道式非金属热风炉相对节能 8% ~ 10%。

项目经济性指标先进。项目避免使用昂贵的新材料，力求采购市场上常见的标准零部件，按 2014 年物价水平，新型热风炉一次投资性不超过公司统一采购价格水平，为产业化推广创造条件。

2 反向燃烧热风炉设计方案

2.1 反向燃烧热风炉结构

2.1.1 热风炉结构

段美珍等[31-36]集成明火反烧、型煤燃烧、洁净煤燃烧、立式热风炉、竖直冲击式传热、翅片传热、旋风燃烧氧化等技术优势，研发密集烤烟用洁净煤反向燃烧热风炉，解决了间歇式通入空气时精准调控烤房温度及助燃风机长寿等难题。

如图 2 - 1 所示，洁净煤反向燃烧热风炉[31-34]主要包括炉顶、炉腹、炉条、

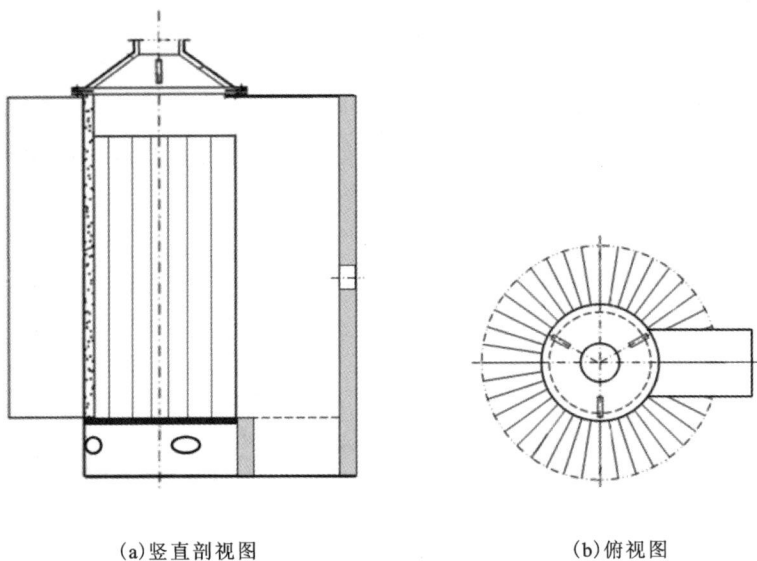

(a)竖直剖视图　　　　　　　　(b)俯视图

图 2 - 1　洁净煤反向燃烧热风炉原理与结构

内炉门、外炉门和众多等长等宽等厚肋片。炉顶呈圆台筒状，高度为 100 ～ 200 mm，炉顶底端面圆周和炉腹顶端面圆周满焊连接，炉腹内腔呈正立圆桶状，炉腹高度为 1.2 ～ 1.5 m，内径为 0.9 ～ 1.1 m，炉腹内腔离底板 200 ～ 350 mm 高度处水平固定着炉条，炉条上方为堆煤区，下方为静压区，炉条上方炉腹内壁贴敷有高度为 300 ～ 500 mm、厚度为 30 ～ 50 mm 的耐火砖层，炉腹侧壁开设一个操作口，操作口高度和炉腹侧壁高度相等，宽度为 0.6 ～ 0.8 m，操作口两侧边均垂直于炉腹底板，炉条以下操作口边缘与内炉门无缝隙连接，内炉门高度和静压区高度相等，宽度和操作口宽度相等，炉腹内腔通过操作口和呈方筒状且倒置的操作通道相连通，操作通道左端口和操作口重合且满焊连接，操作通道右端口由隔热性能良好的外炉门密封，外炉门中下部中心水平设置内径为 40 ～ 60 mm 的辅助通风口。

洁净煤旋风反向燃烧热风炉[35, 36]，炉条上方炉腹腹壁包括耐温 700 ～ 900℃ 的金属壳体和耐温 1000 ～ 1200℃ 的耐火内衬，腹壁外表面和众多肋片联结，肋片为呈矩形状且厚度是 0.1 ～ 1.0 mm 的金属薄片，肋片的一条长边和腹壁外圆壁面满焊联结，肋片长边和腹壁中心轴线平行，且沿腹壁外圆周方向呈向外辐射状均匀分布，肋片所在的环形通道区域为烤烟房所需的热风流动及生成区域，腹壁顶面和肋片顶短边共面，腹壁底面和肋片底短边共面，炉顶侧壁面沿圆周方向均匀布置 2 ～ 4 个矩形补风缝，补风缝两短边中点连线延长线和炉顶中心轴线相交于同一点，补风缝补入的薄片状空气流在腹壁内的流动方向相同，同时沿顺时针方向或同时沿逆时针方向流动，每个补风缝补入的薄片状空气流和该补风缝两短边中点连线与炉顶中心轴线确定的平面夹角相同，形成切锥面螺旋燃烧。

使用洁净煤旋风反向燃烧热风炉时，将热风炉内炉门安装定位后装煤，堆煤区堆满燃煤后取出煤床顶层操作口边缘燃煤，将正燃烧的 1 ～ 2 块烟煤从此处塞入煤床顶面中心，紧闭固定外炉门，控制器调控助燃风机开停，进入静压区的全部空气以活塞流方式向上流入煤床，和燃烧面接触后发生完全燃烧反应释放出全部热量，以明火反烧方式完成 6 ～ 7 天的稳定燃烧供热过程，需要中途添加煤时不清灰而直接加煤，从辅助通风口通入空气，以暗火正烧方式在短时间内稳定燃烧供热，清灰时依次铲出堆煤区和静压区灰渣。

反向燃烧热风炉炉顶呈正立圆台筒状，高度为 100 ～ 150 mm，炉顶底端面圆周和炉腹顶端面圆周满焊连接，顶端面圆孔为离炉烟气排出口。炉顶内腔为引火燃料完全燃烧所需空间。炉顶内壁面为热反射面，有助于维持煤床顶面燃烧温度。炉腹内腔呈正立圆桶状，炉腹内腔高度为 1.2 ～ 1.5 m，内径为 0.9 ～ 1.1 m。炉腹内腔高度为 1.2 ～ 1.5 m，是在现有热风室顶墙高 2.5 m 限制下，扣除混合室和换热单管所占空间高度后能利用的最大高度，同时考虑装尽可能多燃煤的平衡结果。炉腹内腔内径为 0.9 ～ 1.1 m，一者考虑了热风室可利用空间宽度 1.4 m，二者考虑了操作工在炉腹内腔活动自如，能满足舒适装煤要求，三者将固定床大横截面导致的温度场不均匀效应、壁面效应和漏斗效应等负面效应降低到最低程度。炉腹内腔离底板 200～350 mm 高度处水平固定着炉条。炉条上方的炉腹内腔区域为堆煤区，下方为静压区，静压区兼作集灰区。大部分灰渣从炉条上方铲出，漏过炉条的灰渣量小，集灰区高 200～350 mm 能盛下炉条的漏灰，并能用铁铲顺利铲出。集灰区高度限制在 200～350 mm，可以增加堆煤区高度，从而增加一次性装煤量。炉条材质为铸铁材料，高温环境下长时间使用不变形。炉条上方炉腹内壁贴敷 300～500 mm 高、30～50 mm 厚的耐火砖层。炉条上方 300～500 mm 以内的炉腹内壁遭受铁铲机械撞击概率大，贴敷厚度为 30～60 mm 的耐火砖，以延长热风炉使用寿命。

反向燃烧热风炉炉腹侧壁开设一个操作口，操作口高度和炉腹侧壁高度相等，操作口两侧边均垂直于炉腹底板。操作口顶边和底边均为直线段，两侧边均为竖直线段。炉条以下操作口边缘与内炉门无缝隙连接。内炉门高度和静压区高度相等，宽度和操作口宽度相等。内炉门能封闭静压区侧壁缺口，使得静压区和操作通道内腔不连通。内炉门作用是形成静压区，保证静压区空气静压和空气穿透能力，使得风机送入的空气能全部通过炉条进入煤床，无空气直接旁通流入排烟口，空气以活塞流方式全部向上流动至炉腹顶部燃烧面，以确保空气有效利用率达到 100%。内炉门厚度 50 mm 以上，无耐高温性能要求，可由红砖或黏土砖加工制成，内炉门可无阻力取出或放入。炉腹内腔通过操作口和呈方筒状且倒置的操作通道相连通。操作通道左端面顶边和底边均为水平线段，两侧边均为竖直线段，操作通道右端面和操作通道顶面、底面、两侧面均垂直。操作通道左端口和操作口重合且满焊连接，即操作通道左端面顶边和操作口顶边重合且满焊连接，操作通道左端面底边和操作口底边重合且满焊连接，操作通道左端面两侧边和操作口两侧边分别重合且满焊连接。操作通道右端口由隔热性能良好的外炉门密封。操作口和操作通道只在装煤清灰时使用。外炉门耐 900～1100℃高温。热风炉置于热风室内使用。操作通道右端面和热风室正前墙外壁面共面。热风炉操作通道右端口被外炉门密封时，外炉门金属壳板紧贴热风室正前墙外壁面，不进入操作通道内，以方便外炉门正常塞进和拔出，即正常开启和关闭操作通道右端口。操作口宽度、操作通道宽度和外炉门宽度相等，炉腹内腔高度、操作口高度、操作通道高度和外炉门高度相等，为 1.2～1.5 m。操作口宽度 0.6～0.8 m，不仅不阻碍操作工进入堆煤区装煤，而且能阻止更多热量辐射到操作通道和外炉门，进而能维持炉腹内腔燃烧高温。外炉门中下部水平设置内径 40～60 mm 的辅助通风口，在明火反烧时辅助通风口封闭，辅助通风口可兼作观火孔。

反向燃烧热风炉炉顶内壁、炉腹上半内壁和操作通道除底板外的内壁贴敷 30～50 mm 厚的整体式耐火浇注层。金属壳体内壁贴敷 30～50 mm 厚的耐火浇注料或耐火砖，既可以限制耐火层对炉壁散热的阻碍作用，又可以避免高温火焰直接接触金属壳体而发生高温腐蚀，以延长金属壳体的使用寿命。炉腹底板和操作通道底板为贴地平板，存在铁铲来回运动摩擦力损毁底板内贴物问题，另外，炉条以下的炉腹区域(即静压区)温度低，无高温烧损隐患问题，故炉条以下炉腹内壁和操作通道底板内壁均不贴敷耐火砖或耐火浇注层。

反向燃烧热风炉内腔包括炉顶内腔、炉腹内腔和操作通道内腔。炉腹内腔分为堆煤区和静压区两部分，静压区侧壁开设主通风口，以便由风机驱动的助燃空气进入。炉顶内腔顶端面出口为排烟口，和换热器热烟气进口密封连接。炉顶内腔底端面和炉腹内腔顶端面重合，炉腹内腔通过炉腹侧壁上开设的560 mm 宽操作口和操作通道内腔相连通，操作通道内腔右端口由外炉门密封。

反向燃烧热风炉包括呈圆筒状的炉膛、呈锥台状的炉顶和众多等长等宽等厚的肋片。肋片为呈矩形状且厚度为0.1～1 mm 的金属薄片，肋片的一条长边和炉膛外圆壁面满焊联结，肋片长边和炉膛中心轴线平行，且沿炉膛外圆周方向呈向外辐射状均匀分布。肋片所在的环形通道区域为烤烟房所需的热风流动及生成区域。由通风口进入储灰室的空气为一次空气。炉条以上的炉腹区域为燃烧室区域，燃烧室顶面和肋片顶短边共面，燃烧室底面和肋片底短边共面。燃烧室炉壁包括耐温700～900℃的金属壳体和耐温1000～1200℃的耐火内衬。燃烧室顶面圆周和炉顶盖底面圆周满焊联结。炉顶侧壁面沿圆周方向均匀布置2～4个补风缝，补风缝两短边中点连线延长线和炉顶中心轴线相交于同一点。补风缝补入的空气流为薄片状空气流，薄片状空气流厚度薄，为燃烧所需的二次空气。补风缝补入的薄片状空气流在燃烧室内的流动方向相同，即同时沿顺时针方向或同时沿逆时针方向流动，每个补风缝补入的薄片状空气流和该补风缝两短边中点连线与炉顶中心轴线确定的平面夹角相同。二次空气补入促使可燃性气体成切锥面螺旋燃烧。炉顶顶面小圆口为排烟口。

反烧炉炉膛呈圆筒状，炉顶呈锥台状，肋片数量多，为矩形薄片，薄片长度相等，宽度相等，厚度也相等，均为0.1～1.0 mm，材质和炉膛金属壳体相同。肋片的一条长边和炉膛外圆壁面满焊联结，肋片长边和炉膛外圆壁面之间不存在接触热阻。肋片长边和炉膛中心轴线平行，且沿炉膛外圆周方向呈向外辐射状均匀分布。肋片的另一条长边沿圆周方向均匀分布在另一个圆筒侧壁面上，该圆筒和炉膛共中心轴线。肋片所在的环形通道区域为冷空气均匀加热区域，冷空气由烤烟房循环风机驱动，均匀通过肋片所在的环形通道，然后通过烟气冷却换热管束区域，温度逐渐加热到烤烟房所需的热风温度。炉条在炉膛的底部，垂直于炉膛中心轴线布置，由金属材料做成，无耐温性能要求，但要求能承受燃烧室散煤重量，装入燃烧室的固体燃料不能穿过炉条通风孔落入集灰区。炉条可以呈井字网格状，也可以呈圆盘状。炉条呈圆盘状时，圆盘上布满矩形通风孔，通风孔沿矩形长边方向相互平行，相邻两矩形孔边间距相等。炉条圆盘直径和炉膛金属壳体内径相等，炉条圆盘圆周和金属壳体内圆周满焊连接。燃烧室呈圆筒状，圆筒高度满足燃烧室一次性加装燃煤能供应一室烟叶烘烤燃烧供热需要。金属壳体长时间使用，而要求能承受 700～900℃的高温腐蚀，材料和肋片相同，为不锈钢或铸铁等耐高温金属材料。燃烧室金属壳体内壁面均匀焊接 Y 形金属钉，以紧固由高铝质或镁铬质耐火材料浇铸而成的耐火内衬，耐火内衬材料为镁铬质或高铝质耐火材料，厚度 δ 为 20～30 mm，长时间工作能承受 1000～1200℃的高温腐蚀。燃烧室顶面和肋片顶短边共面，炉条和肋片底短边共面。炉顶布置在炉膛顶面之上。炉顶正立布置，大底面在下，小底面在上。炉膛顶面圆周和炉顶大底面圆周满焊联结。和炉膛炉壁结构一样，炉顶炉壁也包括金属壳体和耐火内衬，金属壳体材质、耐火内衬材质性能厚度、耐火内衬加工敷设方法和炉膛相同。炉顶金属壳体沿圆周方向均匀布置 2～4 个补风缝，补风缝呈矩形状，矩形长边长远大于短边长，补风缝两短边中点连线延长线和炉顶中心轴线相交于同一点。从补风缝进入燃烧室顶部区域的空气气流为薄片状空气流，2～4 个薄片状空气流在燃烧室内的流动方向相同，同时沿顺时针或同时沿逆时针方向流动，向燃烧室顶部区域补入的干馏气、挥发分、CO 及炭黑等可燃性烟气污染物完全燃烧氧化所需的二次空气。每个补风缝补入的薄片状空气流和该补风缝两短边中点连线与炉顶中心轴线确定的平面夹角相同，保持在 95°～105°。2～4 个薄片状空气流相切于一假想的圆锥侧面，气流沿该假想圆锥侧面螺旋向上流动，最后汇集于一点，可燃性烟气污染物切锥面螺旋燃烧可确保其离开炉膛前在高温条件下完全燃烧氧化。假想圆锥侧面与炉顶内壁平行，以减轻炉顶内衬所受的高温气流冲刷腐蚀。

反向燃烧热风炉加工装配顺序是：卷板冷加工出炉顶、炉腹、操作通道和外炉门等四个部件的金属壳体；在炉腹侧壁面加工出操作口；加工出炉条，再在炉腹内腔沿垂直于炉膛中心轴线的方向固定炉条。炉腹中下部内壁贴敷耐火砖。炉顶内壁面、炉腹中上部内壁面（耐火砖之上的炉腹内壁面）和操作通道内壁面上均匀焊接 V 字形金属钉，金属钉深 20～30 mm；在金属钉区域均匀浇铸磷酸铝耐火材料；满焊连结炉膛顶面圆周和炉顶大底面圆周，满焊连接炉腹操作口边缘和操作通道左端口边缘；燃用少量木柴，将耐火内衬内自由水和化合水缓慢析出，防止耐火内衬脱落、熔融下滑或高温胀裂而缩短使用寿命。

使用反向燃烧热风炉时，装烟房不变，热风室尺寸 1.4 m×1.4 m×2.5 m 不变，烤房控制器及控制线路不变，助燃风机和循环风机不变，只需更换热风炉及换热器。

2.1.2　热风炉结构特征

(1)单炉膛。

吸收了金属炉和隧道炉单炉膛的优点。反向燃烧热风炉包括一个炉膛,炉膛由水平布置的炉条分为上下两室,上室为燃烧室,下室为储灰室,全部燃烧放热集中在燃烧室内完成,提高了单位炉膛容积释热强度和燃烧温度,加快了燃烧反应速度和传热速率。反向燃烧热风炉集中燃烧设计取代了双层对向正反燃烧热风炉、双炉膛热风炉及逆流循环型双炉膛热风炉分散热设计,简化了结构,降低了加工制造成本,降低了操作技术要求,更利于广大烟农理解掌握。

(2)炉膛外壁面均匀布置众多高温肋片。

炉膛金属壳体满焊联结众多肋片,这些肋片沿金属壳体侧圆周向外辐射均匀布置,全部冷空气均匀穿过肋片区,有效地扩展了低温侧对流换热表面积,提高了冷空气吸热升温速度。金属炉及隧道炉外壁面、烟道冷却金属管束或非金属管束外壁面温度低且未设置肋片,冷空气和高温表面接触不均匀,冷空气加热不均匀。反向燃烧热风炉取消了传统炉壁结构中的保温层,将燃烧室和烟气冷却装置合为一体,将传统布置在烟气冷却装置上的肋片移至燃烧室外壳,肋片横穿冷空气流动区域,满足了加快传热和缩小设备所占空间双重要求,满足了密集烤房群紧凑安装需要。

(3)炉顶设置2~4个补风缝。

金属炉燃烧室顶部留有一定高度气相空间,该空间有可燃性烟气污染物成分,但温度低(炉内壁面温度仅500~700℃),不具备燃烧所需高温条件,即使补充二次空气也发生不了燃烧反应,实际烘烤操作中没有补充供应二次空气,烟气可燃性成分燃烧热没有释放出来,既污染环境又浪费烘烤成本。传统卧式隧道炉燃烧室顶部留有一定高度气相空间,该空间烟气污染物含量少,温度也低(炉内壁面温度仅500~700℃),没有补充二次空气组织二次燃烧的必要,实际烘烤操作中没有补充供应二次空气。反向燃烧热风炉燃烧室气相空间有挥发分和炭黑成分,且燃烧温度提高至1000~1200℃,补充二次空气可组织二次燃烧反应。反向燃烧热风炉炉顶设置2~4个补风缝,分2~4处补充送入二次空气,在燃烧室顶部区域形成2~4个薄片状空气流,薄片状空气流卷吸可燃性烟气污染物沿一假想圆锥侧壁面螺旋上升流动,即发生切锥面螺旋燃烧。2~4个薄片状空气流切锥面流动方式,建成了可燃性烟气污染物燃烧所需的高温度、高可燃分子浓度和高氧分子浓度"三集中"条件,进一步降低了烟气污染物排放浓度。

（4）高大炉内腔。

烤烟热风炉炉内腔高大，炉内腔容积大，炉膛容积有效利用率高，能装更多的燃煤，从而可以减少烘烤供热过程中途添加煤的次数，减轻操作工劳动强度。金属炉按多次加煤原则设计，炉内腔空间小，烘烤 2.5 t 中部烟叶中途加煤次数高达 20 多次。隧道炉炉膛长 1.4 m、宽 0.73 m、高 0.9 m，炉膛容积有效利用率只有 80% 左右，可以装入外径 110 mm、高 75 mm 的家用本地无烟煤蜂窝煤 800~1000 个，理论上能满足一次性装煤需要。实际上，由于隧道炉运行过程中出现的炉体蓄热多，炉门辐射散热损失大，烟气 CO 排放多，热效率低，耗煤量大，800~1000 个煤球往往不能满足烘烤需要，就是晴天一房中部叶烘烤 5~6 天，中间也要加煤 1~3 次之多，难以实现一次性装煤目标，更不用说雨天及上部叶烘烤时中途需要添加煤球的次数了。炉腹内腔高度为 1.2~1.5 m，内径为 0.9~1.1 m，炉膛容积有效利用率达到 100%，可以装入外径 110 mm、高 75 mm 的家用本地无烟煤蜂窝煤 850~1050 个，能满足一次性装煤需要。一次性装煤量略超过隧道炉装煤量，且热效率高出隧道炉 25%，一次性装煤自然能保持更长的燃烧供热时间。装烟略超过 2.5 t，雨天采摘或上部烟叶条件下使用反向燃烧热风炉，无须中途清灰加煤，做到一次性装煤完成 6~7 天的烘烤燃烧供热任务。

（5）立式炉内腔，高的炉内腔、外炉门和操作通道。

金属炉有专用的加煤通道和清灰通道，加煤通道和清灰通道之间有一金属板隔开。两个通道长度和宽度尺寸都很小，操作工在炉外用铁铲站在炉外多次小心抛送散煤和取灰。隧道炉堆煤区、集灰区、装煤通道内腔、清灰通道内腔合一，无炉条，炉门只有 560 mm 高，操作工只能触地爬行进入炉内腔，然后以全蹲姿势退行堆置煤球，再者炉内腔宽度小、空间小，高度矮、空气流动不畅，出现憋闷感，装煤操作不舒适，难于满足孔对孔、同排两邻煤球之间无缝隙要求。发明直立式炉膛，堆煤区在集灰区之上，去掉了通往堆煤区的装煤通道和通往集灰区的清灰通道之间的公共壁板，实现了装煤通道和清灰通道合并成操作通道的需求，操作通道内腔高度和外炉门高度高达 1.2~1.5 m，操作工可以呈稍蹲或稍弯腰姿势进出炉内腔，加上炉内膛高大，空气流动顺畅，不会出现憋闷感，操作工在炉内腔里运转自如，实现舒适装煤，孔对孔且小煤球间隙等堆煤要求易于满足。

（6）矮的内炉门。

金属炉和隧道炉没有内炉门。反向燃烧热风炉内炉门高度只有 0.2~0.35 m，内炉门和炉腹侧壁一起，围成封闭性良好的静压区，切断空气旁通流至操作通道的通道。内炉门顶面延伸至炉腹顶端面，可以进一步阻止煤床内空气水平旁通流至操作通道，但是需要承受煤燃烧高温作用，即增加耐火保温设计，此时内炉门高达 1.2~1.5 m 且笨重，装煤清灰时内炉门取出放回定位等操作难度增加。另外，煤床内水平旁通至操作通道的空气量少，不足以降低炉温调控性能。反向燃烧热风炉内炉门高度为 0.2~0.35 m，可以用普通红砖或黏土砖来替代内炉门，做到低成本，另外，取出放回操作轻便，又不失良好的炉温调控性能。

(7) 封闭式静压区。

金属炉集灰区为静压区，鼓风机送入的空气全部流入燃烧区，封闭性能良好。隧道炉静压区呈敞开式结构。隧道炉堆煤至进口端炉门时空出 2~3 层煤球空出的区域即为静压区，由于炉膛堆煤至 0.6 m 高，炉顶内壁面至煤床顶面之间约 130 mm 的高度空间便成了空气旁通快速流至排烟口的通道，即静压区顶面是敞开的。反向燃烧热风炉炉条以下的炉腹内腔为静压区。由于内炉门侧面和操作口侧面无缝隙连接，内炉门底面和炉腹底板无缝隙连接，炉腹侧壁、底板和内炉门围成静压区，静压区风机鼓入的空气能通过炉条全部向上流进煤床，即静压区封闭性能良好。

反向燃烧热风炉"高且大炉内腔"能保证一次性装煤，满足当今农村劳动力市场需要。"高且大炉腔、装煤通道和清灰通道合二为一、操作通道高度高、高的外炉门"能保证装煤清灰操作舒适，做到烟叶烘烤以人为本。"立式炉腔、矮的内炉门、封闭式静压区"是"炉内流动传热燃烧过程科学合理"的前提条件。

2.2 反向燃烧热风炉工作原理

使用反向燃烧热风炉时，要先清空炉条上方灰渣，后取出内炉门，清空炉条下方灰渣，放回安置好内炉门。操作工呈稍蹲或稍弯腰姿势从操作通道进入炉腹内腔炉条之上，蜂窝煤球从炉外递入。在炉腹内腔堆置蜂窝煤球时力求孔对孔，煤球与煤球之间的大空隙以碎煤块塞满。以堆放外径 110 mm、高 75 mm 的家用本地无烟煤蜂窝煤为例，每层能堆放煤球 53~65 个，堆放 15~17 层，堆煤区能置放 850~1050 个煤球，能满足密集烤烟 6~7 天烘烤连续燃烧的供热需要。堆至最高层时空出操作口边缘 1~2 个煤球，将正燃烧的 1~2 块烟煤从最高层空缺处塞入最高层顶面中心。操作工退出操作通道后，将外炉门塞进操作通道右端口，密封操作通道右端口并压紧固定外炉门。设置温控器温湿度时间参数并使其启动运行，启动和静压区联通并由温控器控制的风机，风机将空气送入静压区，空气在煤床中呈活塞流状全部向上流动，燃烧面缓慢地从炉腹顶部移动到炉条顶面，明火反燃长时间稳定供热，即可紧贴烘烤工艺曲线向上升温至 68℃，直至烘烤结束，安全稳定运行 6~7 天，才算完成变黄期、定色期和干茎期燃烧供热任务。整个烘烤过程不打开外炉门，无外炉门敞开存在的高温辐射热损失和炉温短时间降低问题。清灰时先铲出堆煤区灰渣，后取出内炉门铲出静压区灰渣，最后放回并安置内炉门。

特殊情况装煤不够，需在干茎期添加少量煤球时，炉腹内腔和操作通道温度高而不便清灰渣，此时可以不清灰，而在灰渣层上方直接添加煤球，从辅助通风口通入空气，炉腹内腔进行短时间的暗火正烧供热生产热风，此时要注意在风机不运行时因高温炉气外泄而造成的烧损风机问题。一次性装煤量至少能渡过烟叶烘烤三阶段中变黄期和定色期，不足的煤球只能在干茎期添加，因为变黄期和定色期对恒温要求高，打开外炉门添加煤球会导致短时间的炉温降低问题。炉腹内腔圆弧以外的操作通道内腔不堆置煤球，避免大火燃至操作通道，加大对外炉门的高温辐射腐蚀及热损失。

根据烤烟房装入烟叶总量及水分含量，粗略估计出完成烘烤任务所需的煤球总量。在所需蜂窝煤球总量小于堆煤区蜂窝煤球总装载量时，煤球通过操作通道及操作口一次性全部装入堆煤区，使煤床顶面呈平面状。煤床顶面中心塞入正燃烧着的 1~2 块烟煤，然后烟煤缓慢引燃周围的无烟煤球。烟煤灰尘含量低，燃后灰渣极少，煤球气流通道堵塞概率低，能保持空气自集灰区向上穿过炉条到燃烧区的流动畅通。烟煤热值高，挥发分多，燃烧温度高，可以稳妥地点燃高着火点精选无烟煤(如朝鲜精选无烟煤)，提高点火引燃成功率。燃用灰分含量高达50%的本地生活用煤球时，可改用 1~2 小块正燃烧着的无烟煤球点火引燃。

平整燃烧室内燃料层顶面。打开储灰室侧壁通风口，少量干木材点燃后塞进排烟口，进而缓慢引燃燃烧室里的生物质颗粒燃料，生物质颗粒燃烧后缓慢引燃块煤。点火后即对补火缝不间断地鼓入二次空气，以消除点火启动及正常运行过程中欲从排烟口排出的挥发分、CO 和黑烟。二次空气鼓入量由烘烤工艺决定，大火烤茎阶段二次空气鼓入量最大。燃烧室内组织明显火焰燃烧后，高温烟气向上流动的同时储灰室形成一定的负压，外界空气通过储灰室通风口自然吸入大量的一次空气。散煤灰分极少，生物质颗粒和块煤之间的空隙(气流通道)堵塞概率低，能保持一次空气自储灰室向上穿过炉条到燃烧区的流动畅通。一次空气保证块煤燃烧生成 CO_2 所需，二次空气保证燃料层上方气相空间挥发分、CO 和黑烟燃烧生成 CO_2 所需。燃烧面自上向下缓慢移动，燃烧面始终裸露在气流中，无积灰覆盖燃烧面，延续燃烧反应所需的氧分子流进和 CO_2 分子流出顺畅。由炉顶补风缝送入的薄片状空气流使得燃烧室顶部区域可燃性中间产物沿一假想圆锥侧壁面螺旋上升。2~4 个薄片状空气流切锥面流动方式，使可燃性烟气污染物、补入的二次空气及燃烧放热集中于假想圆锥侧壁附近的一薄层区域，强化了可燃性烟气污染物与二次空气的混合，提高了燃烧温度，延长了燃烧反应时间。二次空气流量变化，使得引起高温烟气抬升力、储灰室负压就一次空气吸入量均变化，进而引起燃烧室燃料消耗速度变化，即二次空气流量是反向燃烧热风炉放热速度的关键影响因素。固定碳燃烧为洗精煤燃烧，洗精煤热值高，能保证固定碳完全燃烧所需的高温条件。燃料燃烧热全部在燃烧室释放，燃烧室存在明显火焰，燃烧室温度高。燃烧室炉壁设置了透热性能良好的金属壳体和耐火内衬，燃烧放热绝大部分传递到炉壁使得炉壁温度升高，通过与金属壳体满焊连结肋片将燃烧放热高效率地均匀传递给流过肋片表面的全部冷空气。高温烟气向冷空气综合传热过程中，高温侧强化传热途径有提高燃烧室燃烧温度以强化辐射传热和组织 3 个薄片状空气流切锥面流动的作用，低温侧强化传热途径有设置肋片以大幅度扩展对流换热表面积和使全部冷空气穿过环形肋片区以均匀接触肋片的高温壁面的作用，分隔高温侧和低温侧的炉壁导热性能良好，因此综合传热速率大，能源利用率高。

2.3　反向燃烧热风炉关键技术

2.3.1　明火反烧

金属炉和隧道炉基于"暗火正烧"原理燃烧供热。隧道炉在助燃空气进口处点燃引燃物，接着引燃物燃烧将热量传递给与之相邻的蜂窝型煤。燃烧烟气随助燃空气流动流向排烟口处。在此过程中高温烟气预热型煤，型煤释放出干馏气和挥发分，同时升温的煤球和助燃空气中的氧分子接触发生燃烧。整个过程有较多的型煤热量以一氧化碳内能方式随 CO 混入烟气中而排入大气散失。型煤热量没有最大限度地释放，加上一氧化碳流量和体积百分比不稳定，使得燃烧热量不能通过调节助燃空气流量而得到控制，助燃空气开停便不能很好地调节烤烟供热。

组织明火正烧时，高温灼热区紧邻助燃风机，导致助燃风机停机期间受到高温加热而影响其使用寿命，助燃风机高温烧损风险增加；低温型煤和低温烟气正对或接触对流换热管，导致型煤燃烧给烤烟供热性能变差。

反向燃烧热风炉由风机驱动的空气进入静压区，静压区侧壁和底板无泄漏，空气全部穿过炉条自下向上在煤床中均匀流动的方式。空气全部以活塞流方式流过煤床，从煤床顶面中心开始点火引燃，燃烧面自上向下缓慢移动，燃烧面移动方向和空气流动方向相反，实现明火反烧过程。在高温燃烧面向下流动过程中不断地预热与之接触的底层煤球和空气，煤球预热时形成的干馏气进入燃烧面发生完全燃烧反应，离开燃烧面的高温 CO_2 气体向上流动时没有高温焦炭与之接触，即生成不了还原性气体 CO，这样排烟 CO_2 气体含量高，CO 气体含量极低，热效率提高到75%左右。从而实现了燃烧供热过程节能低污染物排放，更为重要的是，排烟无内热能损失，燃烧放热量达到最大，最大放热量和空气流量成正比，为用空气流量自动调控炉温过程创造了有利条件。组织明火反烧时，高温灼热区紧邻对流换热管，强化了燃烧供热，并保证及时供热；高温灼热区与助燃风机之间有低温型煤床相隔，避免了助燃风机受到高温烘烤而缩短使用寿命的情况发生。一般地，明火反烧技术只是针对颗粒状或块状烟煤工业炉窑清洁燃烧目的使用，民用蜂窝煤燃烧装置燃用无烟煤，做成蜂窝煤球，且基于暗火正烧原理者居多，应用于基于明火反烧原理的无烟煤蜂窝煤砖燃烧装置及方法报道极其少见。

2.3.2 炉温可调可控

反向燃烧热风炉燃烧放热多少正比于参与燃烧反应的空气流量大小。操作通道内腔滞留的空气能旁通流至排烟口，进而降低空气有效利用率，降低空气流量对燃烧放热量的调节功能。发明内炉门两侧边和炉条以下操作口两侧边无缝隙分别连接，内炉门底面和炉腹底板无缝隙连接，炉腹侧壁底部和内炉门围成静压区。封闭性良好的静压区使得全部空气在煤床中呈活塞流状向上流动，无空气经炉条以下的操作口旁通至操作通道区域。尽管堆煤区煤床通过炉条以上的操作口直接接触操作通道内腔，但空气在煤床穿行时，煤床气流通道和排烟口负压形成的向上抽吸力、静压区静压形成的向上流动驱动力和高温烟气密度形成的向上浮升力，使得煤床里的空气向上流动，水平方向流出煤床到操作通道区域的空气量可忽略。最终空气全部以活塞流方式均匀穿过整个煤床横截面，全部接触燃烧面燃烧并释放出全部热量，空气利用率达到100%，即风机鼓入的空气流量和燃烧面燃烧所消耗的空气流量相等成正比。煤球和煤球之间难以消除的大空隙会加大助燃空气短路的影响，即部分空气直接从此空隙流至排烟口，最终降低风机开停对炉温的调控性能。显然，空气对燃烧放热的调控性能，取决于静压区的封闭性和操作通道内腔空气的滞留量，操作通道内腔空气滞留量又取决于煤球之间水平方向间隙大小、孔对孔程度和外炉门密封性。煤床顶面在炉腹顶端面上，煤球孔对孔且煤球之间无明显间隙，外炉门能完全密封操作通道右端口，有利于维持风机开停对参与燃烧反应的空气流量调控过程。隧道炉静压区靠近进口端炉门，静压区顶面不封闭，鼓风机鼓入静压区的大部分空气旁通至煤床顶面之上的气相空间并快速流向排烟口（排烟含氧浓度高达9%~12%），剩余部分以布袋状射流方式流入煤床气隙空间。布袋状射流在煤床内对流扩散需要克服较大阻力，灰渣球阻挡助燃空气流至燃烧面并阻挡热烟气上浮流至炉顶气相空间，未燃煤球则阻挡热烟气向前流动,最终参与燃烧的助燃空气量少,燃烧放热少,烟气 CO 含量高,内储热量多,进一步减少燃烧放热,综合表现为炉温升不上去,热风温度低于预设温度 2~8℃。炉膛内燃烧消耗的只是空气中的一小部分,风机开停控制的空气流量与燃烧面消耗的空气流量不成正比,无疑加大了风机开停自动调控燃烧消耗的空气流量过程的难度。隧道炉风机送入的空气流量和流进煤床的空气流量不成正比,流进煤床的空气流量和燃烧放热量不成正比,使得风机开停对热风温度调控性能较差,不稳定不可靠。为减少炉温升不上去对烟叶烘烤质量的影响,变黄期和定色期操作工勤看火成为烟叶烘烤的基本管理任务之一。隧道炉风机常开也升不上炉温问题,易被误认为是因为燃煤热值低,通常会换用更高热值(5500~7000 kcal*/kg)的无烟煤或烟煤,这样易出现炉膛内局部高温而烧裂炉顶拱砖、加大烟叶烘烤燃料成本、排放黑烟污染环境等问题。反向燃烧热风炉炉顶、炉腹和操作通道外壳为满焊连接成一体且无缝隙的金属壳体,金属壳体厚 3~5 mm,以确保热风炉内腔空间的密封性,无环境空气渗进炉膛,确保助燃风机开关对燃烧供热量大小的可调可控性能。隧道炉在用窄钢筋预制板替代金属壳体作炉侧壁护板时,炉壁易出现高温裂缝,渗入炉膛的空气流量不便控制,炉温失控甚至到 68~70℃ 等现象。金属壳体满焊连接成一体式结构,静压区封闭、立式炉膛、竖直式堆置煤球和从煤床顶面中心点火引燃等设计,使得风机送入的空气流量和流进煤床的空气流量成正比,流进煤床的空气流量和燃烧放热量成正比,从而能保证风机开停对热风温度调控性能,保证干烟叶质量,省去变黄期和定色期操作工勤看火工作。

反向燃烧热风炉装煤区炉壁有缝隙存在,是热风炉火力失控的主要原因。隧道炉炉壁为耐火砖层,耐火砖与耐火砖之间塞满高温泥,炉内燃烧存在局部高温区时易烧损破坏耐火炉壁和炉壁与炉壁之间的连接,导致外界空气渗入,最终出现炉温失控问题。反向燃烧热风炉炉壁外包敷金属壳体,金属件间连接为满焊连接,可以阻止外界空气渗入,避免出现火力失控故障。

反向燃烧热风炉供热曲线贴近烘烤曲线,是热风炉燃烧供热配合烘烤工艺的最佳体现。供热曲线贴近烘烤曲线,可以实现快速高效烘烤,不拖延烘烤时间,不组织无效燃烧供热,最大限度地提高燃烧效率,杜绝干湿球温度偏高或者偏低导致的报警,从而实现节能烘烤。

2.3.3 高温隔离

金属炉和隧道炉均是间断供给助燃空气来控制炉内燃烧的,炉内高温燃烧区

---

* 1 kcal = 4.1868 kJ。

近距离连通助燃风机出风口,高温气流易通过炉门进风口间断外泄窜入助燃风机壳体内导致烧毁助燃风机。

隧道炉因具有一次性装煤,中途无须看火添煤等优势,在密集烤烟房中得到了越来越多的推广应用。隧道炉间断供给少量助燃空气,维持烟叶烘烤所需炉温。炉内 1100~1300℃ 高温燃烧区紧邻助燃风机,高温区和风机送风口仅以铸铁炉门相隔,风机线圈易受到通过炉门进风口外泄的高温热辐射作用。在助燃风机不供风、烟囱出口大风倒灌、炉气流动受阻及烟道闸火板位置不适宜时易出现炉内微正压和火苗无序窜动现象,能明显观测到通过炉门进风口向外喷出的高温气流或高温火苗。高温气流首先通过风机出风口直接加热风机叶轮机壳,然后叶轮和机壳通过电机主轴将高温传递至电机线圈,最后出现非工作状态下电机烧毁故障。调查显示,隧道炉助燃风机高温损毁率高达 39%。电机线圈温度升高,风机送风能力下降,这种风机送风能力下降故障往往无法维修恢复,只能更新替换,给烟农带来经济损失。变黄定色期助燃风机烧毁导致烘烤温度下降,长时间不易被发现,往往出现整房烟叶质量下降甚至全部报废现象,给烟农带来更大的经济损失。解决助燃风机受热损毁问题,是隧道炉推广应用亟待解决的难题。烤烟房隧道炉助燃风机保护装置通常是炉门进风口与助燃风机出风口之间用 Z 或 L 形连通管,风机运行时鼓风依次通过风机出风口、连通管内腔和炉门进风口进入炉内。连通管长度较长,在不供风时能延缓、阻挡或削弱高温炉气对助燃风机电机的加热损毁作用。黄国强等[37]公开了一种密集烤房用辅助吹风装置,该装置包括连通管,连通管内安置挡板,挡板顶部和连通管内腔顶部铰链连接,连通管管壁开设众多排气孔。黄国强等[25]公开了一种密集烤房用助燃风机保护器,该保护器在连通管中间插入略有倾斜的箱体盒,箱体盒内设置挡板,挡板顶边和箱体盒顶面铰链连接,箱体盒侧壁开设众多安全排气孔。上述两个技术方案的挡板等效于止回阀。风机供风时气流顶起挡板,挡板运转到和连通管中心轴线相平行位置,不供风时挡板在自身重力作用下自动回复到和连通管中心轴线相垂直位置,高温气体流动到挡板位置时受阻改从排气孔流出,从而阻止高温气体流向风机壳体内。挡板能自动开启和关闭,操作简便,节省了烘烤用工。实践表明:成本低、能被小流量助燃空气顶起、隔热性能良好、运转灵活、密封挡风性能良好的挡板设计相当困难,实际应用时不得不简化为金属薄板。非金属耐火材质挡板通常具有笨重、转动不灵活等缺点。由于外泄的全部高温气流高速冲击腐蚀挡板,挡板易发生高温变形烧损,更为重要的是,金属铰链易发生高温变形烧损而失去转动灵活性。挡板阻止不了向风机线圈的热传导作用,长时间不供风会出现风机电机烧毁问题。风机较高频率通电断电,运行不稳定,极易损坏电机。

　　隧道炉炉门内侧即为高温燃烧区,静压区和高温燃烧区重合为一,在风机暂时停止送风时,高温燃烧区高温炉气能通过通风口及吹火筒反向吹向风机,加上风机受到炉门高温辐射作用,导致风机机壳温度升高至 200～250℃,且风机静压下降,空气流量变小,甚至直接被烧毁,助燃风机成为隧道炉更换频率最高、消耗最多的部件之一。按一年烘烤 2 个月计算,更换台数在 1～4 台。为减少助燃风机更换费用,操作工勤看风机成为烟叶烘烤的基本管理任务之一。发明基于明火反烧原理,燃烧面位于接近于炉顶的煤床顶部区域,燃烧面和静压区之间有一定高度的煤床相隔,加上高温炉气自然上升流动,使得和风机相连通的静压区空间始终处于低温状态,无高温炉气滞留倒流烧毁风机现象出现,无须操作工勤监视助燃风机,彻底解决了隧道炉存在的风机运行不安全问题。

　　"明火反烧"是节能、减排、安全、自控运行的前提条件。"高温隔离"是"明火反烧"的必然结果。"炉温可调可控"是烟叶烘烤保质保量的关键,是发明得以推广应用的关键。

2.3.4　炉外壁敷设肋片 + 透热型炉壁

　　金属炉和隧道炉的炉膛和烟道外壁面温度低,没有设置肋片,对流换热速率低,相同传热量依赖加大传热面积来实现。考虑到低温侧冷空气吸热速度慢是制约高温烟气→冷空气综合传热速度提高的关键之一,反向燃烧热风炉在燃烧室金属壳体外壁面设置肋片,能扩展低温侧对流换热面积,降低低温侧对流换热热阻。反向燃烧热风炉单位体积对流换热面积加大,加上炉外壁温度提高至 700～900℃,加大了对流换热温差驱动力,相同传热量热风炉结构更紧凑,热风生成速度更快。

　　为了简化结构和减少成本,炉壁包括光滑的金属壳体和 20～40 mm 厚的耐火内衬,卧式隧道炉炉壁只有 20 mm 的耐火层,两者炉内均存在局部高温区,外壁温度低至 100～200℃,炉壁传热可以忽略,燃烧室内组织绝热燃烧。反向燃烧热风炉炉壁包括贴有肋片的金属壳体和 20～30 mm 厚的耐火内衬,透热性能良好,燃烧室组织高温燃烧,燃烧热能快速传递到炉壁,炉膛外壁面温度 700～900℃,属于非绝热燃烧,即边燃烧放热边通过炉壁散失给冷空气。燃烧室非绝热燃烧方式,减少了烟道冷却设备热负荷,减少(甚至省去)了烟道冷却器换热面积,使热风炉结构更加紧凑。

　　反向燃烧热风炉炉顶出口的烟气温度为 200～400℃,炉顶耐火内衬温度在定色期达到 550～600℃,燃烧焦炭温度为 1100～1300℃,排入大气的烟气温度为 50～80℃,流入烤烟房的热风温度为 38～70℃。

2.3.5 炉顶内腔组织切锥面螺旋燃烧

金属炉和隧道炉气相空间温度低，没有可燃性烟气污染物完全燃烧的技术措施，排烟潜热损失大，环境污染明显。反向燃烧热风炉在燃烧室顶部区域组织了切锥面螺旋燃烧，燃烧放热、挥发分 CO 及炭黑和氧分子集中于假想圆锥面附近一薄层区域，该区域发生了高释热强度燃烧，温度高，燃烧反应完全，确保了热风炉的节能环保技术优势。

热风炉燃烧完全要求同时具备以下条件：①物理条件－可燃物和氧气充分混合；②化学条件－可燃物浓度合适、氧分子浓度合适、高温燃烧环境，即"可燃物、氧气、高温"三集中；③三集中时间足够长。如图 2－3 所示，热风炉燃烧节能环保的关键在于：将分散在燃料层上方的可燃物和氧气高度集中，燃烧放热高度集中，且延长三集中时间，增强燃烧过程可调可控性，烘烤过程缓慢放热并和烘烤工艺匹配（5～7 天，变黄→定色→干筋）、安全烘烤。燃烧过程调节经济便捷、延长烟气停留时间、缓慢供入助燃空气以组织缓慢燃烧过程、助燃空气和可燃性气体充分混合、提高燃烧温度、能适应不同来源的燃料热值要求，是密集烤房高效节能环保型热风炉的研发方向。

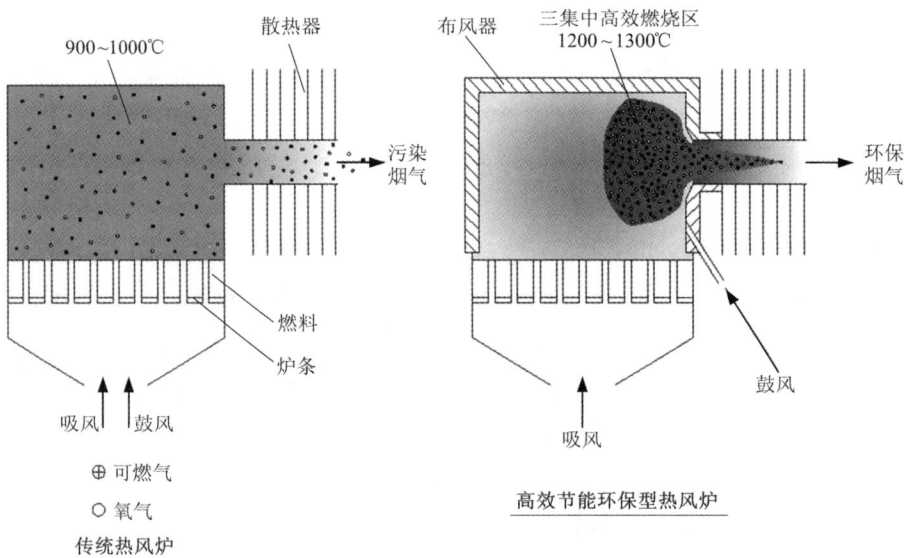

图 2－3 热风炉炉内流动、传热、燃烧过程组织变化

2.3.6 洁净煤燃烧

燃用球状或蜂窝状生物质屑末 + 低硫洗精煤。

生物质屑末挥发分含量为70% ~ 80%、灰分 < 10%，硫含量 < 0.5%，低热值为 4000 ~ 4200 kcal/kg。低硫洗精煤固定碳含量 80% ~ 90%，灰分含量为 4% ~ 10%，硫含量 < 0.5%，低热值 > 6300 kcal/kg。燃烧后无残留灰渣。

气相空间均匀充满挥发分燃烧火焰，燃烧释热强度为 235 ~ 350 kW/m³，燃料层顶平面发生固定碳燃烧，固定碳燃烧均匀充满整个燃料层顶平面，燃烧释热强度为 700 ~ 1050 kW/m²。

2.4 反向燃烧热风炉技术优势

1) 无须清灰

装煤操作舒适性良好。

反向燃烧热风炉燃用低灰分洗精煤，燃烧后积留的灰渣量大幅度减少，没有灰渣结焦问题，无须一次或多次清灰去渣人工操作，燃烧面始终裸露，O_2 分子渗入和 CO_2 分子逸出畅通无阻。金属炉完成一室烟草烘烤需要 5 ~ 6 次人工扒渣操作，且存在炉渣结焦问题。隧道炉完成一室烟草烘烤需要 1 次人工高强度扒渣操作，且存在局部渣球结焦，渣球阻碍燃烧面上方附近区域 O_2 分子渗入 CO_2 分子逸出等问题。

2) 燃烧供热可控可调

反向燃烧热风炉助燃风机开停，能明显调节热风温度，紧贴烘烤工艺曲线生成热风，无掉温、超温问题发生，其主要原因在于：

(1) 反向燃烧热风炉助燃风机运行 5 ~ 6 天能一直维持在低温状态，无隧道炉倒火烧损风机线圈问题发生，风机性能稳定不变，风机送出的助燃空气体积流量和静压稳定不变。

(2) 反向燃烧热风炉设置了密封性能良好的静压室，能保证助燃风机送出的助燃空气全部流进静压室出口上方的燃煤层区域。

(3) 炉内燃煤燃烧为明火反向燃烧，从燃煤层顶面流出的烟气 CO 含量极低，即流进燃煤层顶部燃烧区的助燃空气能全部得到利用并几乎全部转化为 CO_2，燃烧完全度接近于 100%，烟气中 CO 体积浓度极低，燃煤包含的内部能量全部释放出来，燃烧放热量近似达到最大，这个最大燃烧放热量和流进燃煤层顶部燃烧区的助燃空气流量直接成正比。

综合上述三个作用，反向燃烧热风炉不仅能维持稳定不变的最大加热能力，还能维持助燃风机开停对燃烧供热量的精确调控能力。

3）高效节能

反向燃烧热风炉炉内气体含氧浓度低至3%以下，过剩空气量少，燃烧烟气量少，氧分子有效利用率高，空气供应系数小，烟气带走的显热少。隧道炉炉内气体含氧浓度保持在9%～12%水平，过剩空气量多，燃烧烟气量多，氧分子有效利用率低，空气供应系数大，烟气带走的显热多。

反向燃烧热风炉38～40℃稳温期热效率高。反向燃烧热风炉装置无蓄热，加上高温燃烧区处于炉顶位置，煤燃烧热量即放即用，燃烧放热直接用作加热空气，38～40℃稳温变黄的1.5～2天时间除引火煤球外几乎不需要耗煤。隧道炉38～40℃稳温期要经历先蓄热后升温两阶段，达到烟叶变黄的38℃条件往往需要燃烧消耗沿空气流动方向的4～6层煤球，蓄热耗煤量约占整个装煤量的20%～30%。

反向燃烧热风炉只设置一个炉门，和隧道炉的两个炉门相比，炉门散热损失减小50%。和金属炉相比，炉门开启次数从2次/h减少到整个烘烤过程只打开一次，敞开炉门导致的高温辐射散热损失大幅度降低。

反向燃烧热风炉停炉后装置蓄热损失少。停炉后装置蓄热包括炉渣显热、炉膛耐火内衬蓄热和换热管蓄热。反向燃烧热风炉炉渣仅为隧道炉的1/3～1/5，炉渣显热损失减少。反向燃烧热风炉炉壁内衬薄、耐火材料消耗量少，金属换热管，停炉后只需要0.5～1 h即可将装置冷却至常温，而隧道炉炉壁内衬厚、耐火材料消耗量量，再加上耐火材质非金属换热管，停炉后需要1.0～1.5天，才能将装置冷却至常温。

反向燃烧热风炉燃用5800～6500 kcal/kg高热值精选无烟煤或烟煤，替代隧道炉燃用3000～4000 kcal/kg中热值高灰高硫无烟煤，相同燃烧供热量前提下，烟气生成量减少，排入大气环境的烟气显热损失减少。

反向燃烧热风炉燃烧供热温度紧贴烘烤工艺设定值，热惯性小，燃烧供热效率高，烘烤耗时短，烘烤耗煤少。隧道炉热风温度可调性差，燃烧供热能力差，燃烧供热温度往往低于烘烤工艺设定值2～8℃，导致烘烤耗时长，烘烤耗煤多。

反向燃烧热风炉组织明火反烧供热，烟气中的CO体积浓度只有隧道炉的30%，燃烧完全程度高。

反向燃烧热风炉从上往下燃烧，燃烧区高温面直接面对炉顶内壁面，维持了炉内腔、排烟口以及第一、二层换热单管的高温传热条件。不会出现倒火问题，无高温烟气间歇性外泄散失热量问题发生。

4）烟气污染物超低排放

通风口开启度和燃烧室顶部补风量，是反向燃烧热风炉炉内燃烧过程的主要调控手段。燃烧室内块煤一次燃烧和烟气污染物切锥面螺旋燃烧促进了储灰室负压的形成，储灰室负压确保一次空气持续被吸入，进一步促使块煤燃烧反应持续进行。变化储灰室通风口面积，可以变化一次空气量，最终变化块煤燃烧量。二次空气在鼓风机驱动下切圆锥面流动，形成螺旋燃烧。变化二次空气量，可以变化螺旋燃烧强度，进而变化可燃性烟气污染物燃烧量，最终变化烤烟节煤量和烟气污染物排放量。点火源放置于煤层顶面之上，燃烧面从煤层顶面向下缓慢移至底面。传统金属炉燃烧面自下向上缓慢移动，高温烟气在预热块煤的同时，析出块煤干馏气和挥发分，加大了烟气可燃性中间产物的排放量。传统隧道炉燃烧面自上向下缓慢移动，渣球堆积在燃烧面上方，渣球明显阻碍了燃烧面上方附近区域的 O_2 分子渗入和 CO_2 分子逸出。

反向燃烧热风炉明火反烧，排烟口组织可燃型尾气二次旋流流动，氧化反应更彻底，烟气林格曼黑度 <1，烟气 CO 排放浓度低，热风炉四周无 CO 积留，烘烤工场空气清新，现场操作加工的烟农无不舒服感。和燃用中硫或高硫煤相比，燃用低硫低灰煤（硫含量 <0.35%），烟气 SO_2 体积浓度 <200 mg/Nm^3，烟气 NO_x排放浓度 <200 mg/m^3，达到大气污染物综合排放标准[6]和锅炉大气污染物排放标准[7]要求。燃用型煤，和燃用散煤相比烟气灰尘浓度少；炉渣在燃烧区上面，可以过滤掉部分烟尘，使烟气含尘量更低。和隧道炉相比，反向燃烧热风炉烟气CO 排放降低 70%，节约燃煤 10%~25%。

5）使用安全

因应用明火反烧技术，反向燃烧热风炉烟气的 CO 含量只有隧道式热风炉的30%，无闸火板设置，炉内煤床上方气相空间无 CO 积留可能，不存在炉内爆燃和 CO 中毒问题。因应用暗火正燃技术，隧道炉炉烟气的 CO 含量是反向燃烧热风炉的 3.5 倍，设置闸火板，炉内煤床上方气相空间有大量 CO 气体积留，存在炉内爆燃和 CO 中毒问题。

反向燃烧热风炉助燃风机温度始终低于38℃，无高温烧损问题，无隧道炉存在的倒火引起高温烧损更新问题。

风机风量和风压稳定，不存在隧道炉因倒火高温烧损引起风机供热能力下降，最终导致烤烟房干球温度低出烘烤工艺设定值2~8℃的现象。

2.5　反烧炉创新分析

反烧炉创新之处为：研发出一种填补国内外空白的密集烤烟用单体立式洁净型煤反向燃烧热风炉装置。反烧炉包括炉顶盖、炉腹、炉条、内外双炉门或 L 型炉门，包括炉内腔和操作通道，炉内腔被水平炉条分隔为上部煤床区和下部静压区，从同一操作通道装煤清灰，内炉门堵塞清灰口，外炉门密封操作通道右端口，用 L 型炉门替代内外双炉门时，L 型炉门底部伸展体端面伸入通道堵塞封闭清灰口,炉腹侧壁均匀焊有肋片,煤床区组织从煤床顶部中心点火引燃的明火反向燃烧供热,煤床区之上气相空间组织旋流燃烧。

2.5.1 原理创新

反烧炉包括炉顶、炉腹、炉条和内外双炉门,炉腹内腔高度1.5 m,离炉底板0.3 m高度处水平固定炉条,炉条上方为煤床区,下方为静压区,炉腹侧壁开设一个和炉腹侧壁等高且宽0.6 m的操作口,通过操作口炉腹和倒置的操作通道连通,内炉门封闭静压区侧壁缺口,外炉门密封操作通道右端口,外炉门设置辅助通风口。助燃空气从底部以旋流方式送入静压区,穿过炉条后全部空气呈活塞流状向上流过煤床区。将正燃的小块烟煤塞入煤床顶面中心点火,助燃空气自炉底静压区全部向上流动并进入高温燃烧区域而发生完全燃烧,型煤由上自下燃烧,实现明火反向燃烧精准供热。安装反烧炉时,只是将原金属炉或隧道炉替换为反烧炉,其余不变。反烧炉结构为立式结构,选用金属换热管束。反烧炉选材加工,参照密集烤房技术规范(国烟办综[2009]418号)中金属炉的要求。反烧炉金属结构共重约400 kg,能一次性预先装入约950个煤球(15~16层),能满足8~9天烘烤燃烧供热需要。

2.5.2 特征创新

(1)炉内腔高1.5 m,一次性预装约950个蜂窝煤球。金属炉按多次加煤原则设计,炉内腔空间小,烘烤2.5 t中部烟叶中途加煤次数高达20多次。隧道炉炉膛尺寸为长1.4 m×宽0.73 m×高0.9 m,炉膛容积有效利用率只有80%左右,可以一次性预装800~1000个蜂窝煤球。实际上,由于隧道炉运行过程中出现的炉体蓄热多,炉门辐射散热损失大,烟气CO排放多,热效率低,耗煤量大,800~1000个煤球往往不能满足烘烤需要,就是晴天一房中部叶烘烤5~6天,中间也要加煤1~3次之多,雨天及上部叶烘烤时中途添煤次数更多。反烧炉腹内腔高度1.5 m,煤床高达1.2 m,炉腹内径为0.9~1.1 m,炉膛容积利用率达100%,可以装入900~1000个用腐殖酸钠黏结挤压成型的洁净无烟蜂窝煤球,从而减少了烘烤供热过程中途添加煤的次数,减少了看火工作量。反烧炉一次性预装总热量超过隧道炉,且热效率高出隧道炉25%,自然能保持更长时间的燃烧供热。以烘烤3.5 t鲜烟叶为例,无须中途清灰加煤,能完成8~9天的烘烤供热任务。

(2)装煤通道和清灰通道合并为宽560 mm×高1.5 m的操作通道。金属炉有加煤专用通道和清灰专用通道,烟农多次在炉外远距离用铁铲抛送散煤和取灰,不能维修炉内壁。隧道炉堆煤区、集灰区、装煤通道内腔、清灰通道内腔合一,无炉条,炉门只有560 mm高,操作工只能触地爬行进入炉内腔,然后以全蹲姿势退行堆置煤球，炉内腔宽度小、高度矮，空气流动不畅，有憋闷感，难于满足孔对孔、同排两邻煤球之间无缝隙堆置煤球要求。反烧炉去掉通往堆煤区的装煤通道和通往集灰区的清灰通道之间的公共壁板，装煤通道和清灰通道合并成操作通道，操作通道内腔高度高达 1.5 m，操作工可以呈稍蹲或弯腰姿进出炉内腔，炉内膛高大，空气流动顺畅，不会出现憋闷感，操作工在炉内腔里运转自如，孔对孔且小煤球间隙等堆煤要求易于满足。反烧炉最大限度地增加了一次性预装煤操作的舒适性，便于进入炉内腔进行炉内壁维修。装煤通道和清灰通道合并为操作通道。操作通道使得静压区和操作通道区连通、煤床区和操作通道区连通，并使得反烧炉具有独特的操作特性。煤床高度、清灰口缺口高度和煤床区上下层型煤气流通道孔对准程度，成为反烧炉燃烧供热调控灵敏性的重要影响因素。使用反烧炉的要求：一次性预先装入全部烘烤用型煤时，按鲜烟叶装入量准确测算型煤用量；堆置型煤时上下层型煤气流通道孔对孔；密封外炉门前确保清灰口被完全堵塞封闭。

（3）内外双炉门。反烧炉炉内空间划分为上部燃烧区、下部静压区和右边操作通道区。反烧炉内外双炉门之间有约 0.2 m 长的操作通道区水平相隔，正常运行时同时使用内外双炉门，内炉门切断静压区与操作通道的连通，外炉门切断操作通道和外界的连通，使得助燃空气进入静压区后，以活塞流方式均匀流入炉条上方煤床区，组织明火反向燃烧，燃烧面自上向下移动，排放以 CO_2 为主的低烟尘浓度烟气，操作通道不发生燃烧反应。不使用内炉门则有助于燃空气旁通至操作通道区。反烧炉双炉门设计，目的在于组织型煤明火反向燃烧，发挥反向燃烧具有的排放 CO_2、助燃风机启停精准调控烘烤燃烧供热和高温隔离等多重优势。传统高温或正压燃烧炉窑使用外炉门全覆盖内炉门的加强型内外双炉门，实质是单炉门，设置内外双炉门的目的在于增加安全性。内外双炉门可以演变成 L 型炉门，L 型炉门底部伸展体外端面封闭清灰口。

（4）炉膛外壁面均匀布置众多肋片。炉膛金属壳体满焊联结众多肋片，这些肋片沿金属壳体侧圆周向外辐射均匀布置，全部冷空气均匀穿过肋片区，有效地扩展了低温侧对流换热表面积，提高了冷空气吸热升温速度。金属炉及隧道炉外壁面、烟道冷却金属管束或非金属管束外壁面温度低且未设置肋片，冷空气和高温表面接触不均匀，冷空气加热不均匀。反烧炉肋片横穿冷空气流动区域，满足了加快传热和缩小设备所占空间的双重要求，实现了密集烤房群紧凑安装需要。

（5）炉顶盖设置 2~4 个补风缝。金属炉燃烧室顶部留有一定高度气相空间，该空间有可燃性烟气污染物成分，但温度低（炉内壁面温度仅 500~700℃），不具备燃烧所需高温条件，即使补充二次空气也发生不了燃烧反应，实际烘烤操作中没有补充供应二次空气，烟气可燃性成分燃烧热没有释放出来，既污染环境又浪费烘烤成本。隧道炉燃烧室顶部留有一定高度的气相空间，该空间烟气污染物含量少,温度也低(炉内壁面温度仅 500～700℃),没有补充二次空气组织二次燃烧的必要,实际烘烤操作中没有补充供应二次空气。反烧炉燃烧室气相空间有挥发分和炭黑成分,且燃烧温度提高至 1000～1200℃,补充二次空气则可组织二次燃烧反应。反烧炉炉顶盖设置 2～4 个补风缝,分 2～4 处补充送入二次空气,在燃烧室顶部区域形成 2～4 个薄片状空气流,薄片状空气流卷吸可燃性烟气污染物沿一假想圆锥侧壁面螺旋上升流动,即发生切锥面螺旋燃烧。2～4 个薄片状空气流切锥面流动方式,建成了可燃性烟气污染物燃烧所需的高温度、高可燃分子浓度和高氧分子浓度"三集中"条件,进一步降低了烟气污染物排放浓度。

2.5.3　技术创新

(1)低成本精准烘烤供热。反烧炉组织明火反向燃烧,高温区移动方向和助燃空气流动方向相反,助燃空气 O_2 以活塞流方式均匀穿过低温煤床后流入燃烧区,O_2 接触炽热固定碳后发生氧化反应,O_2 以高温 CO_2 方式流入煤床上方的气相空间。高温 CO_2 离开燃烧区后不再接触固定碳,从而杜绝了后续 CO_2 还原反应的发生,从而控制了烟气 CO 含量。燃烧区以下的低温型煤只接收燃烧区热传导,不接收赤红炉内壁热辐射,从而控制了煤床挥发分析出速度。和金属炉或隧道炉 O_2 变成 $CO_2 + CO + O_2$ 相比,反烧炉 O_2 全部变成 CO_2,烟气中无过剩空气和 CO,助燃空气 O_2 有效利用率接近 100%,型煤内能被全部释放,烘烤燃烧供热和空气消耗成正比,即启停风机即可精准调控烘烤供热,最终将烤房温度变化精准控制在烘烤控制器设定的 ±0.2℃ 以内。将烤房温度偏差在 ±0.2℃ 以内的烘烤称为有效烘烤,则反烧炉有效烘烤在全部烘烤中的占比高达 100%,既缩短了烘烤周期,提高了烘烤效率,又避免了不正确供热对干烟叶品质的影响。反烧炉仍使用原烤烟控制器(烘烤房温度变化 ±0.2℃,市场单台购买价不超过 900 元),不另行配置专用烘烤控制器,仅从源头(型煤反向燃烧)调控性能入手,不追求烤烟控制器技术及元器件的先进性和额外投入,仅通过风机启停实现烤房温度的精准调控。

(2)明火反烧供热。隧道炉排放烟气中含有较多的一氧化碳,带走了较多的型煤热量,使得型煤燃烧供热效率降低到 50% 左右,同时烟气中一氧化碳体积百分比具有不确定性,使用通过助燃风机启停间断进风来调整型煤燃烧供热方法适用性变差。不像隧道炉卧式炉腹设计,型煤床内助燃空气水平流动,烟气浮力作用引起的向上运动阻力较大。反烧炉炉腹竖直布置,型煤床内助燃空气竖直向上流动,和烟气浮力作用引起的自然向上流动一致,助燃空气送入和烟气排出阻力较小。反烧炉全部空气以活塞流方式流过煤床,从煤床顶面中心开始点火引燃,燃烧面移动方向和空气流动方向相反,实现明火反烧。反烧炉型煤燃烧生成的高温烟气不再接触未燃烧型煤而直接扫过对流换热管,烟气温度高,加上本身为三原子气体,使得换热等表面对流换热作用得到强化,同时型煤中干馏气和挥发分能在燃烧面附近完全燃烧，最大限度地保证型煤内能通过燃烧方式释放出来，最终型煤燃烧供热效率提高到25%左右，并且用助燃风机启停控制型煤燃烧放热实现精准烧烤变得非常有效。

（3）助燃风机高温隔离安全运行。隧道炉炉门内侧即为高温燃烧区，静压区和高温燃烧区重合为一，在风机暂时停止送风时，高温燃烧区高温炉气能通过通风口及吹火筒反向吹向风机，加上风机受到炉门的高温辐射作用，导致风机机壳温度升高至200~250℃或以上，出现风机静压下降，空气流量变小，甚至直接被烧毁现象。助燃风机成为隧道炉更换频率最高、消耗最多的部件之一。按一年烘烤2个月计算，要更换1~4台。为减少风机更换费用，烟农勤看风机成为烟叶烘烤的管理任务之一。反烧炉明火反烧，风机安装在煤床低温端，燃烧面位于煤床区顶部，燃烧面和风机之间有一定高度低温煤床相隔，风机停机期间气相空间高温气流反向流入风机机壳有低温煤床阻止。高温气流沿途降温和流动阻力作用可以保证风机始终处于低温状态，从而保证风机出风量及静压始终稳定。

（4）旋流燃烧。金属炉和隧道炉燃烧室气相空间内壁面温度低至500~700℃，不具备燃烧所需的高温条件，不利于气相空间燃烧传热强化。反烧炉在燃烧室顶部区域组织了切锥面螺旋燃烧，燃烧放热、挥发分CO及炭黑和氧分子集中于假想圆锥面附近一薄层区域，该区域发生了高释热强度燃烧，属于二次燃烧，出现明显火焰，燃烧温度提高至1000~1200℃，该区域温度高，可燃性成分继续燃烧反应完全，确保了反烧炉节能环保优势。

（5）煤床顶层中心小块烟煤点火引燃。如图2-4所示，引燃物放置于煤床顶

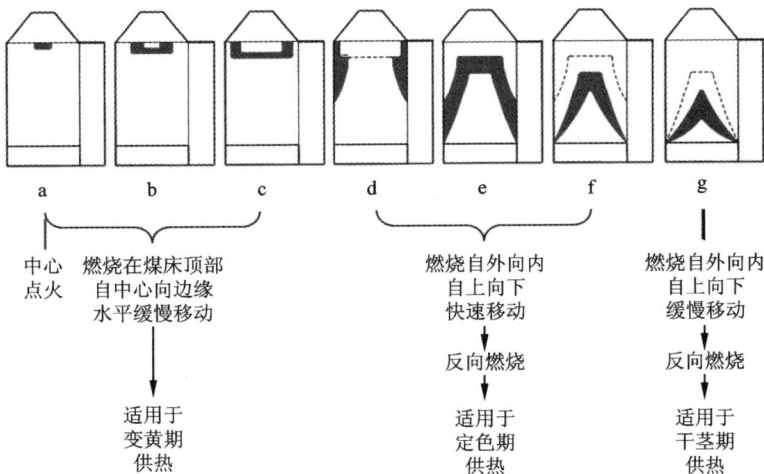

图2-4 煤床顶面中心点火条件下反烧炉燃烧区移动过程

面中心。煤床顶面中心恰好是空气稀少区域。一方面，此区域存在的微量空气能保证引燃物接触的型煤发生微量燃烧反应，另一方面，微量空气也控制了燃烧反应量，避免大热量燃烧反应使烘烤供热失控。煤床顶面中心微量型煤燃烧反应不断激发与之相邻的型煤燃烧反应，使得燃烧区自煤床顶面中心沿中心轴线方向自上向下和沿半径方向自内向外（a→b→c）移动。垂直方向因能接触到的空气量始终很少，空气利用率＜100%，燃烧区移动缓慢。尽管水平方向能接触到逐渐加多的空气，但燃烧面小，最终燃烧区移动得也是缓慢，需要 1～2 h 才能使燃烧区从煤床顶面中心移动到边缘。这段时间燃烧释放的微量热量，能满足小火变黄期烘烤供热需要。燃烧区从煤床顶面边缘移动到底面边缘（d→e）过程，能遇到煤床边缘区域足够多且恒定流量助燃空气供应，空气利用率达 100%，始终发生大热量型煤燃烧反应，满足大火定色期烘烤供热需要。燃烧区移动到煤床底面后即逐渐削减中心未燃炭锥（f→g）过程，集中于煤床边缘区域的助燃空气有效利用率从 100% 逐渐下降，型煤燃烧释放中等热量，满足中火干茎期烘烤供热需要。中心未燃炭锥削减过程中，燃烧反应强度比变黄期要大得多，比定色期逐渐变小。平面点火（引燃物覆盖整个煤床顶面），直接进入 c 状态，发生大热量型煤燃烧反应，满足大火定色期烘烤供热需要。传统平面点火去掉微量供热阶段，不能满足小火变黄烘烤需要。

引燃物选用正燃小块烟煤，形成温度足够高和高温表面积足够宽引燃条件，保证局部高强度热传导，使引燃物传递至与之接触的型煤表面，热能超过型煤燃烧反应活化能，稳妥地激发局部无烟型煤燃烧反应。煤床顶面中心点火，可以减少引燃物消耗，控制 1～2 天内燃烧速度，使之能适应三段式烘烤供热需要，减少炉条上方中心区域残炭锥体高度。

反烧炉属于固定床式炉，科学设置点火引燃条件，克服边壁效应、漏斗效应和温度场不均匀效应等不利影响，是反向燃烧技术能应用到三段式密集烤烟工艺的关键。反烧炉新点火引燃方法强调煤床顶面中心点火和用正燃的小块烟煤引燃，反烧炉传统点火方法是煤床顶面全覆盖式点火和用大量柴火引燃。

2.5.4　与国内外同类技术比较

和金属炉、隧道式热风炉、生物质颗粒热风炉及空气能热泵热风炉对比（见表 2-1），在结构复杂性及加工难易程度、初始投资、运行费用、燃料供应保障、CO 烟尘 NO_x 排放、控温能力、综合热效率、看火用工、故障及维护费用、使用舒适性、烘烤及零部件安全性等方面，反烧炉具有明显的优越性和先进性。

表2-1 反烧炉与传统燃煤炉、新能源与可再生能源热风炉技术经济性能指标对比

技术经济指标	传统金属热风炉	传统非金属热风炉	洁净型煤反向燃烧热风炉	生物质颗粒燃烧机热风炉	空气能热泵热风炉
燃烧室结构	立式,有耐腐蚀钢壳体	隧道式,无耐腐蚀钢壳体	立式,有耐腐蚀钢壳体	立式+卧式,有耐腐蚀钢壳体	
换热器材质	耐腐蚀钢管	无机非金属	耐腐蚀钢管	耐腐蚀钢管	全塑片耐腐钢管
燃烧供热	暗火正燃	暗火正燃	明火反燃	层状燃烧	
初始投资含烤烟控制器	5800元/台	8000元/台	7550元/台	1.5万元/台	2.8~3.8万元/台
运行费用	630~756元/烤次	540~756元/烤次	450~630元/烤次	1150~1380元/烤次	1080~1125元/烤次
燃料	高热值无烟散煤	高热值无烟煤,蜂窝状泥煤球,800~1000个/烤次	洁净无烟型煤,650~850个/烤次	生物质成型燃料,3.8~4.2 MJ/kg,1150元/t,1~1.2 t/烤次	电力,0.72~0.75元/kW·h,1500 kW·h/烤次
废气排放检测	超标	超标	SO_2接近超标外其他达标	颗粒物超标,SO_2达标,NO_x接近超标	
烟气CO排放	较高,偶尔排黑烟	高	隧道炉的30%~50%	较高,偶尔排黑烟	
综合热效率	35%~45%	国家烟草行业规定50%	比隧道炉节能25% 比金属炉节能40%		
装煤舒适性	全站立加煤,10~20次/炉次	全蹲姿堆煤,1~2次/炉	全站立状加煤,1~2次/炉	机械连续式加料	
控温能力	-2~5℃	-2~8℃	±0.2℃	-0.2~+0.5℃	-2.9~+0.6℃
助燃风机热先全性	较安全	易烧损(烧损率39%)壳体>200~300℃	安全,壳体<38℃	较安全	
安装难易程度	易,省安装费	难,需安装费	易,省安装费	易,省安装费	难,需安装费
加工制造难度	易	难	易	难	
跟温能力	一般,偶尔波动	差,超温掉温率大	良好,无超温	较好	差,掉温几率大
升温速度	快,(无热惯性)	慢,(热惯性大)	快,(无热惯性)	快,(无热惯性)	快,(无热惯性)
炉内爆燃可能性	大(CO爆燃)	大(CO爆燃)	极小	大(固定碳燃)	
烤烟品质保障性	一般	较差	很好	较好	较差

3 反向燃烧热风炉设计计算

3.1 燃料燃烧计算

3.1.1 给定参数

烤烟房鲜烟叶装载量 5000 kg。

烘烤后干烟叶量 500 ~ 600 kg。

烤房综合热效率 40% ~ 60% 。

燃料：朝鲜无烟煤，低热值 26845 kJ/kg。

3.1.2 已知常数

鲜烟叶水分：90% 。

烟叶水分汽化蒸发速度：2.0% ~ 2.5% 。

烟叶含水汽化潜热：2590 kJ/kg。

汽化 1 kg 烟叶水分理论需热量：2570.7 kJ。

排湿口排出的废气的含湿量：$d_p = 0.043 - 0.046$ kg/kg 干空气。

新风口进入烤房的冷空气的含湿量：$d_k = 0.021 ~ 0.029$ kg/kg 干空气。

气体密度：$\rho_{CO_2} = 1.977$ g/L，$\rho_{SO_2} = 2.26$ g/L，$\rho_{O_2} = 1.331$ g/L，$\rho_{N_2} = 1.25$ g/L，$\rho_{H_2O} = 0.6$ g/L，$\rho_{NO} = 1.27$ g/L。

在实验室对煤进行了工业分析、元素分析以及热值测定，$Q_{n, ar} = 6412$ kcal/kg，密度 $\rho = 1.4 ~ 1.8$ g/cm³，成分详见表 3 – 1 和表 3 – 2。

表 3-1　朝鲜无烟煤工业分析

成分	水分	挥发分	固定碳	灰分
含量/%	5.34	6.27	76.54	11.82

表 3-2　朝鲜无烟煤元素分析

元素	C	H	O	N	S	其他
含量/%	76.54	1.2	3.6	0.5	0.35	15.41

3.2　反向燃烧热风炉热力设计计算

3.2.1　烤房需热量和耗煤量

烤房总需热量计算式为：

$$Q = (i_p - i_k) \times G_q \times W_q \times W_s / (d_p - d_k) / \eta \qquad (3-1)$$

式中：i_p 为排湿口排出的废气的焓值，kJ/kg；i_k 为新风口进入烤房的冷空气的焓值，kJ/kg；G_q 为烤房内装鲜烟叶的质量，kg；W_q 为鲜烟叶含水率，%；W_s 为烟叶水分汽化蒸发速度；d_p 为由排湿口排出的废气的含湿量（kg/kg 干空气）；d_k 为由新风口进入烤房的冷空气的含湿量（kg/kg 干空气）；η 为烤房综合热效率。

i_p、i_k、d_p、d_k 由 i-d 图查出，经计算得，装烟量 5000 kg 密集烤房的总需热量为：$Q = 20724660$ kJ。

热风炉总耗煤量需满足烤房总需热量要求：

$$G = Q / Q_{net, ar} \qquad (3-2)$$

式中：Q 为热风炉总需热量，kJ；$Q_{net, ar}$ 为燃料的低位发热量，kJ/kg。

按无烟煤低热值 $Q_{net, ar} = 26845$ kJ/kg 计算可得：$G = 900$ kg。

3.2.2　煤燃烧所需氧气量

（1）碳燃烧理论所需氧气量。

根据化学方程式 $C + O_2 \Longrightarrow CO_2$，由无烟煤的固定碳含量 76.543%，无烟煤总质量 $G = 900$ kg，可得固定碳总质量为 688.9 kg，由碳的燃烧化学方程式可知其需氧量为 1837.1 kg，由 O_2 的密度 1.331 kg/m³ 可得氧气的体积为 1380.2 m³。

（2）氢燃烧理论所需氧气量。

根据化学方程式 $4H + O_2 \Longrightarrow 2H_2O$，由无烟煤的氢含量 1.2%，总质量 $G = 900$ kg，可得氢元素总质量为 10.8 kg，由氢元素的燃烧化学方程式可知其需氧量为 86.4 kg，由 O_2 的密度 1.331 kg/m^3 可得氧气的体积为 64.9 m^3。

（3）氮燃烧理论所需氧气量。

根据化学方程式 $2N + O_2 = 2NO$，由无烟煤的氮含量 0.5%，总质量 $G = 900$ kg，可得氮元素总质量为 4.5 kg，由氮元素的燃烧化学方程式可知其需氧量为 5.2 kg，由 O_2 的密度 1.331 kg/m^3 可得需氧气的体积为 3.9 m^3（热力型和快速型的氮氧化物的形成可忽略不计，因为 $t_炉 < 1600℃$）。

（4）硫燃烧理论所需氧气量。

根据化学方程式 $S + O_2 = SO_2$，由无烟煤的硫含量 0.35%，总质量 $G = 900$ kg，可得硫元素总质量为 3.15 kg，由氮元素的燃烧化学方程式可知其需氧量为 3.15 kg，由 O_2 的密度 1.331 kg/m^3 可得需氧气的体积为 2.4 m^3。

因无烟煤中含有 3.6% 的氧元素，这部分氧元素的总质量为 32.4 kg，故煤燃烧所需氧气总量为 1899.5 kg，由 O_2 的密度 1.331 kg/m^3 可得需氧气的总体积为 1427.1 m^3。又因氧气在大气中的体积含量约为 21%，因此需要的总空气量为：$L_总 = 6795.6$ m^3。

烘烤一炉烟叶所需的平均时间为 6 天，因此平均每小时理论所需空气量 $L_0 = 47.2$ m^3/h，平均每小时实际所需空气量可按下式计算：

$$L_n = nL_n \qquad (3-3)$$

式中：n 为空气消耗系数，因此热风炉是固体燃料人工加煤燃烧，故 $n = 1.3$，得 $L_n = 61.3$ m^3/h。上述计算的空气量均为干空气量，实际过程中输入炉膛的空气未经干燥，因此湿空气实际需用量为：

$$L_{n湿} = (1 + 0.00124 g_{H_2O}^干) L_n \qquad (3-4)$$

式中：$g_{H_2O}^干$ 为鼓风温度下空气中水分含量（g/m^3 干空气）。

查表可知，$g_{H_2O}^干 = 18.9$ g/m^3，经计算可得 $L_{n湿} = 62.8$ m^3/h，故实际所需空气量为 62.8 m^3/h，选用鼓风机时应以 $L_{n湿}$ 为依据。

3.2.3 烟气量及其成分密度的分析

（1）无烟煤燃烧产物中单一成分生成量。

CO_2：碳总质量为 688.9 kg，平均每小时消耗碳 4.8 kg，由碳燃烧化学方程式可知，$V_{CO_2} = 8.902$ m^3/h；

SO_2：硫总质量为 3.15 kg，平均每小时消耗硫 0.022 kg，由硫燃烧化学方程式可知，$V_{SO_2} = 0.019$ m^3/h；

NO_2：氮总质量为 4.5 kg，平均每小时消耗氮 0.031 kg，由氮燃烧化学方程式可知，$V_{NO} = 0.053$ m^3/h；

O_2：燃烧所剩余的氧气从烟道排出，可由以下公式进行计算：

$$V_{O_2} = 0.21(n-1)L_0 \qquad (3-5)$$

式中：n 为空气消耗系数；L_0 为理论空气需用量。

计算可知，$V_{O_2} = 3.000 \text{ m}^3/\text{h}$。

N_2：氮气化学性质不活泼，不参与燃烧，故烟气中的氮气均来自大气，其量可由下式进行计算：

$$V_{N_2} = 0.79L_n \qquad (3-6)$$

式中：L_n 为平均每小时实际所需空气量。

计算可知，$V_{N_2} = 49.427 \text{ m}^3/\text{h}$。

$H_2O(g)$：烟气中的水蒸气来自氢元素的燃烧、煤中水分的蒸发以及助燃湿空气中的水分，可由下式进行计算：

$$V_{H_2O(g)} = 0.112H + 0.0124W + 0.00124g_{H_2O}^{\text{干}} \times L_n \qquad (3-7)$$

式中：H 为朝鲜无烟煤中氢元素的含量；W 为朝鲜无烟煤中水分的含量。

计算可知，$V_{H_2O}(g) = 2.453 \text{ m}^3/\text{h}$。

（2）燃烧产物总生成量。

计算公式为：

$$V_n = V_{CO_2} + V_{SO_2} + V_{NO_2} + V_{O_2} + V_{N_2} + V_{H_2O(g)} \qquad (3-8)$$

代入计算可知，$V_n = 63.854 \text{ m}^3/\text{h}$

（3）燃烧产物体积成分。

计算公式为：

$$\varphi_{CO_2} = V_{CO_2}/V_n \times 100\% = 13.94\%$$

$$\varphi_{SO_2} = V_{SO_2}/V_n \times 100\% = 0.03\%$$

$$\varphi_{NO} = V_{NO}/V_n \times 100\% = 0.08\%$$

$$\varphi_{O_2} = V_{O_2}/V_n \times 100\% = 4.70\%$$

$$\varphi_{N_2} = V_{N_2}/V_n \times 100\% = 77.41\%$$

$$\varphi_{H_2O} = V_{H_2O}/V_n \times 100\% = 3.84\%$$

（4）燃烧产物密度。

已知燃料燃烧产物成分，则：

$$\rho_{\text{烟}} = \frac{44\varphi_{CO_2} + 18\varphi_{H_2O} + 28\varphi_{N_2} + 32\varphi_{O_2} + 64\varphi_{SO_2} + 30\varphi_{NO}}{22.4} \qquad (3-9)$$

式中：φ_{CO_2}、φ_{H_2O}、φ_{N_2}、φ_{O_2}、φ_{SO_2}、φ_{NO_2} 为 1 m^3 燃烧产物中各成分体积含量。

计算可知，$\rho_{\text{烟}} = 1.341 \text{ kg/m}^3$。

3.2.4　燃料理论燃烧温度的计算

燃料理论燃烧温度是评价燃烧过程质量的一个重要指标，也是估计能否达到工艺要求炉温值的一个依据。理论燃烧温度是指燃料在完全燃烧条件下，产生的热量全部包含于燃烧产物之中，且不向外散热所能达到的最高温度。已知炉子设计生产率时的总热量消耗量，根据 Q_{net} 即可求出炉子总燃料消耗量 G，同时 Q_{net} 同时也是计算 $t_{理}$ 的重要依据。燃料的理论燃烧温度可由下式进行计算：

$$t_{理} = (Q_{net,ar} + Q_k + Q_r - Q_f)/(V_n C_c) = (Q_{net,ar} + L_n C_k t_k + C_r t_r - Q_f)/(V_n C_n)$$

$$(3-10)$$

式中：$Q_{net,ar}$ 为无烟煤低位发热量，kJ/kg；Q_k 为助燃空气所带入的热量，kJ/kg；Q_r 为燃料预热所带入的热量，kJ/kg；Q_f 为分解热（$t_{理} \leqslant 2000℃$ 时，可忽略），kJ/kg；V_n 为燃烧产物总生成量，m^3/kg；C_c 为燃烧产物在 $0 \sim t_{理}℃$ 下的平均比热容，取 1.588 kJ/($m^3 \cdot K$)；C_r 为燃料在预热温度下的平均比热容，取 1.492 kJ/(kg·K)；t_r 为燃料的预热温度，取 650℃；L_n 为实际空气消耗量，m^3/kg；C_k 为助燃空气在 $0 \sim t_k$ 温度下的平均比热容，取 1.296 kJ/($m^3 \cdot K$)；t_k 为助燃空气的预热温度，℃。

根据燃料理论燃烧温度，可按 $t_{炉} = \eta t_{理}$ 估算实际达到的炉温。η 为炉温系数，其值一般在 0.60 至 0.80 之间，取决于炉子结构、炉子生产率和炉子热负荷等。连续加热炉炉温系数一般取 0.60 ~ 0.75，室式加热炉炉温系数一般取 0.75 ~ 0.80。

代入计算，并考虑炉温系数，可得 $t_{炉} = 1085.88℃$。

3.2.5　三阶段及相关参数分析

根据对烤烟过程阶段性时间段和失水量以及温度的分析，参照云南省烟草农业科学研究院[4] 和宫长荣等[26] 的编著可知，变黄阶段耗时 72 h，失水量 $\eta_1 = 30\%$，定色阶段耗时 60 h，失水量 $\eta_2 = 50\%$，干茎阶段耗时 12 h，失水量 $\eta_3 = 20\%$。分为变黄、定色、干茎三个阶段计算分析，用下列公式计算可以得到相关参数。

阶段耗煤总量：

$$G_n = G \times \eta_n \qquad (3-11)$$

耗煤速度：

$$g_n = G_n/T_n \qquad (3-12)$$

需耗空气总量：

$$V_n = L_{n湿} \times 6 \times 24 \times \eta_n \qquad (3-13)$$

平均每小时所耗空气量：

$$v_n = V_n/72 \qquad (3-14)$$

烟气生成总量：

$$V_{nn} = V_n \times 6 \times 24 \times \eta_n \qquad (3-15)$$

平均每小时烟气生成量：

$$v_{nn} = V_{nn}/72 \tag{3-16}$$

燃料理论燃烧温度：

$$t_{理} = (Q_{net, ar} + Q_{kn} + Q_{rn} - Q_{fn})/(V_{nn}C_{cn})$$
$$= (Q_{net, ar} + L_n C_{kn} t_{kn} + C_{rn} t_{rn} - Q_{fn})/(V_{nn}C_{nn}) \tag{3-17}$$

炉膛温度：

$$t_{炉} = \eta_n t_{理} \tag{3-18}$$

将已知参数代入上述公式，可计算出如表 3-3 所示的结果。

表 3-3 变黄阶段计算结果

G_1 /kg	g_1 /(kg·h^{-1})	V_1 /m^3	v_1 /(m^3·h^{-1})	V_{n1} /m^3	v_{n1} /(m^3·h^{-1})	$t_{炉1}$ /℃
270.00	1.875	2712.96	37.68	2758.49	38.31	859.65

表 3-4 定色阶段计算结果

G_2 /kg	g_2 /(kg·h^{-1})	V_2 /m^3	v_2 /(m^3·h^{-1})	V_{n2} /m^3	v_{n2} /(m^3·h^{-1})	$t_{炉2}$ /℃
450	7.5	4521.60	75.36	4597.49	76.63	1016.25

表 3-5 干茎阶段计算结果

G_3 /kg	g_3 /(kg·h^{-1})	V_3 /m^3	v_3 /(m^3·h^{-1})	V_{n3} /m^3	v_{n3} /(m^3·h^{-1})	$t_{炉3}$ /℃
180	15	1808.64	150.72	1839.00	153.25	1195.55

在设计计算供风系统，选用鼓风机能力时，应以三个阶段中平均每小时所耗空气量的最大值为依据。所选鼓风机应满足每个阶段所需风量的要求，且最大需风量大约为风机风量的 50%，因此应选择型号为 YYF6312 的离心式交流鼓风机，其具体参数为：电压 220 V，功率 180 W，转速 2800 r/min，风量 420 m^3/h，风压 1100 Pa。

由三阶段中的最高燃料理论燃烧温度以及实际达到的炉温可知，最大的实际达到的炉温为 $t_{炉\max} = 1195.55$℃，据此可选择炉内壁的耐火内衬材料。磷酸盐耐火浇注料具有高的高温强度、耐火度、高温韧性以及良好的热稳定性和耐磨性，还具有烘干强度好、抗剥落、抗热震、耐压强度高、抗熔渣侵蚀性能好、耐冲击力强、使用寿命长等特性，使用温度范围在1150℃至1600℃之间，因此可选择磷酸盐耐火浇注料。因朝鲜无烟煤的灰熔点约为1450℃，大于三阶段中实际达到的最大炉温值，在实际中往往把1350℃作为锅炉是否易于结渣的重要分界线，朝鲜无烟煤的灰熔融性软化温度达到了我们的经验要求，故朝鲜无烟煤在运行中不易结渣。

3.3 反向燃烧热风炉本体设计

3.3.1 方案确定

为减少烟叶烘烤过程中的加煤次数，降低烘烤用工量，新材料密集烤房供热设备的热风炉采用一次性加煤、立式金属炉体设计。

根据朝鲜无烟煤燃烧过程中有较多可燃性挥发分生成的特点，在热风炉上部设置二次燃烧室，并辅之以二次风进行二次燃烧，进一步提高燃烧效率，二次风设置成旋风形式，加大燃烧强度，形成强制螺旋燃烧，使可燃性挥发分全部燃尽，同时也可以降低污染物的排放量，达到节能环保的要求。

为减少烘烤用工量，热风炉装料室应采用一次性加煤及明火反烧法。

朝鲜无烟煤燃烧后形成的灰分可通过炉条往下排放至静压室。

因此，密集烤房用高效节能环保型热风炉根据燃烧的特点从上至下可分为旋风室、装料室、静压室（储灰室）三大部分。

经过反复优化，确定的热风炉结构为：

（1）热风炉炉体包括呈圆台状旋风室、圆柱状装料室以及圆柱状静压室（储灰室）和众多等厚的肋片。炉壁包括金属壳体和耐火内衬，炉壁外表面均布满焊连接厚为1.5 mm的肋片，肋片区域为热风流动及生成区域，旋风室侧壁面均设置3个补风缝，补风缝倾角相同，形成切锥面螺旋燃烧，外壁面设观察口。

（2）热风炉装料室内朝鲜无烟煤燃料明火反烧，从热风炉内腔底部中压鼓入燃烧所需的一次空气，从燃料层顶平面点火，燃烧面自上向下缓慢移动，气相空间充满挥发分燃烧明火，燃料层顶平面发生固定碳燃烧。

（3）装料室外壁面设置三道门——上部分较小的门以及下部分左右对称的门，以简化加煤过程，节省劳动力。

经过反复优化，热风炉用的烟气对流换热器为金属管换热器，金属管外焊接肋片，管内衬高温耐火浇注料。假设层状燃烧面高度 $h = 0.01$ m，则平面放热量与空间放热量比值 $n = 3$。

朝鲜无烟煤低位发热量 $Q = 26845$ kJ/kg，密度 $\rho = 1400$ kg/m³，假设装料室半径 $r = 0.50$ m，层状燃烧面高度 $h = 0.01$ m，则层状燃烧面总热量 Q_0 为：

$$Q_0 = Q_{n,\,ar} \times \rho \times \pi \times r^2 \times h \qquad (3-19)$$

代入计算可知，$Q_0 = 295026.55$ kJ。

3.3.2　尺寸计算

1）旋风室

层燃炉单位体积释热强度 q_V 为 $265 \sim 300$ kW/m³。室内组织旋流燃烧且室内壁附有耐火内衬，因此，其单位体积释热强度可以扩大为 $1 \sim 3$ 倍，即 $265 \sim 900$ kW/m³。

由层状燃烧面总热量 Q_0，以及平面放热量与空间放热量比值 n 可得，层状燃烧 10 mm 时空间放热量 Q_1 为：

$$Q_1 = Q_0 / (1 + n) \qquad (3-20)$$

代入计算可知，$Q_1 = 73756.638$ kJ。

若取 $V_{旋} = 0.047$ m³，且挥发物燃烧时间为 30 min，则此时有：

$$q_V = Q_1 / V_{旋} / 1800 \qquad (3-21)$$

代入计算可知，$q_V = 871.8$ kW/m³，满足层燃炉单位体积释热强度的要求。

根据二次螺旋燃烧的特点，旋风室设计成圆台状。上底面内半径由非金属炉膛出烟口横截面积等效转换而来，$r_0 = 85$ mm，高度 $h_0 = 253$ mm，下底面内半径由层燃炉单位体积释热强度计算可得：$r_1 = 373$ mm。此时，$V = V_{旋} = 0.047$ m³，因此，圆台状旋风室能满足层燃炉单位体积释热强度的要求。

金属壳体厚度 $\delta_1 = 4$ mm。综合傅立叶定律、金属壳体材料性质、旋风室外壁面肋片换热效率及耐火材料性质等因素，可确定耐火内衬合理厚度为 $\delta_2 = 25$ mm。

螺旋壳体周向均布有 3 个内径 $W = 5$ mm，长度 $L = 160$ mm 的二次进风口，二次风沿切向方向进入旋风室后会在旋风室内沿顺时针方向流动。壳体外壁面布满焊连接厚度为 1.5 mm 的肋片。

旋风室外壁面设有喇叭形观察口，延伸至墙面。

2）装料室和静压室

根据参考文献［4、26］可知，层燃炉单位面积释热强度 q_A 为 $400 \sim 600$ Mcal/（m²·h），即 $465.2 \sim 697.8$ kW/m²。由烤烟三阶段特点及燃烧过程的特点分析可知，实际单位面积的释热强度为理论值的 1/3 ～ 1 倍，即 $155.1 \sim 697.8$ kW/m²。

由层状燃烧面总热量 Q_0，以及平面放热量与空间放热量比值 n 可得，层状燃烧 10 mm 时平面放热量 Q_2 为：

$$Q_2 = Q_0 \times n / (n + 1) \qquad (3-22)$$

代入计算可知，$Q_2 = 221269.913$ kJ。

炉膛面积因烤房需热量、火炉燃烧形式、使用燃料类型和质量等的不同而异。按单位时间内火炉供给热量计算时，水平炉算面积为：

$$F_{pt} = Q_{gr}/R_{Jt} \qquad (3-23)$$

固定床型煤火炉水平炉排在鼓风机鼓风条件下的可见发热强度为 $R_{Jt} = 1.88 \times 10^5$ kJ/(m² · h)，经计算得 $F_{pt} = 0.7625$ m²。

按单位时间内火炉燃烧燃料计算时，炉算面积为：

$$F_{pt} = G_{pm}/P \qquad (3-24)$$

式中：P 为固定床燃烧室燃烧强度。发热量为 5000 ~ 7000 kcal/kg 的煤，在鼓风机鼓风条件下的 P 为 20 ~ 25 kg/(m² · h)。

计算可得，$F_{pt} = 0.657 ~ 0.7265$ m²

结合两种计算方法的结果，考虑高热值情况和尺寸圆整需要，设计炉底面积为 0.785 m²。

取横截面积 $S_{横} = 0.785$ m²，且煤层燃烧时间为 10 min，则此时有：

$$q_A = Q_2/S_{横}/600 \qquad (3-25)$$

代入计算可知，$q_A = 469.788$ kW/m²，能满足层燃炉单位面积释热强度的要求。

此时，对应的半径为 $r_2 = 500$ mm，高度 $h_2 = 957$ mm。三个炉门尺寸为：宽度 $W = 600$ mm，高度 $H = 580$ mm，对称布置。炉拱往外延伸至距离炉体中心线 960 mm，另一炉门垂直于两个对称炉门，向外延伸至距离炉体中心线 1084 mm。

此时装料室体积为：

$$V_{装} = \pi r_2^2 h_2 \qquad (3-26)$$

代入计算可知，$V_{装} = 0.751$ m³。

朝鲜无烟煤装煤量 $G = 900$ kg，密度 $\rho = 1.4 ~ 1.8$ g/cm³。若取密度 $\rho = 1.4$ g/cm³，此时理论装烟所需的装烟室体积 $V_{理}$ 为：

$$V_{理} = G/\rho \qquad (3-27)$$

代入计算可知：$V_{理} = 0.643$ m³。考虑孔隙率为 2.8%，实际所需的装料室体积 V 为：

$$V_{实} = V_{理}/(1 - 2.8\%) \qquad (3-28)$$

代入计算可知，$V_{实} = 0.662$ m³，小于装烟室体积 0.751 m³，能满足装烟室装煤体积的要求。

静压室（储灰室）位于炉体的最下部，呈短小圆柱状，尺寸与装料室下部圆柱状相同，用于储灰及清灰操作，与装料室焊接连接，且在交接面上均布炉条，炉体密度以漏灰而不漏无烟煤为准。同时静压室侧壁有一对对称切向进风的风口，风沿顺时针方向吹出。侧面设清灰口，以便于清灰。

3.4 反向燃烧热风炉换热管结构设计

3.4.1 方案确定

考虑到热交换器管壁温度与壳体温度之差不大，因此选定壳管式热交换器。

由于增大受热面积能增加换热效果，为了增大受热面积，并考虑到现场的实际情况，可选择多管程，每管程平行排列多根换热管的形式，以增加换热面积。由现场实际情况可知，高压高温烟气走管程，被加热的空气走壳程。

3.4.2 物理性质参数计算

1）高温烟气物理性质参数

炉膛温度 $t_{lt} = 850 \pm 50℃$；

换热管内烟气平均温度 $t_{pj} = 450 \pm 50℃$；

换热管出口处烟气温度 $t_{py} = 180 \pm 20℃$；

换热管进口处烟气温度 $t_{jy} = 720 \pm 20℃$。

烟气生成率为：$V_n = 63.854 \ m^3/h$。其体积成分分别为：

$$\varphi_{CO_2} = V_{CO_2}/V_{总} \times 100\% = 13.94\%$$

$$\varphi_{SO_2} = V_{SO_2}/V_{总} \times 100\% = 0.03\%$$

$$\varphi_{NO} = V_{NO}/V_{总} \times 100\% = 0.08\%$$

$$\varphi_{O_2} = V_{O_2}/V_{总} \times 100\% = 4.70\%$$

$$\varphi_{N_2} = V_{N_2}/V_{总} \times 100\% = 77.41\%$$

$$\varphi_{H_2O} = V_{H_2O}/V_{总} \times 100\% = 3.84\%$$

燃烧产物密度为：$\rho_{烟} = 1.341 \ kg/m^3$。

2）被加热空气物理性质参数

进口空气温度 $t_1 = 20℃$；出口空气平均温度 $t_2 = 50℃$。

3.4.3 尺寸计算

烤房供热设备换热面积常用下式计算：

$$F_g = Q_{gr}/(k_{gt}t_{ej}) \qquad (3-29)$$

式中：Q_{gr} 为热风炉供热量，根据三段式烘烤工艺，可取 135988 kJ/h；k_{gt} 为烟管传热系数。设计材料的传热系数经测定为 26.3 kJ/($m^2 \cdot ℃$)；t_{ej} 为烟管内烟气平均温度。根据实测结果，炉膛温度 $t_{lc} = 850℃ \pm 50℃$。

已知换热管平均温度 $t_{pj} = 450 \pm 50\,℃$，进烟囱口处温度 $t_{py} = 180 \pm 20\,℃$，因此可取 $t_{ej} = 528\,℃$。

经计算可得，$F_g = 9.81\ m^2$，考虑到现场实际安装情况，换热管可设置为 4 层，每层 5 根，共 20 根。其中，自下而上前三层换热管尺寸相同，均长 1360 mm，共 15 根；第四层的换热管根据烤烟房排烟设计要求，加长到 1704 mm，设外径为 φ，则

$$15\pi\varphi L_1 + 5\pi\varphi L_2 = F_g \tag{3-30}$$

式中：L_1 为下三层换热管长度；L_2 为最上层换热管长度。

考虑到烤房尺寸和排烟口布置需要，L_1 取 1360 mm，L_2 取 1704 mm。

代入计算可知，$\varphi = 108$ mm。

3.5　反向燃烧热风炉操作规程

烟草加工调制行业、烟草种植加工基地及烟农合作社，燃用散煤或蜂窝型煤、精选(水洗或风选)烟煤或精选(风选)无烟煤、石油焦颗粒等固体燃料，密集烤烟房或散叶烤烟房的燃烧供热装置、热风炉或火炉等，可以使用反向燃烧热风炉。

3.5.1　操作过程

以燃烧精选块状烟煤为例，反向燃烧热风炉操作过程如图 3-1 所示。

(1)炉渣垫底。

在炉栅上面均匀铺上 50～100 mm 厚的大块煤层或炉渣层，该层粒度为 30～50 mm，以不漏炉排孔为原则，其目的是保护炉条，防止漏煤，预热空气，利于通风，使送入燃烧室的风量均匀。渣层的上平面力求平整，避免过大的峰谷现象。

(2)加煤。

在常温下一次将该炉次的估计用煤量从炉门全部加入燃烧室内。根据燃烧时间和炉温实际情况，添加 300～800 mm 厚的煤，属于厚煤层燃烧。如煤层太薄，就容易烧穿，致使冷空气进入过多，会影响燃烧效果，保证不了燃烧后期的保温，从而影响产品质量，若这时候再加煤，又形成了正烧。如煤层太厚，易造成热量过剩，浪费能源，特别是粉煤多时，炉底热强度差。所以，最好是块煤和粉煤混合使用，即块煤不得少于 1/3，块度在 100 mm 左右。反烧法燃烧室容积比正烧法要大。

(3)点火。

在煤层上面铺上少许引火用的木材、刨花、稻草、木屑、少量油棉纱、油毡等，点燃木材后关闭炉门。在下部空气不断吹入的情况下，空气中的氧起到了助燃作用，逐步扩大了燃烧面积，提高了燃烧室温度。在燃烧室和炽热燃烧层高温作用下，热以热辐射和热传导方式传递给下层煤，使得煤自上而下进行燃烧。引

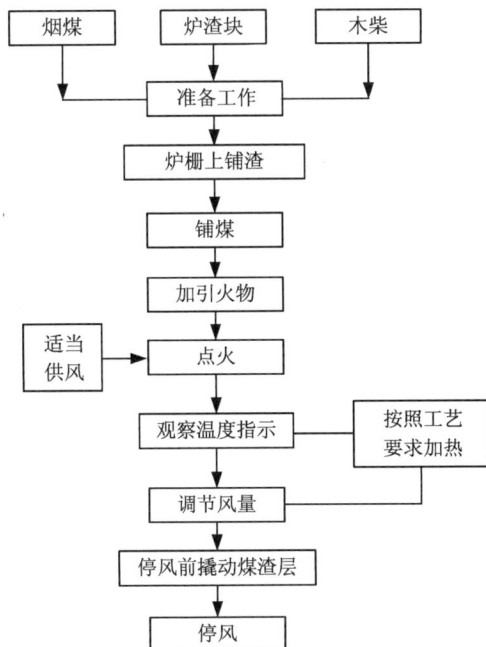

图 3 – 1　明火反烧操作过程

火柴点燃后，靠近引火柴的一部分煤层被加热到 100℃ 时，煤中的水分大量气化、外逸，煤逐渐被烘干。温度继续升高，烘干的煤就干馏出许多气体，称为挥发分，其主要成分是碳氢化合物、少量 H_2 和 CO，其着火温度在 250℃ 至 700℃ 之间，煤粒周围的挥发分在一定温度下遇到空气中的氧气后，就开始燃烧，并在煤粒外层呈黄色明亮火焰[17]。煤的挥发物全部逸出后所剩下的就是焦炭了。当煤粒周围的挥发分燃烧时，就为焦炭着火燃烧创造了良好的条件。在空气供应充足的情况下，煤层温度达到 400～500℃ 时，焦炭就会着火燃烧。焦炭燃烧后，其表面就逐渐形成了灰渣层。煤自上而下一层一层燃烧，点火后初始阶段燃烧缓慢，以后逐渐加快，直至燃尽。煤的平均燃烧速率为 50～100 mm/h[9]。

　　升火要求均匀。把引火物尽量撒匀，点火时前后一齐点，使整个煤层在很短时间内全见明火，以减少升火时的黑烟量[38]。

　　煤一次性加入炉内后，先摊平，靠炉壁处略高一些，后用锹把四周拍实，以防被风穿透，造成鼓风不均匀，以及炉壁处因风量大而燃烧过快。在煤层上面中央处放几锹燃煤，过后燃烧层先由中央向四周蔓延，然后再由上往下延伸，直至所有的煤燃尽为止[10]。

　　在初期常伴有金黄色的明亮的火焰，鼓风在炉排下面进行。如果煤中不可燃杂质及水分较多,可伴些木屑、焦屑、碎木块等,依然能达到良好的效果。点火时略开风量,使之缓慢燃烧;待火苗燃大后再关好炉门开大风量,进行全风压燃烧。在燃烧过程中要随时观察燃烧情况,防止烧穿。若发现烧穿处,立即停风,堆煤填补烧穿部位,使炉内保持均匀燃烧。

引火柴点燃后,进行机械通风,鼓风和引风均可,风压以 100~150 mm 的水柱为宜。由于反烧法使用的烟煤一般含的挥发分大于 15%,所以引火柴引燃 15~20 min 后,煤层开始正常燃烧。在以后的整个燃烧过程中不再加煤,不拨弄火床,也不出渣。如中间有几小时没有负荷,只需将风机关掉,即呈压火状态。风机再打开,数分钟后又恢复正常燃烧。但需注意,热风炉在中间停用时,因没有足量的空气进入炉内,煤层会产生一些 CO,聚集在炉膛和烟道内。再打开风机时,一氧化碳突遇高温烟气可能引起爆炸。所以,在再燃烧时,如只用鼓风机的,应先将加煤门打开 1 min 左右,然后关闭加煤门,再开风机;如用引风机的,应先开加煤门再开引风机,0.5 min 后再关闭加煤门。这样,可把冷空气引入炉内,把 CO 挤出烟囱外,以策安全。此燃烧方法可免去每天多次加煤、拨火和清渣等操作,既减轻劳动强度,房内烟尘也大大减少。

(4)减风。

随着燃烧时间的增加,要适当减少燃烧室的风压和风量。运行后期,即到了保温期间,可能会出现风量高的部位煤层变薄的现象,这时要用铁铲或者铁钩把火层推平,以确保均衡燃烧。燃烧结束时停风,一般停风 12~24h 以后出渣,并留下 50~100 mm 厚的一层炉渣,以便下一个炉次加煤时作为垫底渣。

3.5.2 注意事项

注意事项有:

(1)煤层厚度应大于 250 mm,否则会产生烧穿现象。出现局部烧穿时,应及时用煤将其填平。为了避免煤层产生局部烧穿现象,除装炉时要求各层粒度均匀一致外,对于立式锅炉,应在与风机送风口相对方向的炉条边缘和炉门处,在炉焦垫层上面先铺上一层 10~15 mm 掺水拌和的煤,并用煤锹拍实,然后再开始装煤。

(2)煤层分布要根据风压而定,风压低的部位煤层要较薄,风压高的部位煤层要较厚,这样才能保证燃烧均衡。

(3)随时调整进风量。压火时停止风机运行即可。

(4)清好炉排,炉排下面出灰门和上部炉门要密封(灰门可做成插板式),以不使漏风过多。

(5)铺匀炉渣,装煤前先铺匀一层厚 50~100 mm 的炉渣或块煤。

(6)加足煤量,按计算的总煤量一次加足。

(7)炉膛内的压力,应保持在 0~−2 mmH$_2$O 柱。

4 反向燃烧热风炉操作特性模拟

结合多孔介质模型和 RNG $k-\varepsilon$ 紊流模型，建立密集烤烟用洁净型煤反向燃烧热风炉炉内空气流动数值计算模型，应用单因素仿真优化方法，研究炉内空气流动分布和空气利用率随煤床高度、静压区侧壁清灰口高度及上下层型煤蜂窝孔对准程度的变化规律，归纳其操作特性。研究表明：空气利用率是空气速度的 3 次函数、煤床高度的 3 次函数、清灰口高度的 2 次函数和多孔介质区内部阻力系数的 2 次函数；反烧炉燃烧供热调控精准性和多孔介质区黏性阻力系数无关；预装适量型煤、孔对孔堆置型煤和封闭清灰口是反烧炉燃烧供热精准调控的前提条件。为反烧炉设计操作控制优化提供了理论依据。

数值模拟已被证实为当今热工设备流动传热燃烧优化研究中的高效便捷准确工具。数值模拟以计算机为手段，综合多孔介质模型、组分输运模型、紊流流动模型和离散相模型，建立了烤房温度场、速度场和浓度场分布计算数学模型，能数值计算并图像显示出烤房速度、温度和浓度或热湿交换等多个物理场信息[39, 50-52]，参数设置灵活，可以缩短研发周期并降低研发费用。计算机 CFD 数值优化烤烟房内热湿空气流动传热过程，在空气能热泵烤房[40, 53]和生物质颗粒燃烧机烤房[44]研发中均有报道。烤房固体燃料热风炉内流动、传热和燃烧过程仿真优化研究报道极其少见。Karim 等[54]数值模拟研究生物质颗粒燃烧机中颗粒燃料点火引燃变化规律。为满足烟草行业烤房燃烧炉技术升级改造需要，考虑到我国今后相当长时期内能源消费结构都是以燃煤为主和国家推行的洁净煤燃烧技术，宁乡市烟草公司集成从煤床顶部点火引燃具有的低污染排放[46]及独特燃烧特性[47-49]，研发一次性装煤、精准调控烘烤燃烧供热和无人值守的密集烘烤用洁净煤反向燃烧热风炉[33-35]。考虑到反烧炉燃烧供热调控性及节能环保效益等很大程度上取决于反烧炉操作特性，借助 Fluent 6.3.26 软件数值模拟研究反烧炉内空气流动均匀性及空气利用程度，及其随堆煤高度、静压区敞开高度和上下型煤气流通道孔对准程度等的变化规律，加深对反烧炉操作特性的理解，为反烧炉设计操控优化提供理论指导。

4.1 结构原理

反烧炉包括锥台状炉顶盖、桶状炉腹、操作通道和内外双炉门。炉内腔水平固定炉条，炉条上方为煤床区、下方为静压区。炉腹侧壁开设一个和炉腹侧壁等高的操作口，操作口边缘和操作通道左端口边缘满焊连接，炉条以下的操作口为清灰口。通过操作口炉腹内腔和操作通道连通，通过清灰口静压区和操作通道连通，通过操作通道右端口操作通道和外界连通。内炉门堵塞清灰口，外炉门密封操作通道右端口，操作通道右端口端面在热风室前墙上。

助燃空气从底部进入静压区，穿过炉条后全部呈活塞流状向上均匀流过煤床区。将正燃烧的小块烟煤塞入煤床顶层中心点火引燃，洁净型煤由上自下燃烧，实现明火反烧精准供热。

4.2 研究方法

反烧炉助燃空气以活塞流方式均匀穿过低温煤床后流入燃烧区，空气 O_2 接触炽热碳后发生氧化反应，O_2 以高温 CO_2 方式流入燃烧区之上的气相空间。CO_2 离开燃烧区后不会再接触固定碳，从而杜绝了类似于金属炉和隧道式非金属炉正向燃烧后续 CO_2 还原反应的发生，从而控制了烟气 CO 含量。燃煤为洁净无烟煤，挥发分含量 <5%，型煤燃烧反应全部是固定碳完全氧化反应，没有可燃性挥发分析出流动至炉顶内腔的气相空间。煤床区空气 O_2 全部变成 CO_2，型煤内能得到全部释放，煤床区燃烧供热量和煤床区空气流量成正比。将均匀向上方流进煤床空气流量 Q_0 在助燃风机送入静压区全部助燃空气流量 Q 中占比 Q_0/Q（见图 4-1）定义为空气利用率 η，则空气利用率是反烧炉烘烤燃烧供热精准性的关键影响因素。空气利用率越大，风机启停对反烧炉燃烧供热量的调控越精准。

单因素数值试验归纳空气利用率最大时清灰口处理、煤床高度和上下型煤气流通道孔对准程

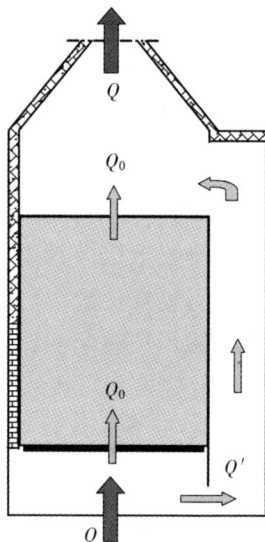

图 4-1　炉内空气流动

度等影响因素的最佳组合。零水平选定为：空气速度 0.075 m/s、煤床高度 550
mm、清灰口高度 75 mm、多孔介质区内部阻力系数 50 m^{-1} 和多孔介质区黏性阻
力系数 40 m^{-2}。优化路线选定为：空气速度→煤床高度→清灰口高度→多孔介质
区内部阻力系数→多孔介质区黏性阻力系数。

4.3　数学模型

根据反烧炉炉腹内腔实际尺寸，借助 Gambit 2.3 软件，建立如图 4 - 2 所示
的仿真优化用几何模型。分区域划分网格，采用结构化六面体网格，炉顶网格加
密处理，炉腹内腔网格相对稀疏，以合理控制网格数量。炉腹内腔高 1500 mm，
内径 1000 mm，锥台状炉顶内腔高 200 mm，炉腹内腔中心轴线距离操作通道右端
口端面 960 mm，炉条高出炉腹底板 300 mm，操作通道宽 560 mm。共计 128.8 万
个计算单元体。

反烧炉仿真数学模型基本方程汇总如表 4 - 1 所示。

表 4 - 1　数学模型基本方程

模型名称	控制方程式	符号解释
质量守恒方程	$$\frac{\partial \rho}{\partial t} + \frac{\partial}{\partial x_i}(\rho u) = S_m$$	u 为速度矢量；S_m 为源项
动量守恒方程	$$\frac{\partial}{\partial t}(\rho v) + \nabla \cdot (\rho vv) = -\nabla p + \nabla \cdot (\bar{\bar{\tau}}) + \rho g + F$$	p 为静压；g 为重力体积力矢量；F 为外体积力矢量
RNG $k-\varepsilon$ 湍流模型	$$\frac{\partial}{\partial t}(\rho k) + \frac{\partial}{\partial x_j}(\rho u_j k) = \frac{\partial}{\partial x_j}\left(\alpha_k \mu_e \frac{\partial k}{\partial x_j}\right) + G_k - \rho \varepsilon$$ $$\frac{\partial}{\partial t}(\rho \varepsilon) + \frac{\partial}{\partial x_j}(\rho u_j \varepsilon) = \frac{\partial}{\partial x_j}\left(\alpha_s \mu_e \frac{\partial \varepsilon}{\partial x_j}\right) + C_{s1} G_k \frac{\varepsilon}{k} - C_{s2} \rho \frac{\varepsilon^2}{k} + R$$	G_k 为产生项
多孔介质模型	$$S_i = -\left(\frac{\mu}{v} v_i + \zeta \frac{1}{2} \rho v v_i\right)$$	S_i 为动量源项；v 为黏性阻力系数；ζ 为内部阻力系数

(a) 主视图

(b) 左视图

(c) 俯视图

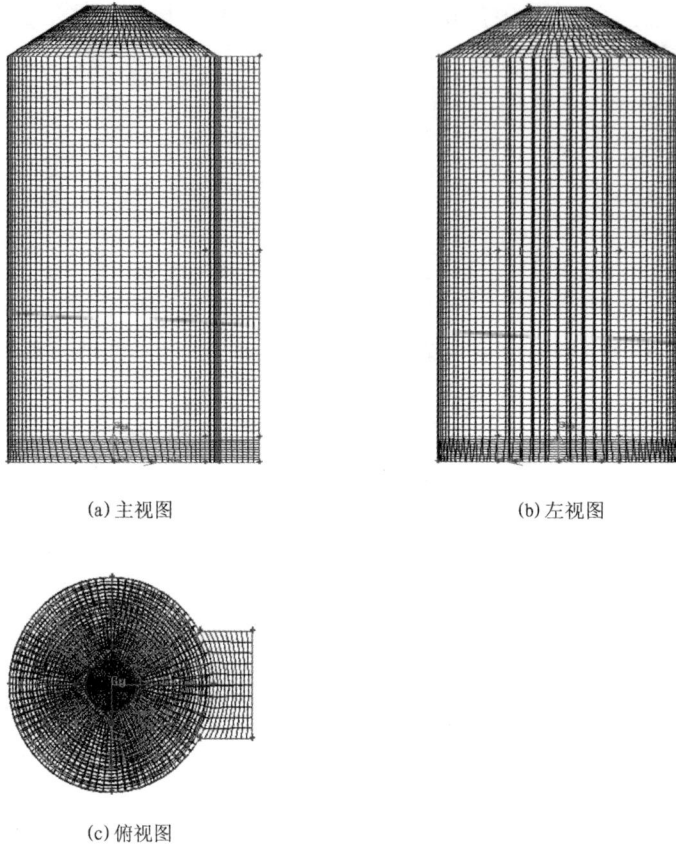

图 4 - 2　反烧炉模拟计算用几何网格

RNG $k-\varepsilon$ 紊流模型中各常数的值如表 4 - 2 所示。

表 4 - 2　RNG $k-\varepsilon$ 紊流模型中各常数的值

C'_μ	$C_{\varepsilon 1}$	$C_{\varepsilon 2}$	α_k	α_ε	η_0	β
0. 0837	1. 42	1. 68	1. 393	1. 393	4. 38	0. 015

边界条件设置为：

入口边界：中心风水力直径 d = 1000 mm，温度 300 K，速度垂直炉膛地面竖直向上。

出口边界：炉顶出口水力直径 d = 400 mm，压力出口，现场测试确定湍流参数和静压值。

壁面边界：无滑移绝温壁面。

煤床区：煤床区简化为 3D 多孔介质区，煤床区空气流动以沿型煤气流通道垂直向上流动为主；型煤为外径 110 mm 短圆柱体，沿圆柱体中心轴线方向均匀布置 19 个内径 12 mm 气流通道，计算出平均孔隙率为 0.228。

4.4 计算结果

单因素仿真优化整理的空气速度场分布和空气利用率随空气速度 u、煤床高度 H、清灰口高度 h、多孔介质区内部阻力系数 ζ 和多孔介质区黏性阻力系数 υ 的变化如图 4-3 和图 4-4 所示。

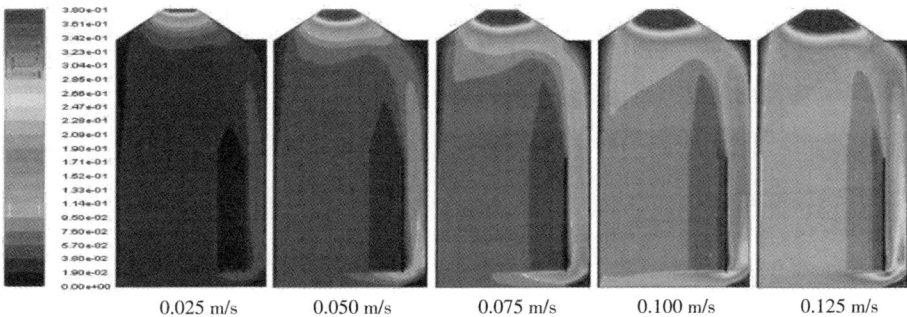

（a）空气速度 u 优化

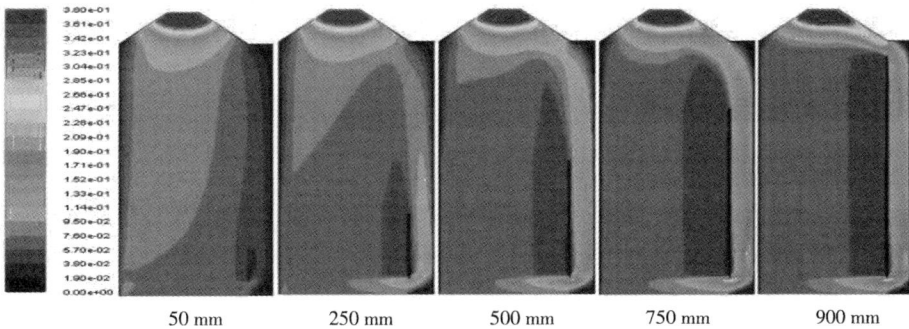

（b）煤床高度 H 优化

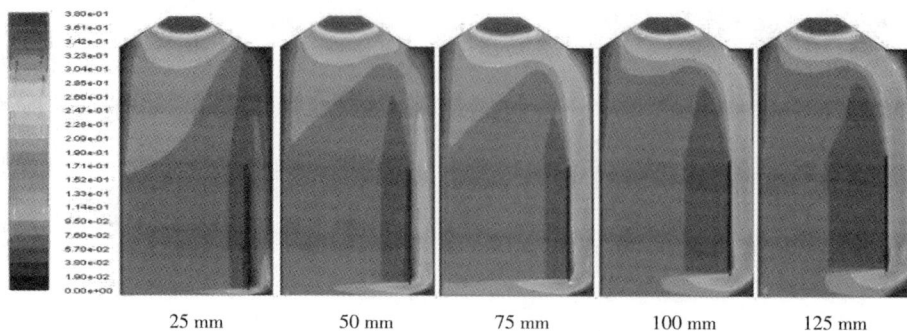

（c）清灰口高度 h 优化

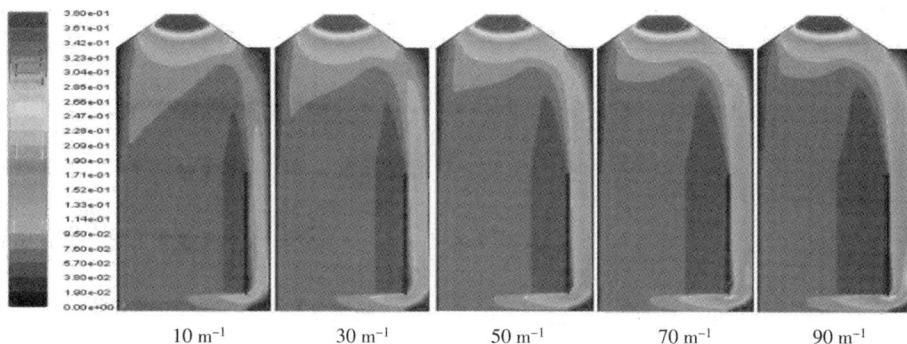

（d）多孔介质区内部阻力系数 ζ 优化

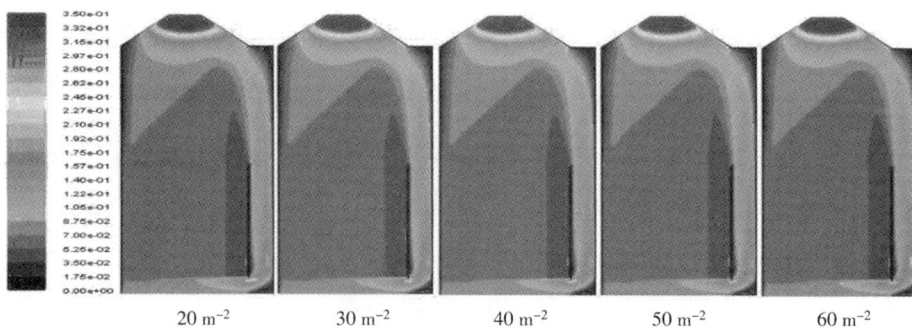

（e）多孔介质区黏性阻力系数 v 优化

图4－3　单因素仿真优化速度分布云图

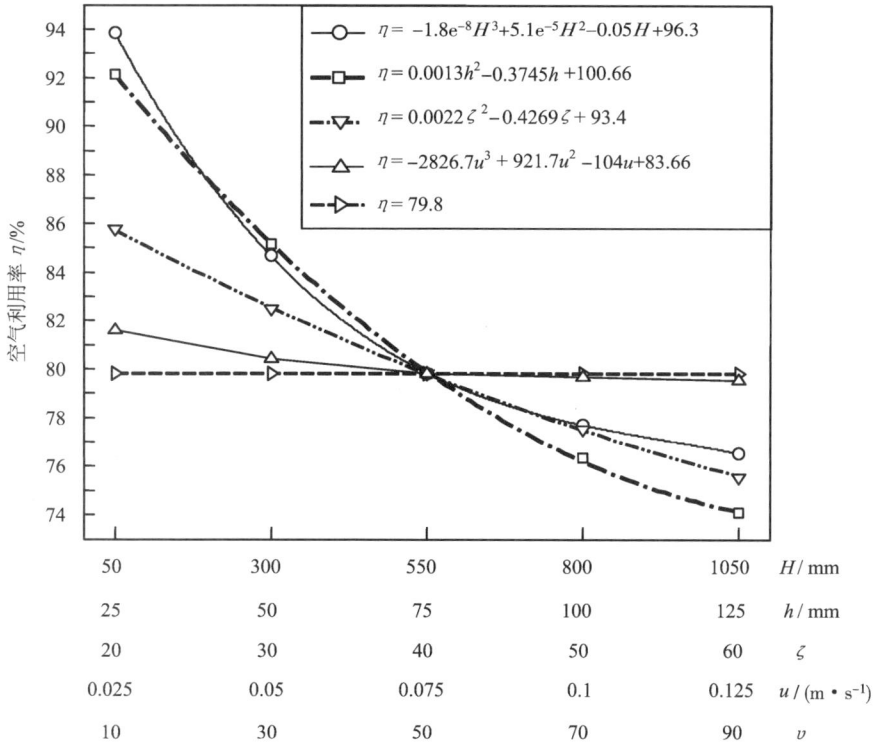

图 4-4　单因素优化空气利用率 η 曲线

图中图例：

$\eta = -1.8e^{-8}H^3 + 5.1e^{-5}H^2 - 0.05H + 96.3$

$\eta = 0.0013h^2 - 0.3745h + 100.66$

$\eta = 0.0022\zeta^2 - 0.4269\zeta + 93.4$

$\eta = -2826.7u^3 + 921.7u^2 - 104u + 83.66$

$\eta = 79.8$

　　分析图 4-3(a)和图 4-4 可知，空气速度从 0.025 m/s 增加到 0.125 m/s，空气利用率 η 从 81.6% 下降到 79.5%。空气利用率可拟合成空气速度的 3 次函数（$\eta = -2826.7u^3 + 921.7u^2 - 104u + 83.66$）。空气速度越大，通过静压区侧壁清灰口流入操作通道的空气有所增加，空气利用率有所减小。反烧炉运行时，助燃空气速度受助燃风机额定容量的限制（150 m³/h）不会明显提高。更换大功率助燃风机给反烧炉送风，可以增加空气总流量，但不能明显提高空气利用率。

　　分析图 4-3(b)和图 4-4 可知，煤床高度增加，空气利用率下降。空气利用率可以拟合成煤床高度的 3 次函数（$\eta = -1.4e^{-8}H^3 + 3.8e^{-5}H^2 - 0.042H + 98$）。煤层堆积越高，多孔介质区域加长，空气流过多孔介质区域阻力增加，导致通过静压区侧壁清灰口流入操作通道的空气增加，空气利用率减小。反烧炉运行时，堆煤高度从 1050 mm 逐渐减少，空气利用率从 76.5% 逐渐提高到 93.8%，烘烤燃烧供热调控性能变得更好。反烧炉一次性预装型煤时，一方面，堆煤高度有 1200 mm 的限制，另一方面，要依据鲜烟叶装入量测算烘烤所需全部用煤，避免装入过多型煤，造成型煤浪费和空气利用率降低，从而影响烘烤燃烧供热调控灵敏性。

分析图 4-3(c) 和图 4-4 可知，清灰口敞开高度增加，空气利用率下降。空气利用率是清灰口高度的 2 次函数（$\eta = 0.0013h^2 - 0.3745h + 100.66$）。清灰口高度从 25 mm 增加到 125 mm，旁通流入操作通道空气逐渐增加，空气利用率从 92.1% 降至 74.1%。清灰口敞开面积越多，静压区密封性越差。清灰口高度高时，给空气旁通至操作通道创造了有利条件，进而减少了流入煤床区的空气流量，即降低了空气利用率，使得烘烤燃烧供热调控性能变差，出现掉温故障。清灰口面积是烘烤燃烧供热调控灵敏度的重要影响因素。反烧炉设计要尽可能缩小清灰口面积并采取稳定可靠的清灰口堵封措施。实际使用反烧炉时，一次性预装完烘烤用全部型煤后，要记得用湿泥堵塞封闭位于静压区侧壁的清灰口和所有能看见静压区的型煤柱缝隙，避免降低静压区静压导致流入操作通道空气流量增加，从而降低空气利用率。

分析图 4-3(d) 和图 4-4 可知，多孔介质区内部阻力系数增加，空气利用率下降，空气利用率是内部阻力系数的 2 次函数（$\eta = 0.0022\zeta^2 - 0.4269\zeta + 93.4$）。多孔介质区内部阻力系数从 20 m^{-1} 增加到 60 m^{-1}，旁通流入操作通道的空气增加，空气利用率从 85.8% 降至 75.6%。多孔介质区内部阻力系数的主要影响因素为煤床区上下型煤气流通道孔对准程度。一次性预装型煤时，上下层型煤气流通道孔对孔，则能减少空气在煤床区的流动阻力，能增加流入煤床区的空气流量，减少流入操作通道的空气流量，进而提高空气利用率，增加烘烤燃烧供热调控灵敏性。预装型煤时要细心，避免上层型煤完全堵塞相邻下层型煤气流通道现象发生，否则空气流入煤床区将变得十分困难，因空气利用率变得很低甚至失去对烘烤燃烧供热调控功能，出现掉温（烤房温度跟不上烘烤曲线）故障。

分析图 4-3(e) 和图 4-4 可知，空气利用率不随多孔介质区黏性阻力系数变化而变化，恒定为 79.8%。多孔介质区黏性阻力系数的主要影响因素为流过多孔介质区时的空气温度，即流入煤床区占比和旁通至操作通道空气占比，不随反烧炉温度升高而变化，与反烧炉处于冷态或热态及处于变黄期、定色期或干茎期均无关，反烧炉温度不影响烘烤燃烧供热调控性能。

显然，空气利用率是助燃空气速度、煤床高度、清灰口敞开高度及多孔介质区内部阻力系数的单调递减函数。空气利用率的主要影响因素是静压区侧壁清灰口高度、煤床区堆煤高度和煤床区上下型煤气流通道孔对准程度，受助燃空气速度影响很小，与反烧炉整体温度水平无关。在助燃风机出风稳定为额定风量，预先装入型煤量和鲜烟叶实际装入量相对应，上下型煤气流通道孔正对孔且清灰口被完全堵塞封闭条件下，助燃空气利用率将达到最大值，此时反烧炉燃烧供热调控性最灵敏、最精准。

4.5　小结

　　装煤通道和清灰通道合并为操作通道,清灰口内置,能满足一次性预煤操作需要,是反烧炉结构特征之一。操作通道使得静压区和操作通道区连通、煤床区和操作通道区连通,并使得反烧炉具有独特流动特性和操作特性。

　　煤床高度、清灰口高度和煤床区上下层型煤气流通道孔对准程度,成为反烧炉燃烧供热调控灵敏性的重要影响因素。反烧炉精准燃烧供热技术的关键在于:一次性预先装入全部烘烤用型煤时,按烤房湿烟叶装入量准确测算型煤用量,型煤装入量既不过量也不欠量;在煤床区堆置型煤时,上下层型煤气流通道孔对孔;密封外炉门前确保清灰口被完全堵塞封闭;与反烧炉温度水平无关。

　　为反烧炉设计操作控制优化及推广应用技术培训提供了理论参考。

5　2016 年密集烘烤试验

5.1　试验方案

5.1.1　试验条件

2016 年 1—5 月先后完成密集烤烟用洗精煤球成型试验和洁净型煤旋风反向燃烧热风炉技术可行性试验，2016 年 5—7 月先后完成标准密集烤烟房烟叶烘烤试验和高密烤烟房烟叶烘烤试验。

试验时间：2016 年 5 月 26 日—7 月 20 日；

试验地点：长沙市宁乡市喻家坳乡金醇烟农合作社；

试验设备：大号反向燃烧热风炉 + 自制烟气/空气换热器 + 集装箱高密烤烟房 1 套；

中号反向燃烧热风炉 + 自制烟气/空气换热器 + 标准密集烤烟房 1 套；

小号反向燃烧热风炉 + 自制烟气/空气换热器 + 标准密集烤烟房 1 套；

试验原料：上部、中部及下部湿烟叶共计 44.5 t，云烟 87；

试验燃料：朝鲜风选无烟煤煤球（ϕ120 mm × H75 mm）7500 个，水洗烟煤煤球（ϕ120 mm × H75 mm）2000 个；

试验单位：烟草公司，中南大学，金醇合作社；

试验燃料工业分析见表 5 - 1。试验工况、热风炉及烤烟房、烟叶条件汇总如表 5 - 2 所示。试验仪器仪表汇总如表 5 - 3 所示。记录到的烟叶烘烤试验数据汇总如表 5 - 4 所示。

表 5 - 1 试验燃料工业分析汇总

煤种	水分/%	灰分/%	挥发分/%	固定碳/%	低热值/(kcal·kg^{-1})
本地无烟煤（涟源无烟煤）	—	41.2	—	—	4532.0
引火块煤（煤炭坝烟煤）	17.11	4.98	24.37	53.51	6323.0
朝鲜无烟煤	9.00	12.51	4.68	73.00	5875.0
资兴洗精煤	10~12	9.35	23.14	59.63	6269.5

表 5 - 2 试验工况、热风炉及烤烟房、烟叶条件

工况	类型及时间	烤房编号	烟叶条件			
			部位	数量/片	初始温度/℃	成熟度
A	中号 2016/06/13	YJ02	中下	6~7	30.6	8
B	中号 2016/06/26	YJ02	中	7~8	30.1	9~10
C	中号 2016/07/07	YJ02	上	13~15	33.2	10
D	中号 2016/07/14	YJ02	中上	6~8	35.0	9~10
E	小号 2016/06/20	YJ03	中	8~9	29.0	7~8
F	小号 2016/06/28	YJ03	中	9~10	26.0	9
G	小号 2016/07/07	YJ03	上	13~15	33.1	10
H	小号 2016/07/16	YJ03	中上	8~15	28.0	8~9
I	大号 2016/06/14	YJ04	下	3~4	31.4	7~8
J	大号 2016/07/14	YJ04	中上	6~8	31.0	8~9
K	隧道 2016/06/20	YJ11	中下	6~7	29.0	7~8
L	中号 2016/06/01	YJ02	下	3~4		
M	小号 2016/05/28	YJ03	下	3~4		
N	隧道 2016/06/12	YJ11	下	3~4		

表 5 - 3　烟叶烘烤试验仪器仪表

实验仪器	规格型号	功能
烟气采样及分析仪	TH - 880F 微电脑	武汉天虹产；测试排烟温度、速度和成分 CO、O_2、SO_2、NO_x 和灰分含量
	Sboard - 3800P，便携式红外	北京精测电子科技有限公司产；测试顶排烟管和竖直排烟筒烟气成分 CO、O_2、SO_2、NO_x 含量
热电阻	Pt100，28 根	测试进出烤烟房空气温度和换热器烟气温度
温度巡检仪	24 通道，3 块	循环检测并显示热电阻温度
表面测温仪	接触式，1 把	测试炉门外壁面温度
高温测温仪	红外 HT6889，手持式	测试炉顶内壁温度及煤燃烧温度量程 >1600℃；精度 ±1.5%
电子台秤	A1 - 31K，电子显示，1 个	对每次进煤称重 G_1 和出灰称重 G_2；30 kg ±2 g
电表	DT862，三相四线，6 块	测试反向燃烧热风炉 + 烤烟房的总耗电测试对照隧道炉 + 烤烟房总耗电
工业分析仪	5E 全自动，长沙开元产	取样后回校测试型煤 FC、V、A、W 百分含量和 q_{net}
元素分析仪	［德］Vario EL/micro cube	测试煤元素 C、H、O、N、S 组成

表 5 - 4　烟叶烘烤试验数据记录

试验工况	湿烟叶重量	干烟叶重量	燃煤低热值	燃煤总重量	烤烟房温湿度	烟气成分含量	炉门外壁面温度	换热器烟气温度	烤烟房热风温度
A	√	√	√	√	√			√	√
B	√	√	√	√	√	√	√		
C	√	√	√	√	√	√	√	√	√
D	√	√	√	√	√	√		√	√
E	√	√	√	√	√				
F	√	√	√	√	√				
G	√	√	√	√	√	√	√	√	√

续表 5 - 4

试验工况	湿烟叶重量	干烟叶重量	燃煤低热值	燃煤总重量	烤烟房温湿度	烟气成分含量	炉门外壁面温度	换热器烟气温度	烤烟房热风温度
H	√	√	√	√	√	√		√	
I	√	√	√	√					
J	√	√	√	√	√	√			
K	√	√	√	√					
L	√	√	√	√	√	√			
M	√	√	√	√					
N	√	√	√	√					

5.1.2 密集烘烤试验现场

密集烘烤试验现场见图 5 - 1。

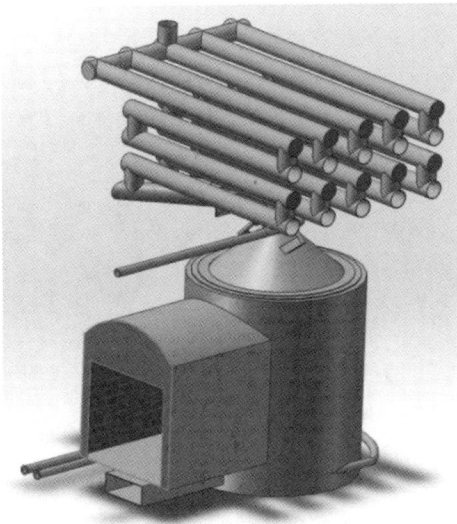

(a)反烧炉三维模型1

(b)反烧炉三维模型2

(c)反烧炉现场安装1

(d)反烧炉现场安装2

(e)反烧炉烘烤试验1

(f)反烧炉烘烤试验2

(g)烟草站领导亲临现场1　　　　　　　　　　(h)烟草站领导亲临现场2

图 5 - 1　2016 年 5—7 月月亮湾烘烤工场反烧炉烘烤试验

5.1.3　高密烘烤用集装箱

1)散叶烘烤用集装箱结构特点

如图 5 - 2 所示，集装箱包括长方体框架状角钢架、定向轮、侧板、均风板、水平网、竖直网、筋条和插签。角钢架包括平行于烤房门且水平布置的四根横梁及垂直布置的四根立柱和垂直于烤房门且水平布置的四根竖梁，每根竖梁长度等于烤房内腔深度的 1/10。角钢架左右两侧面贴焊方板，角钢架底部设置 4 个定向轮，角钢架底面之上水平布置有细小风孔密集均布的均风板，均风板高出角钢架底面高度不到立柱长度的六分之一，均风板之上水平布置有支撑湿烟叶重量用的金属网，水平网高出均风板的高度等于立柱长度的 1/12。水平金属网以上的角钢架内部区域为装烟区，装烟区对应的角钢架后侧面竖直贴焊金属网，竖直网底边和水平金属网后边共线，装烟区前侧面设置上下两箱门，上箱门顶边和角钢架顶横梁铰链连接，下箱门底边和角钢架前侧面水平加强梁铰链连接，箱门均布众多插签孔，插签穿过箱门插签孔后末端垂直穿过竖直金属网。

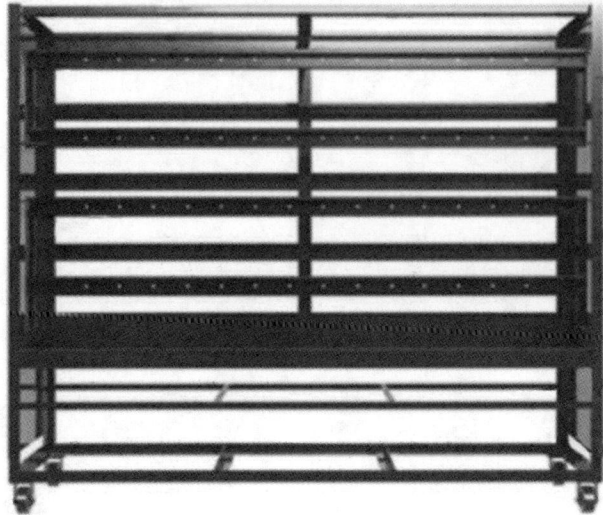

图 5 – 2　高密烘烤用集装箱

　　将鲜烟人工装箱或者将机械装箱,第一个集装箱装烟完毕后,将集装箱推至起重装置位置,关闭集装箱门,用插针将烟叶固定住。启动起重装置将集装箱立起,即完成了第一箱装烟过程。然后用叉车送至烤房区,后借助烟箱导轨装入烤房。紧接着进行第二箱装烟、第三箱装烟……每座烤房配置 10 个烟箱,依次进行。将 10 个烤箱依次挨近靠拢,保证集装箱之间没有明显缝隙,集装箱和装烟室的缝隙用挡风板遮挡,即完成了一座装烟室的装烟,关闭装烟室的大门,按照集装箱式烘烤工艺进行烘烤。其中,每箱装鲜烟叶 600 ~ 750 kg,每炉装鲜烟叶 5000 ~ 6000 kg。

　　2)集装箱的制作

　　集装箱规格为 $L2.6$ m × $W0.78$ m × $H2.545$ m,四周用 C 型钢、角钢等均匀焊接而成,两侧用钢板围护,底端设 4 个行走轮。

　　侧板:钢板厚度 2 mm 以上、含碳量≤0.2%。厚度在 2 至 3 mm 之间的钢板,禁用冷轧板。

　　前后横梁及箱门:采用 C 型钢(或采用相同材料的钢板弯制)材料同上。

　　均风板:$\delta 0.5$ 以上镀锌钢板,冲孔尺寸 $\phi 8$,孔间距 25 mm,孔距四周边缘 50 mm,下衬 30 × 30 角钢。

　　充压层:由 50 × 50 角钢及脚轮构成。

　　脚轮:采用 5 寸定向脚轮,脚轮宽度 50 mm。

　　插针:镀锌钢筋 $\phi 8 × L780$,把手长度 80 mm,钢针制作成“7”字形。

装烟完毕后，将集装箱推至起重装置位置，关闭集装箱门，用插针将烟叶固定住。装烟完成后，启动起重装置将集装箱立起，由叉车直接运送至烤房。

起重装置为集装箱配套使用的辅助装置，其主要构成部分如下：

底座：钢板厚度 5 mm 以上，弯制而成。

液压系统：两只油缸及液压站、油管、电控系统。

短导轨：由若干 4 寸单轮和槽钢、方钢组成。

连接板：钢板厚度 10 mm 以上，加工而成。

挡板：钢板厚度 5 mm 以上，弯制而成。

如图 5 - 3 所示，起重装置能将水平放置的集装箱(装满烟叶)推至竖直位置。

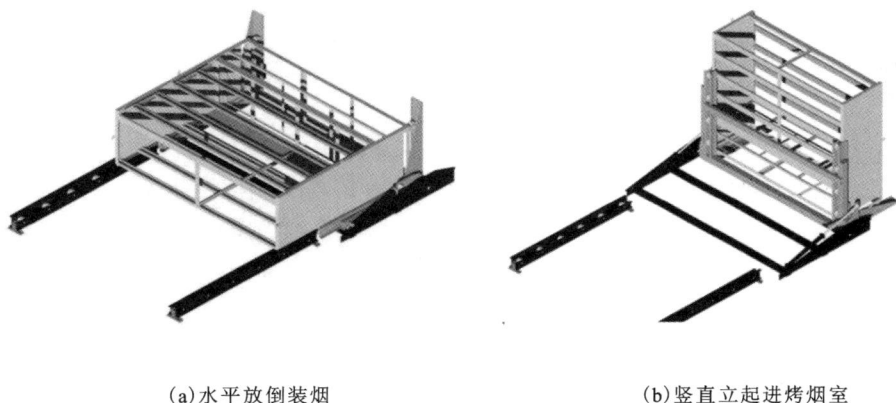

(a)水平放倒装烟　　　　　　　　　(b)竖直立起进烤烟室

图 5 - 3　高密集装箱用起重装置

3)集装箱制作成本(见表 5 - 5)

表 5 - 5　单件集装箱制作成本

项目	材质	加工基本要求	加工难度	成本/元
侧板	Q235A	由 $\delta3$ 钢板三面弯成	钢板要校水平、不允许有凸出部分	150
箱门	Q235A	由 $100 \times 50 \times 20 \times 2.5$ 的 C 型钢制作而成	每根 C 型钢上需均匀钻小孔，做插针的插孔使用	500
金属网	Q235A	PD2 × 24 × 2000 × 5000 标准钢板网	需要裁剪成合适的大小，焊接在集装箱上，焊接中钢板网不易控制	150

续表 5 –5

项目	材质	加工基本要求	加工难度	成本/元
均风板	镀锌钢板	由 δ1 镀锌钢板制作而成，板上均钻小孔	均风板钻孔难，钢板易扭曲、变形，需返工处理	400
框架	Q235A	有角钢、C 型钢、定向脚轮等焊接而成	焊接装配时形状尺寸难以保证，加工难度大	2300
合计				3500

5.2 反向燃烧热风炉燃烧供热调节特性

5 月 24 日—7 月 19 日，共进行 12 次实际烟叶烘烤试验，完整记录了其中 10 次烘烤过程的烤烟房干湿球温度实际值与设定值数据。烤烟房干湿球温度设定值在烤房控制器上设置，烤烟房干湿球温度实际值由烤烟房内 Pt100 热电阻测出，烤烟房干湿球温度实际值为每小时平均值，烤房控制器兼有温度巡回持续检测和储存记录功能。

6 月 1 日，YJ02 密集烤烟房装下部第 3～4 片烟叶装了 3183.7 kg 后开始烘烤加工。烘烤过程共消耗 155 个规则无烟煤煤球（朝鲜，单个球高 85 mm）和 530 个不规则烟煤煤球（资兴产，球高明显不一致）。

装煤以资兴烟煤煤球为主，燃烧室底部装 3 层无烟煤，煤床顶层为资兴烟煤煤球，球与球之间的缝隙无处理措施。煤床顶面堆积有少量木柴作为引火柴，以木柴引燃高热值烟煤。试验发现易着火，引燃速度快。

烤烟房干湿球温度设定值与实际值比较如图 5 –4 所示。

分析图 5 –4 可知：

①烘烤过程持续 125 h，其中，燃烧室内第一次装煤球 11 层，第一次装煤能顺利渡过变黄期和定色期，坚持到干茎期，明火反烧供热约 98 h。第二次添加煤球是 61℃稳温期，基本超过了定色期结束温度 61℃。第二次添加燃煤球 120 h 出现的空气温度短时间下降不会影响干烟叶质量和品质。中途添加燃煤后，热风炉以暗火反烧方式供热。

②38℃稳温～61℃稳温期间，烤烟房干湿球温度实际值与设定值之间几乎没有误差，变黄期和定色期烤房干球温度实际升温曲线贴合设定升温曲线，无明显掉温现象和明显超温现象发生，反向燃烧热风炉自动控温效果良好，响应迅速，无迟滞。

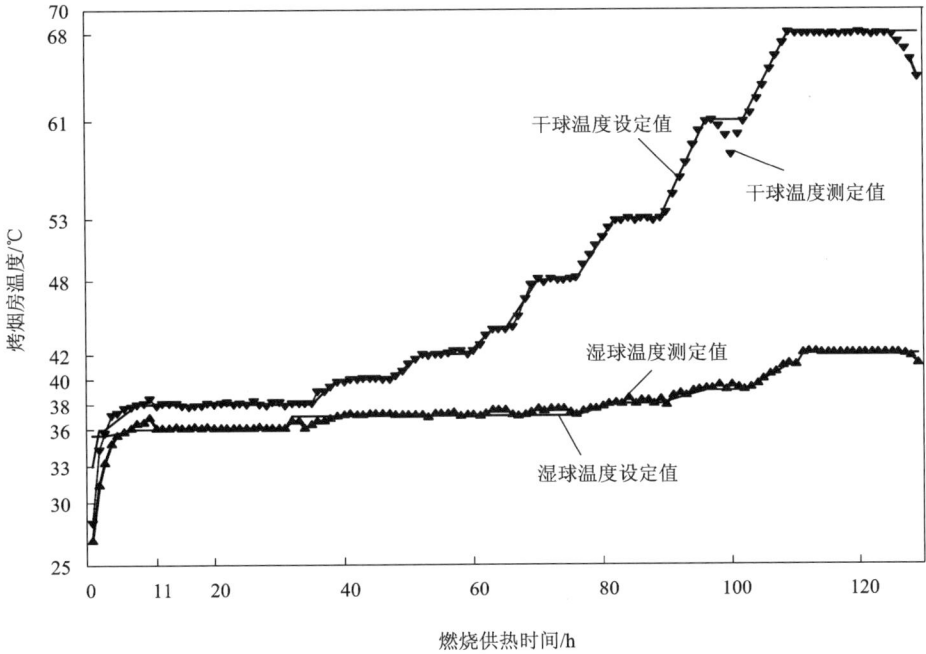

图 5 - 4 YJ02 烤房干湿球温度设定值与实际值比较

(6 月 1—6 日)

③通过 2 次加煤（即干茎期添加燃煤 1 次），能完成整个烘烤燃烧供热任务。反向燃烧热风炉炉条之上的炉腹装煤区空间容积偏小，需要第二次添加煤球，即装煤区需要另行增加空间容积。

④38℃及以下稳温能力不佳。采用木柴从烟煤煤床顶面点火引燃，由于木柴用量多且炉门局部欠密封等，发现燃烧面从球与球之间的缝隙快速下移并藏至煤床深处，发生 1 次炉温失控现象，发生在 38℃稳温阶段（点火后 11 h），烤房干球温度高出设定值 0.5 ~ 1℃，以向燃烧面泼水熄火急冷方法，将烤房干球温度降低到设定值水平，接着进入烤烟房干球温度自动调控阶段。

⑤38℃、40℃低温稳温，42℃、46℃和 53℃中温稳温，38→40℃、40→42℃、42→46℃、46→53℃和 53→61℃快速升温，68℃加热和 68℃高温稳温等能力，能满足密集烤烟工艺需要。

6 月 13 日，YJ02 密集烤烟房装中下部第 6 ~ 7 片烟叶装了 3147.3 kg 后开始烘烤加工。烤房初始温度为 30.6℃，烘烤过程共消耗 113 个规则无烟煤煤球（朝鲜，单个球高 85 mm）和 538 个不规则烟煤煤球（资兴产，球高明显不一致）。

装煤以资兴烟煤煤球为主，无规律混杂 20%的无烟煤，煤床顶层为资兴烟煤煤球,球与球之间的缝隙无处理措施。煤床顶面堆积有足够多的木柴作为引火柴,以木柴引燃高热值烟煤。试验发现极易着火,引燃速度快。

烤烟房干湿球温度设定值与实际值比较如图 5 – 5 所示。

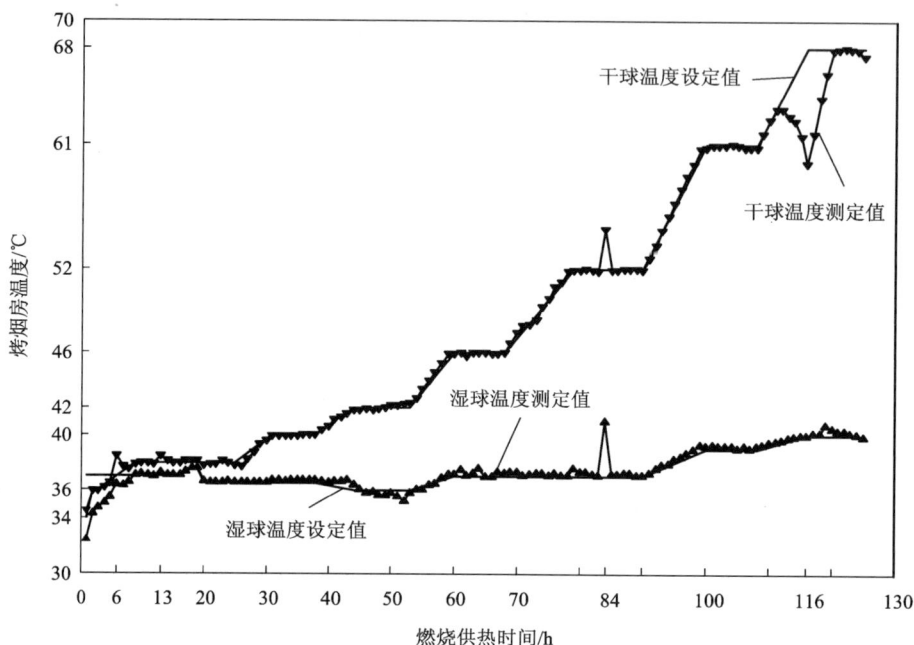

图 5 – 5 YJ02 烤房干湿球温度设定值与实际值比较

(6 月 13—19 日)

分析图 5 – 5 可知:

①烘烤过程持续 125 h,其中,燃烧室内第一次装煤球 765 mm 高(约 9 层),第一次装煤能顺利渡过变黄期和定色期,坚持到干茎期,能坚持明火反烧供热约 110 h。第二次添加煤球是 61→68℃,超过了定色期结束温度 61℃。第二次添加燃煤时出现的空气温度短时间下降不会影响干烟叶质量和品质。中途添加燃煤后,热风炉以暗火反烧方式供热。

②38℃稳温 ~61℃稳温期间,烤烟房干湿球温度实际值与设定值之间几乎没有误差,变黄期和定色期烤房干球温度实际升温曲线贴合设定升温曲线,无明显掉温现象和明显超温现象发生,反向燃烧热风炉自动控温效果良好,响应迅速,无迟滞。

③通过 2 次加煤(即干茎期添加燃煤 1 次),能完成整个烘烤燃烧供热任务。反向燃烧热风炉炉条之上的炉腹装煤区空间容积偏小,需要第二次添加煤球,即装煤区需要另行增加空间容积。

④38℃及以下稳温能力不佳。烘烤试验刚开始，对烘烤燃烧供热规律缺乏深刻认识，只能逐步积累燃烧供热失控处理经验。试验采用木柴从烟煤煤床顶面点火，由于木柴用量过多且炉门局部欠密封等，发现燃烧面从球与球之间的缝隙快速下移并藏至煤床深处，发生 2 次炉温失控现象，一次发生在 38℃升温阶段（点火后 6 h），烤房干球温度高出设定值 1.5℃，一次发生在 38℃稳温阶段（点火后 13h），烤房干球温度高出设定值 0.5℃，两次分别以向燃烧面泼水熄火急冷方法，将烤房干球温度降低到设定值水平。

⑤52℃稳温阶段（点火后 84 h）发生一次烤房干球温度高出设定值 2~3℃、湿球温度高出设定值 3℃，出现"湿球温度偏高"频繁报警故障。技术员查明原因为混合室新风挡板打不开（风机失效），无补风，回风温度偏高。新风挡板风机修理好后，烤房干球温度快速恢复到设定值水平。

⑥40℃低温稳温，42℃、46℃、52℃和 61℃中温稳温，42→46℃、46→52℃和 52→61℃快速升温，68℃加热和 68℃高温稳温等能力，能满足密集烤烟工艺需要。

6 月 26 日，YJ02 密集烤烟房装中部第 7~8 片烟叶装了 3338.7 kg 后开始烘烤加工。烤房初始温度为 30.1℃，烘烤过程共消耗 548 个规则无烟煤煤球（朝鲜，单个球高 85 mm）和 65 个不规则烟煤煤球（资兴产）。

装煤以朝鲜无烟煤煤球为主，球与球之间的缝隙无处理措施。炉条之上的炉腹空腔区域可以装 12 层煤球，本次烘烤试验只装煤至第 10 层，空出最高层。由底向上第 1~8 层装无烟煤煤球，每层 52 个，第 9 层装 45 个烟煤煤球，第 10 层靠内壁装 23 个无烟煤煤球。烟煤放置在煤床顶部中心，有利于以高挥发分烟煤引燃低挥发分无烟煤。点火后所有可能漏风之处全部用湿泥封死。在煤床顶面中心放入一小块正燃烧的烟煤，可以较容易地引燃第 9 层烟煤。助燃风机电源接入烤房控制器，根据烤房干球温度与设定值的差值来控制助燃风机的开停。勤检查炉门泥缝密封性，发现细缝及时填补。

烤烟房干湿球温度设定值与实际值比较如图 5-6 所示。

分析图 5-6 可知：

①烘烤过程持续 158 h，其中，燃烧室内腔第一次装 439 个煤球，第一次装煤能基本渡过定色期，能坚持明火反烧供热约 116 h。点火 118 h 后进行了三次添加煤球，依次是 53→58℃加煤球 50 个，58→63℃加煤球 60 个，63→68℃加煤球 46 个。第二次及以后中途添加燃煤时出现的空气温度短时间下降基本不影响干烟叶质量和品质。第二次加煤后，热风炉内腔组织暗火反烧。

②除短时间添加燃煤导致烤房干球温度略有下降外，整个烘烤过程烤房干湿球温度实际值与设定值之间几乎没有误差，变黄期、定色期和干茎期烤房干球温度实际升温曲线贴合设定升温曲线，无明显掉温现象和明显超温现象发生，反向

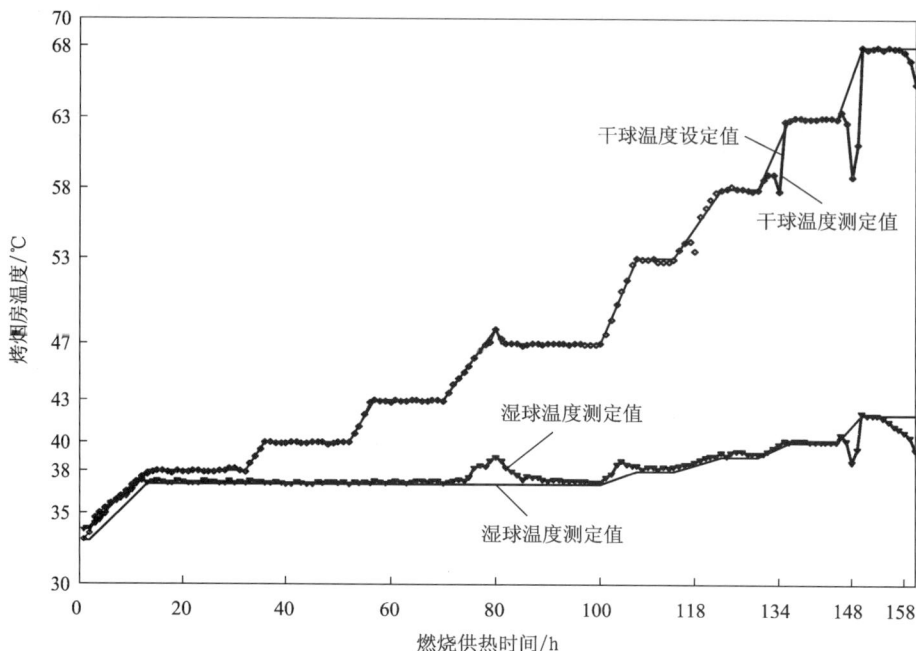

图 5 - 6　YJ02 烤房干湿球温度设定值与实际值比较

(6 月 26 日—7 月 3 日)

燃烧热风炉自动控温效果良好,烤房温度变化响应迅速,无迟滞。

③计算好整个烘烤过程需要的燃煤总量,即可将中途 3 次加煤合并为 1 次加煤,即以 2 次加煤完成整个烘烤燃烧供热任务。反向燃烧热风炉炉条之上的炉腹装煤区空间容积偏小,需要第二次添加煤球,即装煤区需要另行增加空间容积。

④38 ℃和 40 ℃低温稳温,43 ℃、47 ℃、53 ℃、58 和 63 ℃中温稳温,43→47 ℃和 47→53 ℃快速升温,68 ℃加热和 68 ℃高温稳温等能力,能满足密集烤烟工艺需要。

7 月 7 日,YJ02 密集烤烟房装上部第 13 ~ 15 片烟叶装了 3467 kg 后开始烘烤加工。烤房初始温度为 33.1 ℃,烘烤过程共消耗 426 个规则无烟煤煤球(朝鲜,单个球高 85 mm)、150 个规则混合煤煤球(朝鲜无烟煤和资兴烟煤按体积比 1∶1 混合,单个球高 85 mm)和 28 个规则烟煤煤球(资兴产,单个球高 85 mm)。

装煤以朝鲜无烟煤煤球为主,球与球之间的缝隙无处理措施。炉条之上的炉腹空腔区域可以装 12 层煤球,本次烘烤试验装煤至第 11 层。由底向上第 1 ~ 10 层装煤球,每层 49 个,第 11 层靠内壁装 21 个煤球,第 11 层中心区域装 28 个烟煤球。烟煤放置在煤床顶部中心,有利于以高挥发分烟煤引燃低挥发分无烟煤。

点火后所有可能漏风之处全部用湿泥封死。在煤床顶面中心放入两小块正燃烧的烟煤，可以较容易地引燃第 11 层烟煤。勤检查炉门泥缝密封性，发现细缝及时填补。

烤房干湿球温度设定值与实际值比较如图 5 - 7 所示。

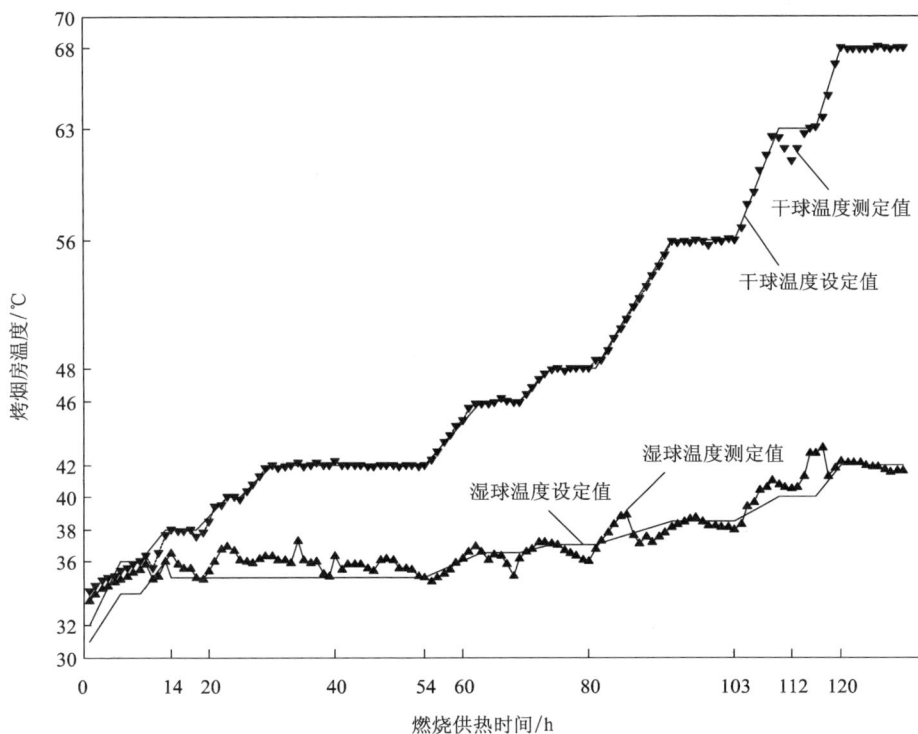

图 5 - 7   YJ02 烤房干湿球温度设定值与实际值比较

(7 月 7—13 日)

分析图 5 - 7 可知：

①烘烤过程持续 130 h，其中，第一次装 539 个煤球，第一次装煤能渡过定色期，能坚持明火反烧供热约 110 h。点火 110 h 后添加一次煤球，63℃保温期加无烟煤煤球 65 个。第二次添加燃煤时出现的空气温度短时间下降不影响干烟叶质量和品质。第二次加煤后炉内组织暗火反烧供热。

②放入了 2 块正燃烧的烟煤引燃。引燃成功后因烤房两个排湿口卡死打不开，干球温度一直偏高（高出设定值 1.5 ~ 2℃），排湿受阻，出现湿球温度超高报警。排湿口故障排除后，升温至 36℃，接着烤房干球温度与设定值差距加大，担心火力下降甚至熄火，改短时间从炉门辅助通风口送风升温，渡过 36℃稳温阶段

和36→38℃升温阶段。38℃稳温开始(点火14 h)后,助燃风机电源接入烤房控制器,根据烤房干球温度与设定值的差值来控制助燃风机的开停。

③38℃稳温开始后,除63℃保温期短时间添加燃煤引起烤房干球温度略有下降外,整个烘烤过程烤房干湿球温度实际值与设定值几乎没有偏差,变黄期、定色期和干茎期烤房干球温度实际升温曲线贴合设定升温曲线,无掉温和超温现象发生,反向燃烧热风炉自动控温效果良好,烤房温度变化响应迅速,无迟滞。

④二次加煤后可以完成整个烘烤燃烧供热任务。炉条之上的炉腹装煤区空间容积偏小,需要第二次添加煤球,即装煤区需要另行增加空间容积。

⑤38℃和40℃低温稳温,42℃、46℃、48℃和56℃中温稳温,42→46℃、46→48℃、48→56℃和56→63℃快速升温,68℃加热和68℃高温稳温等能力,能满足密集烤烟工艺需要。

7月14日,YJ02密集烤烟房装中上部第6~8片烟叶装了2870 kg后开始烘烤加工。烤房初始温度为35℃,烘烤过程共消耗439个规则无烟煤煤球(朝鲜,单个球高85 mm)和30个规则烟煤煤球(资兴产,单个球高85 mm)。

装煤以朝鲜无烟煤煤球为主,球与球之间的缝隙无处理措施。炉条之上的炉腹空腔区域可以装12层煤球,本次烘烤试验装煤至第12层。由底向上第1~10层装无烟煤煤球,每层51个,第11层靠内壁装35个煤球,第11层中心区域装16个烟煤球,第12层靠内壁装16个无烟煤煤球。烟煤放置在第11层顶部中心,有利于以高挥发分烟煤引燃低挥发分无烟煤。点火后所有可能漏风之处全部用湿泥封死。在煤床顶面中心放入一小块正燃烧的烟煤,可以较容易地引燃第11层烟煤。勤检查炉门泥缝密封性,发现细缝及时填补。

烤房干湿球温度设定值与实际值比较如图5-8所示。

分析图5-8可知:

①烘烤过程持续160 h,其中,第一次装580个煤球,第一次装煤能渡过变黄期、定色期和干茎期,能坚持明火反烧供热约160 h。扣除故障烘烤未燃煤的42 h后,能坚持明火反烧供热约118 h。烤烟房内装湿烟量少,实际燃煤不多,烘烤结束后扒出的未燃煤球折合约137个。

②放入了一块正燃烧的烟煤引燃。引燃成功后因循环风机一直处于低速运行状态(需要的供热量极少)共2天,中途熄火两次,重新引火,第一次是烘烤14 h(处于38→40℃升温阶段),添加烟煤球14个,第二次是烘烤42 h(处于40℃稳温阶段),添加烟煤球10个。40℃稳温(点火42 h)后,助燃风机电源接入烤房控制器,根据烤房干球温度与设定值的差值来控制助燃风机的开停,一直到烘烤结束,中途未再次熄火和添加煤球。

③本次烘烤装湿烟叶量少,实际装煤量超过理论需要量,加上38℃和40℃加热及稳温阶段烘烤操作参数不正常,干茎时间明显超过设定值(最后一烤,避免

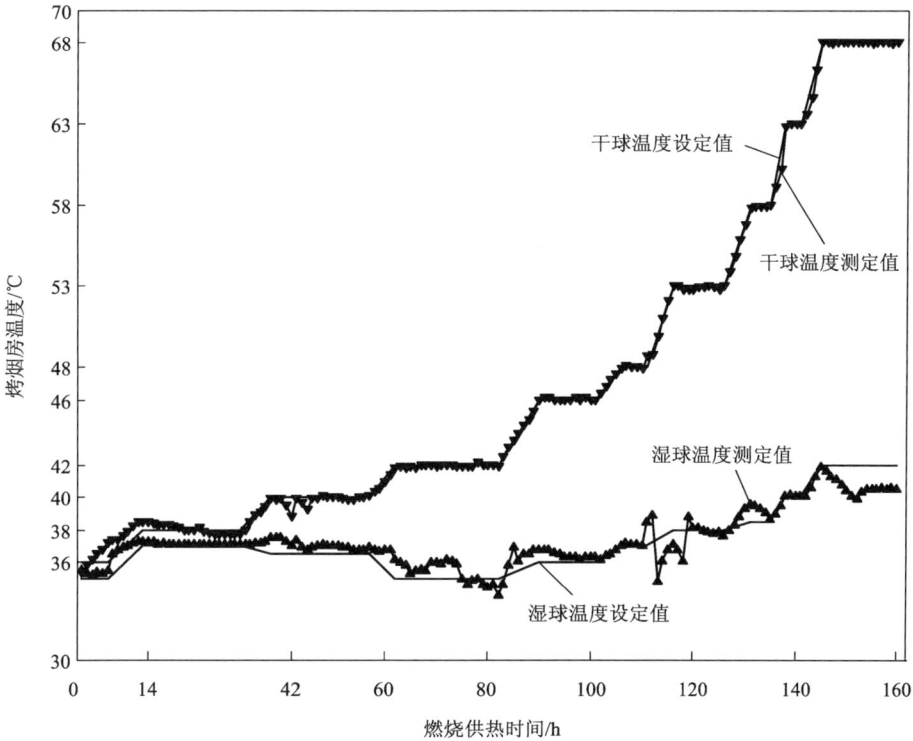

图 5-8 YJ02 烤房干湿球温度设定值与实际值比较

(7 月 14—21 日)

出现未干挂杆),烘烤结束时剩余煤球多,烘烤耗煤量核算有误差。

④40℃稳温后到烘烤结束,整个烘烤过程烤烟房干湿球温度实际值与设定值之间几乎没有误差,变黄期、定色期和干茎期烤房干球温度实际升温曲线贴合设定升温曲线,无掉温和超温现象发生,反向燃烧热风炉自动控温效果良好,烤房温度变化响应迅速,无迟滞。

⑤42℃、46℃、48℃、53℃和63℃中温稳温,42→46℃、48→53℃、53→63℃和63→68℃快速升温,68℃加热和68℃高温稳温等能力,能满足密集烤烟工艺需要。

6 月 20 日,YJ03 密集烤烟房装中部第 8~9 片烟叶装了 1796.5 kg 后开始烘烤加工。烤烟房烤房初始温度为 29℃,烘烤过程共消耗 325 个规则无烟煤煤球(朝鲜,单个球高 85 mm)和 84 个不规则烟煤煤球(资兴产)。

装煤以朝鲜无烟煤煤球为主,球与球之间的缝隙无处理措施。炉条之上的炉腹空腔区域可以装 12 层煤球,本次烘烤试验装煤至第 10 层。由底向上第 1~9

层装无烟煤煤球,每层42个,第10层中心区域装9个烟煤球。在煤床第10层顶部(第11层位置)中心放入一小块正燃烧的烟煤,以第11层高挥发分烟煤引燃第10层高挥发分烟煤,以第10层高挥发分烟煤引燃第9层低挥发分无烟煤。点火后所有可能漏风之处全部用湿泥封死。勤检查炉门泥缝密封性,发现细缝及时填补。

烤烟房干湿球温度设定值与实际值比较如图5-9所示。

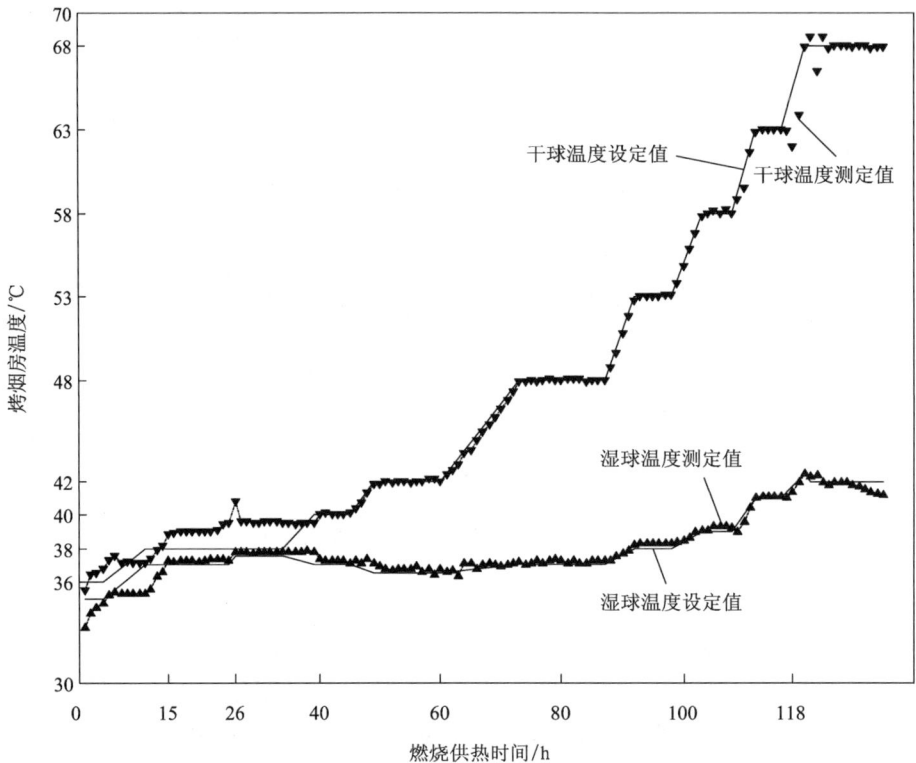

图 5-9　YJ03 烤房干湿球温度设定值与实际值比较

(6 月 20—25 日)

分析图5-9可知:

①烘烤过程持续133 h,其中,第一次装387个煤球,第一次装煤能渡过变黄期和定色期,坚持燃烧供热到点火后117 h,即明火反烧117 h。燃烧室煤床顶面之上尚有空间可置煤,中途第二次添加无烟煤煤球40个是由于烘烤耗煤估计不准确。

②放入正燃烧烟煤块引燃后,因未严格检查炉门、清灰门和炉顶进风口等地

方的密封性，存在明显漏风，燃烧室内出现明显火焰，火焰迅速藏至暗处(难以用肉眼发现)，烤烟房干球温度快速上升，控温困难。40℃稳温期之前，烤烟房干球温度一直高出设定值0.5~1.5℃，其间熄火2次，一次是点火后15 h，以打开炉门扒碳并泼水熄火降温方法解决，另一次点火后26 h，以打开炉门泼水熄火降温方法解决。40℃稳温开始(点火40 h)后，助燃风机电源接入烤房控制器，根据烤房干球温度与设定值的差值来控制助燃风机的开停，一直到烘烤结束。

③烤烟房内装湿烟量少，烘烤耗煤不多。烤房内装湿烟342杆，烟叶密度小，热风流动阻力小，热风和烟叶之间的热湿交换不充分，热风热量浪费多，烘烤热效率低至37.92%。本次烘烤试验表明，反向燃烧热风炉高热效率要求烤烟房内装满湿烟叶，烟叶要求有合适的置放密度，烟叶装得过少会出现高耗能问题。

④40℃稳温后到烘烤结束，整个烘烤过程烤房干湿球温度实际值与设定值之间几乎没有误差，变黄期、定色期和干茎期烤房干球温度实际升温曲线贴合设定升温曲线，无掉温和超温现象发生，反向燃烧热风炉自动控温效果良好，烤房温度变化响应迅速，无迟滞。

⑤40℃、42℃、48℃、53℃、58℃和63℃中温稳温，40→42℃、42→48℃、48→53℃和53→63℃快速升温，68℃加热和68℃高温稳温等能力，能满足密集烤烟工艺需要。

6月28日，YJ03密集烤烟房装中部第9~10层烟叶装了2597.5 kg后开始烘烤加工。烤烟房烤房初始温度为28℃，烘烤过程共消耗373个规则无烟煤煤球(朝鲜，单个球高85 mm)和57个不规则烟煤煤球(资兴产)。

装煤以朝鲜无烟煤煤球为主，球与球之间的缝隙无处理措施。炉条之上的炉腹空腔区域可以装12层煤球，本次烘烤试验装煤至第10层。由底向上第1~8层装无烟煤煤球，每层42个，第9层装49个烟煤，第10层装37个无烟煤煤球。在煤床第10层顶部(第11层位置)中心放入一小块正燃烧的烟煤，以第11层高挥发分烟煤直接引燃第10层低挥发分无烟煤。点火后所有可能漏风之处全部用湿泥封死。勤检查炉门泥缝密封性，发现细缝及时填补。

烤房干湿球温度设定值与实际值比较如图5-10所示。

分析图5-10可知：

①烘烤过程持续154 h，其中，第一次装422个煤球，第一次装煤能基本渡过变黄期和定色期，坚持燃烧供热到点火后120 h，即明火反烧120 h。

②点火120 h后第二次添加煤球，依次是54→61℃加无烟煤煤球52个和61℃稳温期加煤球50个。第二次及以后中途添加燃煤在定色期之后，添加煤球期间出现的空气温度短时间下降基本不影响干烟叶质量和品质。第二次加煤后，热风炉内腔组织暗火反烧。

③燃烧室煤床顶面之上尚有空间置放煤球102个，因此，二次添加无烟煤煤

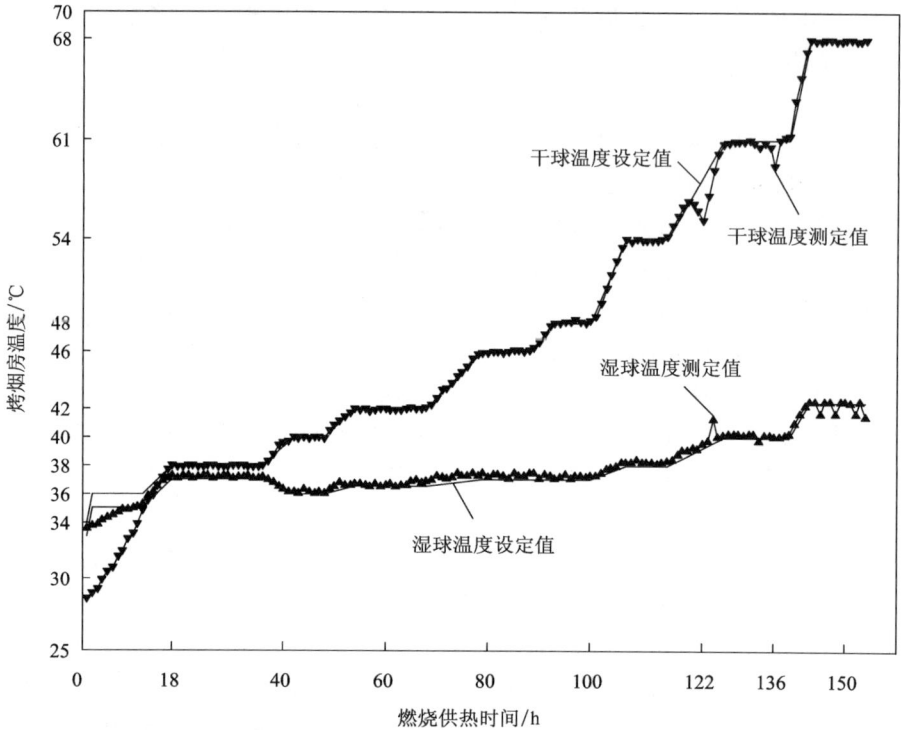

图 5 – 10　YJ03 烤房干湿球温度设定值与实际值比较

(6 月 28 日—7 月 5 日)

球 102 个是由于第一次装煤时烘烤耗煤估计不准确。

④放入正燃烧的小块烟煤块引燃后，炉门、清灰门和炉顶进风口等地方的密封性好，但静压室进风口手工调节供风不及时，烤烟房干球温度一直低于设定值。因担心引燃面小，38℃稳温开始时增添一块正燃烧的烟煤块引燃，助燃风机电源接入烤房控制器，根据烤房干球温度与设定值的差值来控制助燃风机的开停，一直到烘烤结束。

⑤38℃稳温开始后到烘烤结束，整个烘烤过程烤烟房干湿球温度实际值与设定值之间几乎没有误差，变黄期、定色期和干茎期烤房干球温度实际升温曲线贴合设定升温曲线，无掉温和超温现象发生，反向燃烧热风炉自动控温效果良好，烤房温度变化响应迅速，无迟滞。

⑥38℃和40℃低温稳温，42℃、46℃、48℃、54℃和61℃中温稳温，40→42℃、42→46℃、42→46℃、46→48℃、48→54℃和61→68℃快速升温，68℃加热和68℃高温稳温等能力，能满足密集烤烟工艺需要。

7月7日，YJ03密集烤房装上部第13~15片烟叶装了2906 kg后开始烘烤加工。烤房初始温度为33.2℃，烘烤过程共消耗523个规则无烟煤煤球（朝鲜，单个球高85 mm）和25个规则烟煤煤球（资兴产，单个球高85 mm）。

装煤以朝鲜无烟煤煤球为主，球与球之间的缝隙无处理措施。炉条之上的炉腹空腔区域可以装12层煤球，本次烘烤试验装煤至第11层。由底向上第1~10层装无烟煤煤球，每层46个，第11层靠内壁装21个煤球，第11层中心区域装25个烟煤煤球。在煤床第11层顶部（第12层位置）中心放入一大块正燃烧的烟煤，以第12层高挥发分烟煤引燃第11层高挥发分烟煤，以第11层高挥发分烟煤引燃第10层低挥发分无烟煤。引燃块煤加入后不通风，无明火出现。点火后所有可能漏风之处（静压室进风口、清灰口、炉顶二次进风口、观察口等）全部用湿泥封死。勤检查炉门泥缝密封性，发现细缝及时填补。

烤房干湿球温度设定值与实际值比较如图5-11所示。

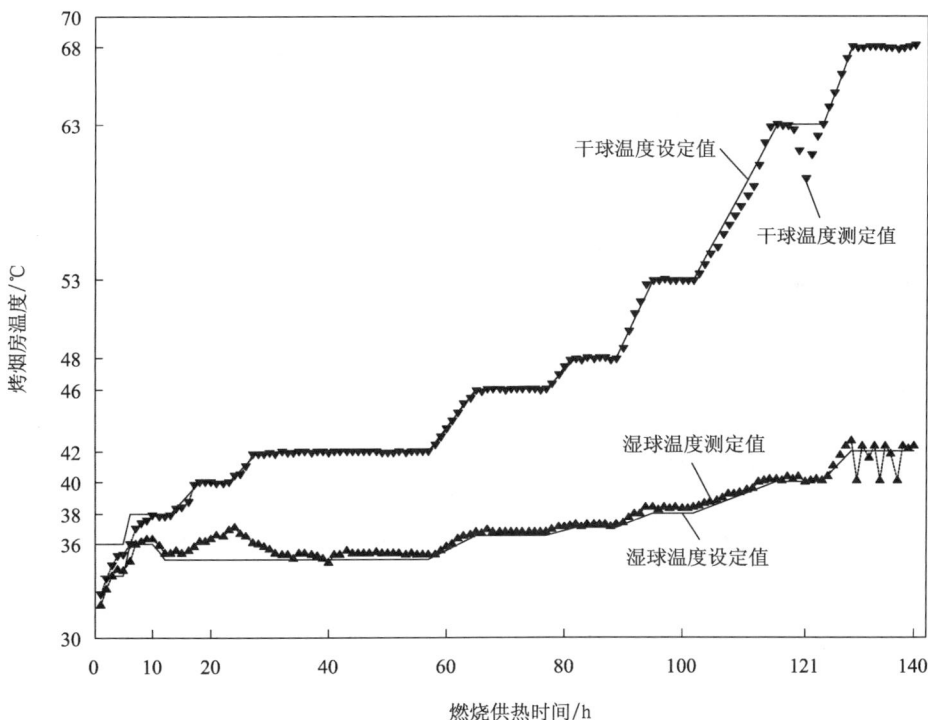

图5-11 YJ03烤房干湿球温度设定值与实际值比较
（7月7—13日）

分析图5-11可知：

①烘烤过程持续140 h，其中，第一次装506个煤球，第一次装煤能基本渡过

变黄期和定色期，坚持燃烧供热到点火后 120 h，即明火反烧 120 h。

②点火 120 h 后添加一次煤球，在 63℃稳温期添加无烟煤煤球 42 个。第二次添加燃煤是在定色期之后，添加煤球期间出现的空气温度短时间下降不影响干烟叶质量和品质。第二次加煤后，热风炉内腔组织暗火反烧。

③燃烧室煤床顶面之上尚有空间放置煤球 42 个，因此中途添加无烟煤煤球 42 个是由于第一次装煤时烘烤耗煤估计不准确。

④放入正燃烧的小块烟煤块引燃后，炉门、清灰门和炉顶进风口等地方的密封性好，但静压室进风口手工调节供风不及时，烤烟房干球温度一直低于设定值，但缓慢上升，到 38℃稳温中期（点火后 10 h），烤烟房干球温度等于设定值，此时，助燃风机电源接入烤房控制器，根据烤房干球温度与设定值的差值来控制助燃风机的开停，一直到烘烤结束。

⑤38℃稳温中期到烘烤结束，整个烘烤过程烤烟房干湿球温度实际值与设定值之间几乎没有误差，变黄期、定色期和干茎期烤房干球温度实际升温曲线贴合设定升温曲线，无掉温和超温现象发生，反向燃烧热风炉自动控温效果良好，烤房温度变化响应迅速，无迟滞。

⑥40℃低温稳温，42℃、46℃、48℃和 53℃中温稳温，40→42℃、42→46℃、46→48℃、48→53℃和 53→63℃快速升温，68℃加热和 68℃高温稳温等能力，能满足密集烤烟工艺需要。

7 月 16 日，YJ03 密集烤房装上中部第 8～15 层烟叶装了 2463 kg 后开始烘烤加工。烤房初始温度为 33℃，烘烤过程共消耗 779 个规则无烟煤煤球（涟源，单个球高 75 mm）和 41 个规则烟煤煤球（资兴产，单个球高 85 mm）。

装煤以涟源无烟煤煤球为主，球与球之间的缝隙无处理措施。炉条之上的炉腹空腔区域可以装 13 层煤球，本次烘烤试验装煤至第 13 层。由底向上第 1～12 层装无烟煤煤球，每层 44 个，第 13 层靠内壁装 23 个煤球，第 13 层中心区域装 21 个烟煤球。在煤床第 13 层顶部（第 14 层位置，处于炉顶内腔内）中心放入 3 小块正燃烧的无烟煤块，以第 14 层低挥发分无烟煤引燃第 13 层高挥发分烟煤，以第 13 层高挥发分烟煤引燃第 12 层低挥发分无烟煤，然后涟源煤煤球燃烧面从上到下移动。引燃块煤加入后不通风，无明火出现。点火后所有可能漏风之处（静压室进风口、清灰口、炉顶二次进风口、观察口等）全部用湿泥封死。勤检查炉门泥缝密封性，发现细缝及时填补。

烤房干湿球温度设定值与实际值比较如图 5－12 所示。

分析图 5－12 可知：

①烘烤过程持续 150 h，其中，第一次装 576 个煤球，第一次装煤能渡过定色期中间，坚持燃烧供热到点火后 95 h，即明火反烧 95 h。

②点火 95 h 后第二次添加煤球，在 48℃稳温结束后添加无烟煤煤球 153 个

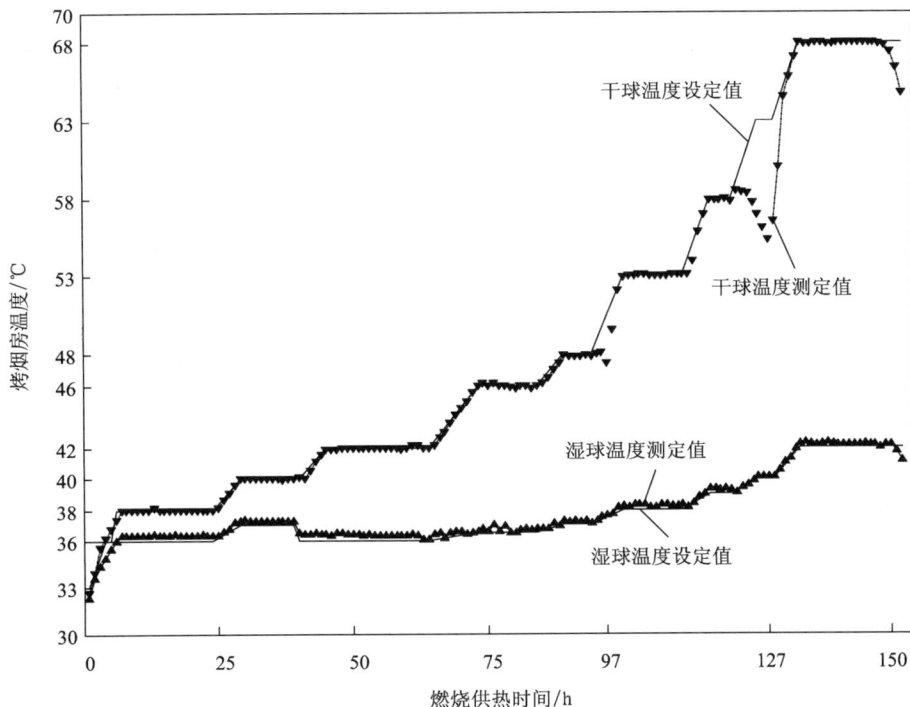

图 5 - 12　YJ03 烤房干湿球温度设定值与实际值比较

(7 月 16—23 日)

和资兴烟煤煤球 20 个，58→68℃ 期间添加无烟煤煤球 100 个。第二次添加燃煤在定色期中间，添加煤球期间出现的空气温度短时间下降会影响干烟叶质量和品质。第二次加煤后，热风炉内腔组织暗火反烧。

③二次加煤后可以完成整个烘烤燃烧供热任务。炉条之上的炉腹装煤区（燃烧室）空间容积偏小，燃烧室煤床顶面之上没有置放 273 个煤球的空间，因此装煤区需要另行增加空间容积。

④放入正燃烧的 3 小块无烟煤块引燃后，炉门、清灰门和炉顶进风口等地方的密封性好，助燃风机电源接入烤房控制器，根据烤房干球温度与设定值的差值来控制助燃风机的开停，一直到烘烤结束。

⑤33℃ 引燃开始到烘烤结束，整个烘烤过程烤烟房干湿球温度实际值与设定值之间几乎没有误差，变黄期、定色期和干茎期烤房干球温度实际升温曲线贴合设定升温曲线，无掉温和超温现象发生，反向燃烧热风炉自动控温效果良好，烤房温度变化响应迅速，无迟滞。

⑥38℃、40℃ 低温稳温，42℃、46℃、48℃、53℃、58℃ 和 68℃ 中温稳温，38

→40℃、40→42℃、42→46℃、46→48℃、48→53℃、53→58℃和58→68℃快速升温，68℃加热和68℃高温稳温等能力，能满足密集烤烟工艺需要。

⑦烘烤试验选用的本地无烟煤为涟源产无烟煤，灰分含量为41.2%，低热值为4532 kcal/kg，能量密度降低，灰渣量增加。试验表明：反向燃烧热风炉能够燃烧本地无烟煤煤球，燃煤易于获取；燃煤着火点低，易引燃，对引燃物要求降低；40℃以前变黄期烤烟房干球温度可调可控，热风炉燃烧供热调节特性良好。但低热值低于精选无烟煤，燃烧温度降低，持续燃烧时间缩短，燃煤消耗量增大，灰渣量增加，热效率降低(低至35.22%)；煤球成型加工费增加；燃烧室内腔体积增加，中途添加煤球次数增加，燃烧供热监管工作量增加。

7月14日，YJ04高密烤烟房装中上部第6~8层烟叶装了4826 kg后开始烘烤加工。烤房初始温度为31℃，烘烤过程共消耗982个规则无烟煤煤球(朝鲜产，单个球高85 mm)和80个规则烟煤煤球(资兴产，单个球高85 mm)。

装煤以朝鲜无烟煤煤球为主，球与球之间的缝隙无处理措施。炉条之上的炉腹空腔区域可以装12层煤球，本次烘烤试验装煤至第12层。由底向上第1~10层装无烟煤煤球，每层51个，第11层靠内壁装35个煤球，第11层中心区域装16个烟煤煤球，第12层靠内壁装16个无烟煤煤球。第11层顶部(第12层位置)中心放入1小块正燃烧的无烟煤块，以第12层高挥发分烟煤引燃第11层高挥发分烟煤，以第11层高挥发分烟煤引燃第10层低挥发分无烟煤，然后燃烧面从上到下移动。引燃块煤加入后不通风，无明火出现。点火后所有可能漏风之处(静压室进风口、清灰口、炉顶二次进风口、观察口等)全部用湿泥封死。勤检查炉门泥缝密封性，发现细缝及时填补。

高密烤房干湿球温度设定值与实际值比较如图5-13所示。

分析图5-13可知：

①烘烤过程持续183 h，其中，初次装煤球561个，能坚持到变黄期末期(42→46℃升温末期)，即坚持燃烧供热到点火后90 h，明火反烧供热90 h。

②点火90 h后，中途添加六次煤球，分别为：

点火90 h 42→46℃升温期末，第一次添加无烟煤球67个；

点火105 h 46℃稳温期末，第二次添加无烟煤球45个；

点火116 h 46→52℃升温期末，第三次添加无烟煤球67个；

点火128 h 52℃稳温期末，第四次添加无烟煤球65个、烟煤球16个；

点火138 h 52→61℃升温期末，第五次添加无烟煤球99个、烟煤球20个；

点火161 h 68℃稳温期末，第六次添加无烟煤球84个、烟煤球28个；

第五次添加燃煤在定色期，添加煤球期间出现的空气温度短时间下降会影响干烟叶质量和品质。第二次加煤后，热风炉内腔组织暗火反烧供热。

③第5次加煤后可以完成整个高密烘烤燃烧供热任务。第一、二次中间添加

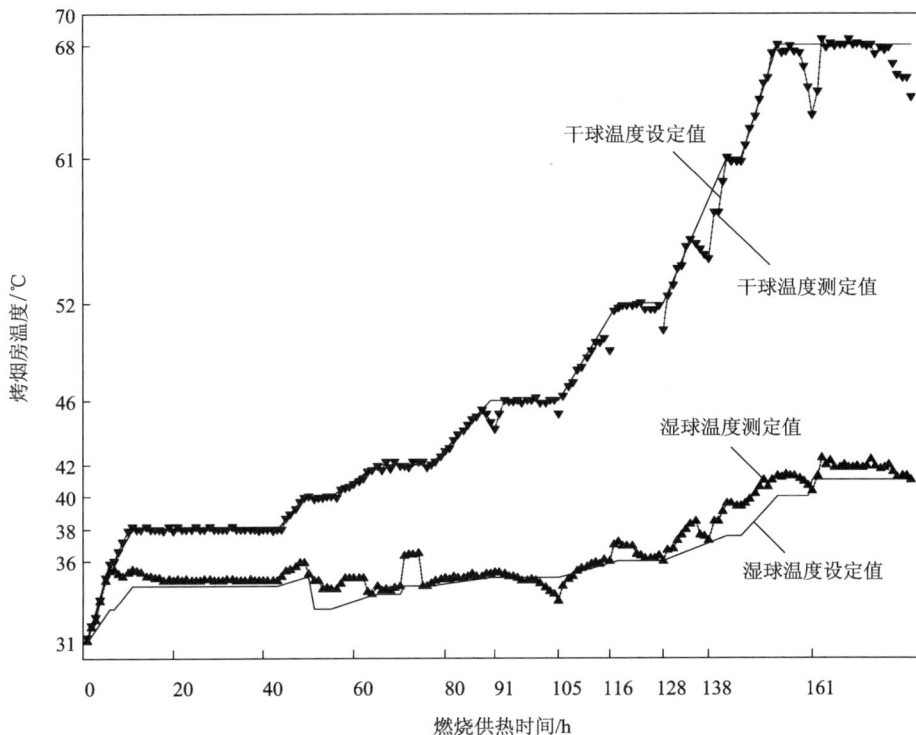

图 5-13 YJ03 高密烤房干湿球温度设定值与实际值比较

（7 月 14—23 日）

煤球可以合并为 1 次，添加 112 个煤球，第三、四次中间添加煤球可以合并为 1
次，添加 145 个煤球，总计前后需要 5 次装加煤操作。高密烤房装烟叶是密集烤
烟房装烟量的 2 倍，耗煤量大，加上加热室空间限制，通过增大燃烧室空间容积
实现一次装煤烘烤难度大，因此，装煤区无须另行增加空间容积。本次烘烤试验
保持了原密集烤烟房配置的 150 W 助燃风机不变。

④放入正燃烧的 1 小块无烟煤块引燃后，用湿泥密封好两个炉门、清灰门和
炉顶进风口等。在烤烟房干球温度小于设定值时，助燃风机电源接入烤房控制
器，根据烤房干球温度与设定值的差值来控制助燃风机的开停，一直到烘烤
结束。

⑤从点火引燃开始到烘烤结束，整个烘烤过程烤房干湿球温度实际值与设定
值之间几乎没有误差，变黄期、定色期和干茎期烤房干球温度实际升温曲线贴合
设定升温曲线，无掉温和超温现象发生，反向燃烧热风炉自动控温效果良好，烤
房温度变化响应迅速，无迟滞。38℃、40℃及以前低温阶段烤烟房干球温度自动

调控效果良好。

⑥38℃、40℃低温稳温，42℃、46℃、52℃和61℃中温稳温，38→40℃、40→42℃、42→46℃、46→52℃、52→61℃和61→68℃快速升温，68℃高温稳温等能力，均能满足高密烘烤工艺需要。

⑦和标准烤烟房的1~2次装加煤球相比，高密烤烟房热湿负荷是标准烤烟房的两倍，装加煤次数只多出3~4次，燃烧供热监管工作量增加不多。高密烘烤工艺排热排湿速度及最大量和标准烘烤工艺相同，均使用了密集烤烟房配套的助燃风机。

5.3　反向燃烧热风炉烟气温度变化

12次烟叶烘烤试验中，完整记录了5次烘烤换热器进出口烟气温度与温度降数据。换热管中烟气温度变化，可以整理归纳出烟气温度水平、烟气急速降温区、换热管束材质耐温要求、5排换热管必要性和烟叶烘烤供热量变化规律。烟气离开第5排换热管后没有接后续设备，无防结露要求，可以不作第6层换热管出口烟气温度<100℃的要求。在烟气温度低于100℃时，换热管内会积留凝结水。管内积水一方面会加速管内侧腐蚀，另一方面会吸收后期高温烟气高温显热，导致热风炉热效率降低。

打开掌形段水平管端盖，把6根Pt100铂电阻温度感应头分别伸入掌形段进口处和第1~5排换热管出口处，把6根铂电阻采集到的瞬时温度信号全部输入同一个温度巡检仪中，温度采集时间间隔为40 min。掌形段水平管和第1排换热管一起计算换热效果。

图5-14为6月13—19日YJ02烤房烟气进出口温度及温度降变化曲线。

分析图5-14可知：

①离炉烟气温度进出口温度不稳定，两者变化趋势相同。

②离炉烟气温度进口最高温度为238.7℃，烟气温度属于中低温水平，换热单管无耐高温性能要求。

③烟气温度存在三个峰值，均发生在烟叶定色期。对比图5-5，图5-14烘烤时间为0点对应于图5-5烘烤时间11 h。从图5-5和图5-14可看出，烟气最高温度发生在46℃稳温阶段，烟气最高温度左侧的峰值发生在40℃稳温阶段，烟气最高温度右侧的峰值发生在52℃至61℃升温阶段。

④第5层换热管出口烟气温度最低为37℃，最高为99.1℃，管内积留凝结水。

⑤烟气流过换热器进出口温差稍有波动，维持在50至60℃之间。

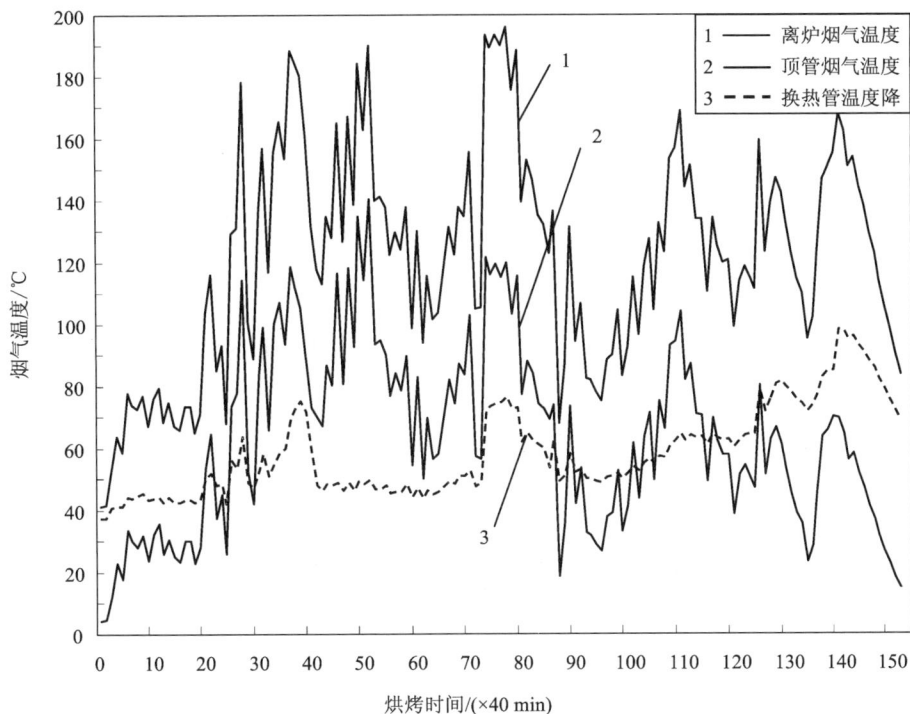

图 5 – 14　YJ02 密集烤房烟气进出口温度及温度降

（6 月 13—19 日）

图 5 – 15 为 7 月 7—13 日 YJ02 烤烟房烟气温度变化曲线。

分析图 5 – 15 可知：

①离炉烟气温度进口最高温度为 391℃，烟气温度属于中低温水平，换热单管无耐高温性能要求。

②烟气温度存在三个峰值，均发生在烟叶定色期。对比图 5 – 6，图 5 – 15 烘烤时间为 0 点对应于图 5 – 5 烘烤时间约 44 h。从图 5 – 6 和图 5 – 15 可看出，烟气最高温度发生在 46℃稳温阶段，烟气最高温度左侧的峰值发生在 42℃稳温阶段，烟气最高温度右侧的峰值发生在 48→56℃升温、56℃稳温和 56→63 升温阶段。

③第 5 层换热管出口烟气温度最高为 69.2℃，管内积留凝结水。

④第 4 排换热管出口烟气温度和第 5 排换热管出口烟气温度相差不大，可以去掉第 5 排换热管，以降低换热管占据的高度空间。

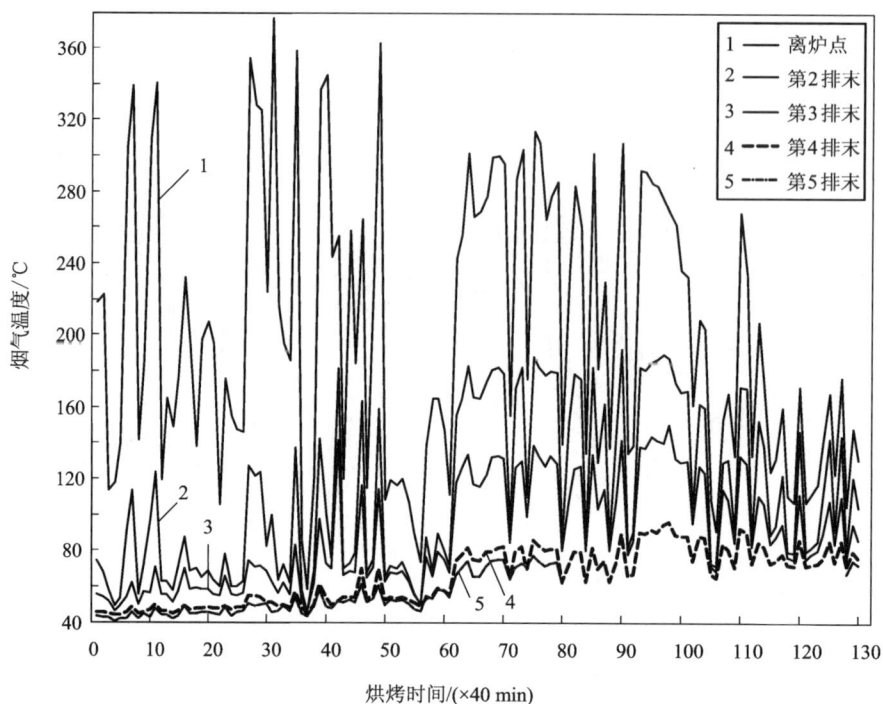

图 5 – 15 YJ02 密集烤房烟气进出口温度

(7 月 7—13 日)

图 5 – 16 为 7 月 7—13 日 YJ02 烤房烟气温度降变化曲线。

分析图 5 – 16 可知：

①距离排烟口位置最近的第 1 排换热管烟气温度降最大，最高达 280℃；第 2、3 排换热管烟气温度降小于第 1 排换热管烟气温度降；第 4 排换热管烟气温度降最小（约 5℃）、变化幅度最小，小于第 1、2、3 排换热管烟气温度降。

②烟气散热主要发生在前 4 排换热管，换热最多的是第 1 排换热管，其次是第 2 排和第 3 排换热，再次是第 4 排换热管。第 5 排换热管可以拆除。

③结合图 5 – 3 和图 5 – 13，分析第 1 排换热管烟气温度降变化规律，不难看出，46℃稳温阶段烟气温度降最大，其次为 42℃稳温阶段，再次是 48→56℃升温、56℃稳温和 56→63 升温阶段。

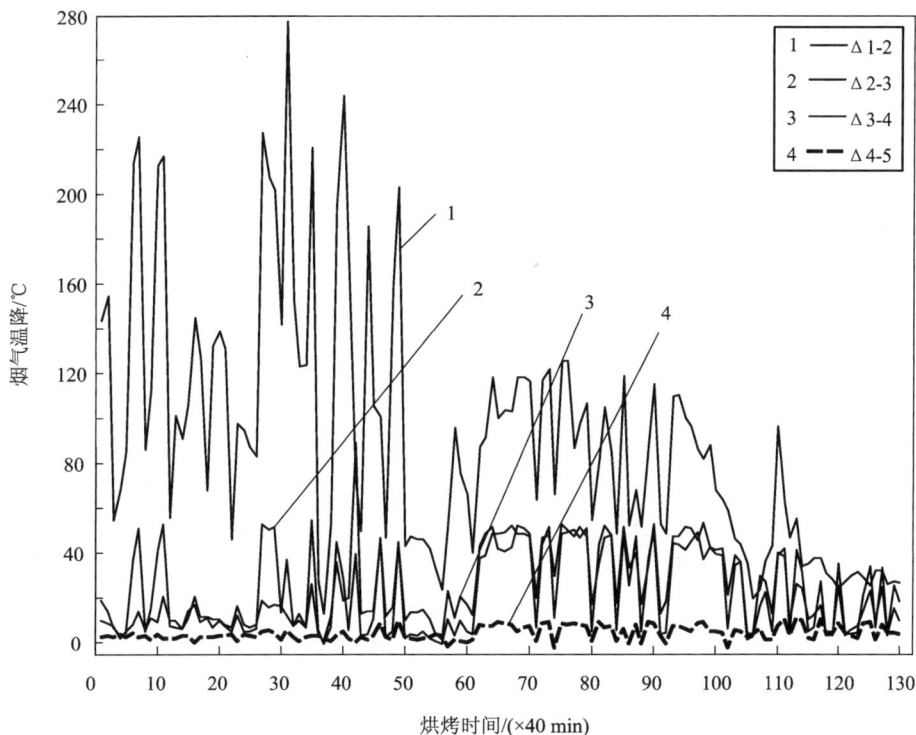

图 5 - 16　YJ02 密集烤房烟气温度降

（7 月 7—13 日）

图 5 - 17 为 7 月 14—21 日 YJ02 烤烟房烟气温度变化曲线。

分析图 5 - 17 可知：

①离炉烟气温度进口最高温度为 320℃，烟气温度属于中低温水平，换热单管无耐高温性能要求。

②由于热电阻故障，离炉烟气温度曲线有间断。烟气温度存在 3 个峰值，后 2 个峰值发生在烟叶定色期。对比图 5 - 11，图 5 - 17 烘烤时间为 0 点对应于图 5 - 11 烘烤时间约 2.5 h。从图 5 - 11 和图 5 - 17 可看出，烟气最高温度发生在 42℃稳温阶段，烟气最高温度左侧的峰值发生在 36→38℃升温阶段，此阶段是启炉时火力失控快速升温阶段，为不可信阶段。烟气最高温度右侧的峰值发生在 58→63℃升温阶段。

③第 5 排换热管出口烟气温度最高为 68.9℃，管内积留凝结水。

④第 4 排换热管出口烟气温度和第 5 排换热管出口烟气温度相差不大，可以去掉第 5 排换热管，以降低换热管占据的高度空间。

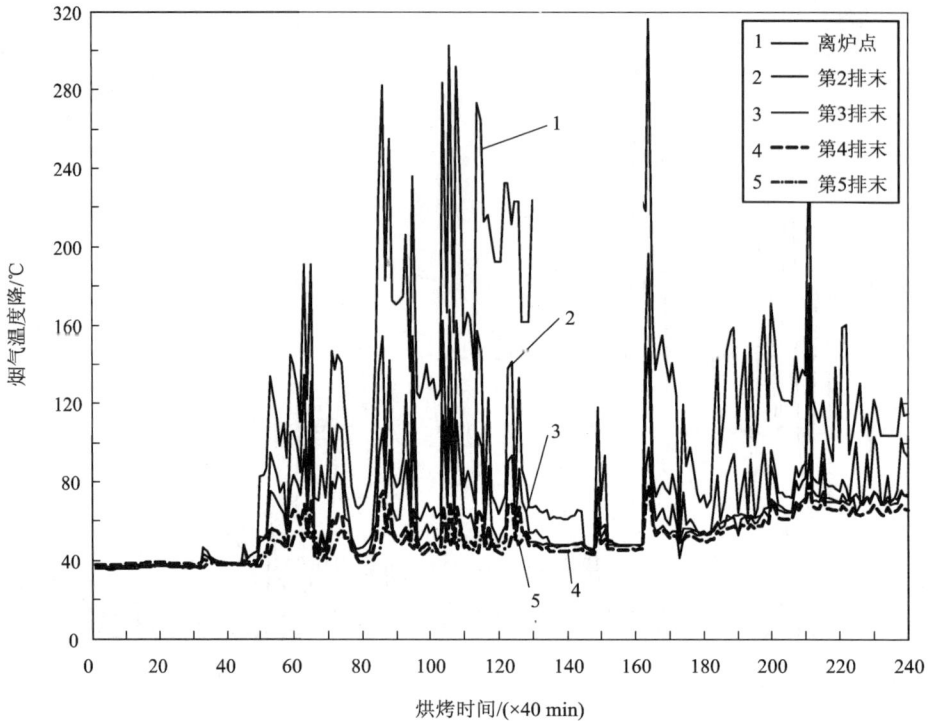

图 5 - 17　YJ02 密集烤房烟气进出口温度

（7 月 14—21 日）

图 5 - 18 为 7 月 14—21 日 YJ02 烤烟房烟气温度降变化曲线。

分析图 5 - 18 可知：

①第 1 排换热管烟气温度降最大，最高达 160℃；第 2、3 排换热管烟气温度降小于第 1 排换热管烟气温度降；第 4 排换热管烟气温度降最小（5～10℃），变化幅度最小，小于第 1、2、3 排换热管烟气温度降。

②烟气散热主要发生在前 4 排换热管，换热最多的是第 1 排换热管，其次是第 2 排和第 3 排换热管，再次是第 4 排换热管。第 5 排换热管可以拆除。

③结合图 5 - 12 和图 5 - 19，分析第 1 排换热管烟气温度降变化规律，不难看出，42℃稳温阶段烟气温度降最大。

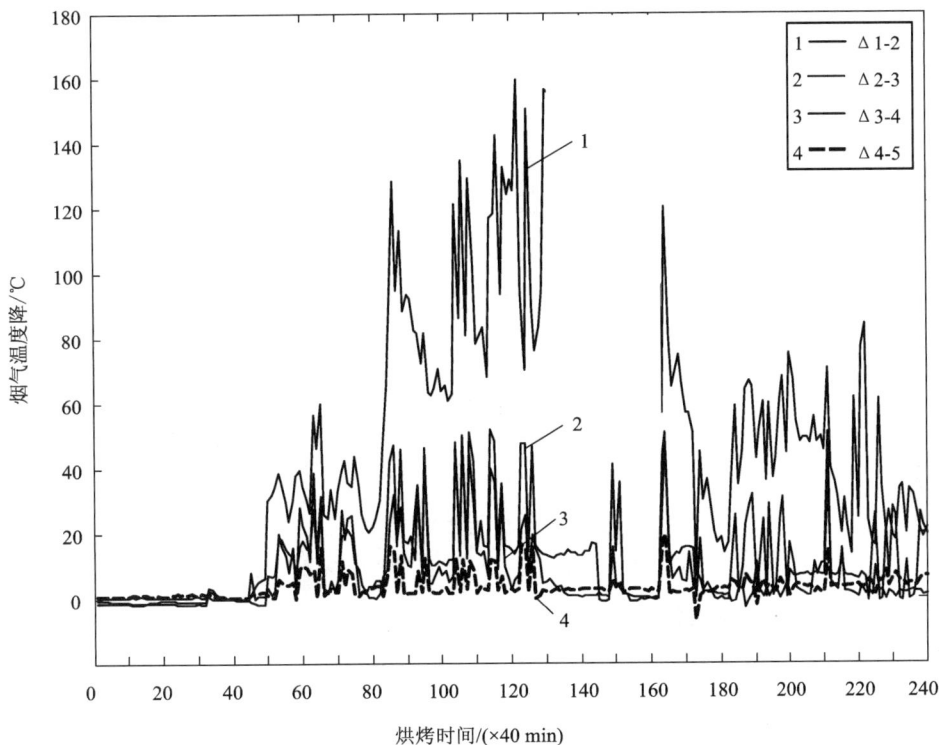

图 5 – 18 YJ02 密集烤房烟气温度降

（7 月 14—21 日）

图 5 – 19 为 7 月 7—13 日 YJ03 烤烟房烟气温度变化曲线。

分析图 5 – 19 可知：

①离炉烟气温度进口最高温度为 320℃，烟气温度属于中低温水平，换热单管无耐高温性能要求。

②烟气温度存在三个峰值，均发生在烟叶定色期。对比图 5 – 11，图 5 – 19 烘烤时间为 0 点对应于图 5 – 11 烘烤时间约 20 h。从图 5 – 11 和图 5 – 19 可看出，烟气最高温度发生在 48℃稳温和 48→53℃升温阶段，烟气最高温度左侧的峰值发生在 42℃稳温阶段，烟气最高温度右侧的峰值发生在 63℃稳温阶段末。

③第 5 层换热管出口烟气温度最高为 75.8℃，管内积留凝结水。

④第 4 排换热管出口烟气温度和第 5 排换热管出口烟气温度相差不大，可以去掉第 5 排换热管，以降低换热管占据的高度空间。

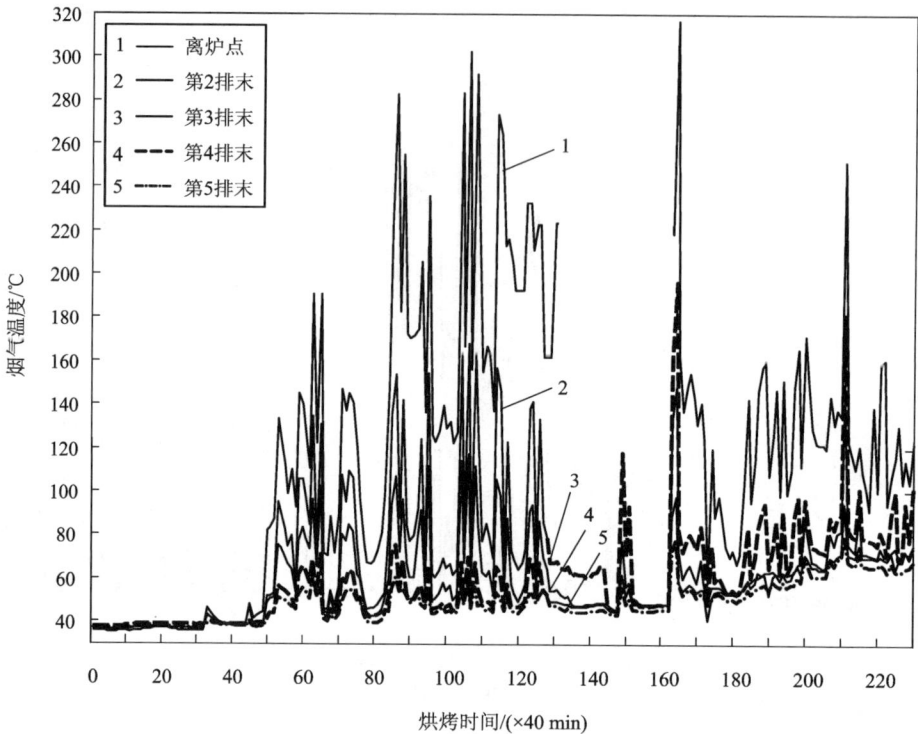

图 5 – 19 YJ03 密集烤房烟气进出口温度

（7 月 7—13 日）

图 5 – 20 为 7 月 7—13 日 YJ03 烤烟房烟气温度降变化曲线。

分析图 5 – 20 可知：

①第 1 排换热管烟气温度降最大，最高达 160℃；第 2、3 排换热管烟气温度降小于第 1 排换热管烟气温度降；第 4 排换热管烟气温度降最小（0 ~ 20℃），变化幅度最小，小于第 1、2、3 排换热管烟气温度降。

②烟气散热主要发生在前 4 排换热管，换热最多的是第 1 排换热管，其次是第 2 排和第 3 排换热管，再次是第 4 排换热管。第 5 排换热管可以拆除。

③结合图 5 – 11 和图 5 – 20，分析第 1 排换热管烟气温度降变化规律，不难看出，48℃稳温和 48→53℃升温阶段烟气温度降最大。

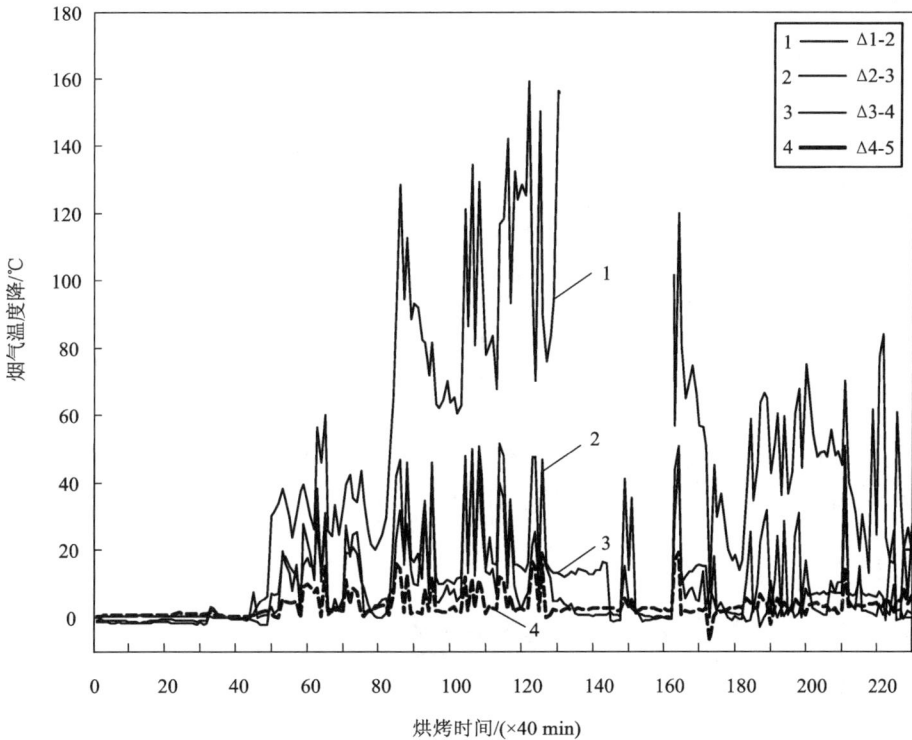

图 5 – 20　YJ03 密集烤房烟气温度降

（7 月 7—13 日）

图 5 – 21 为 7 月 16—23 日 YJ03 烤烟房烟气温度变化曲线。

分析图 5 – 21 可知：

①离炉烟气温度进口最高温度为 490℃，烟气温度属于中低温水平，换热单管无耐高温性能要求。

②烟气温度存在一个明显峰值，发生在烟叶变黄期。对比图 5 – 12，图 5 – 21 烘烤时间为 0 点对应于图 5 – 11 烘烤时间约 20 h。从图 5 – 12 和图 5 – 21 可看出，烟气最高温度发生在 38→40℃升温阶段，烟气最高温度右侧的烟气温度平稳，发生在 46→48→53→58℃阶段。

③第 5 层换热管出口烟气温度最高约 70℃，管内积留凝结水。

④第 4 排换热管出口烟气温度和第 5 排换热管出口烟气温度相差不大，可以去掉第 5 排换热管，以降低换热管占据的高度空间。

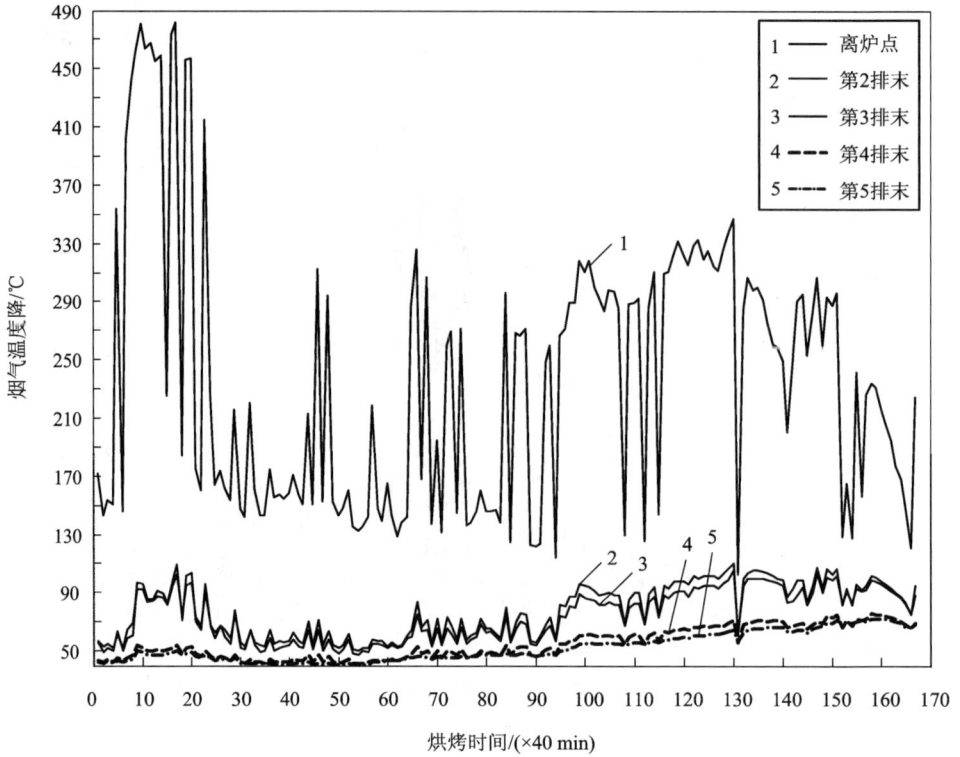

图 5 – 21 YJ03 密集烤房烟气进出口温度

（7 月 16—23 日）

图 5 – 22 为 7 月 14—21 日 YJ03 烤烟房烟气温度降变化曲线。

分析图 5 – 22 可知：

①第 1 排换热管烟气温度降最大，最高达 390℃；第 2 排换热管烟气温度降小于第 1 排换热管烟气温度降；第 3、4 排换热管烟气温度降最小（0 ~ 10℃），变化幅度最小，小于第 1、2 排换热管烟气温度降。

②烟气散热主要发生在前 3 排换热管，换热最多的是第 1 排换热管，其次是第 2 排换热管。第 4、5 排换热管可以拆除。

③结合图 5 – 12 和图 5 – 22，分析第 1 排换热管烟气温度降变化规律，不难看出，48℃稳温和 38→40℃升温阶段烟气温度降最大。

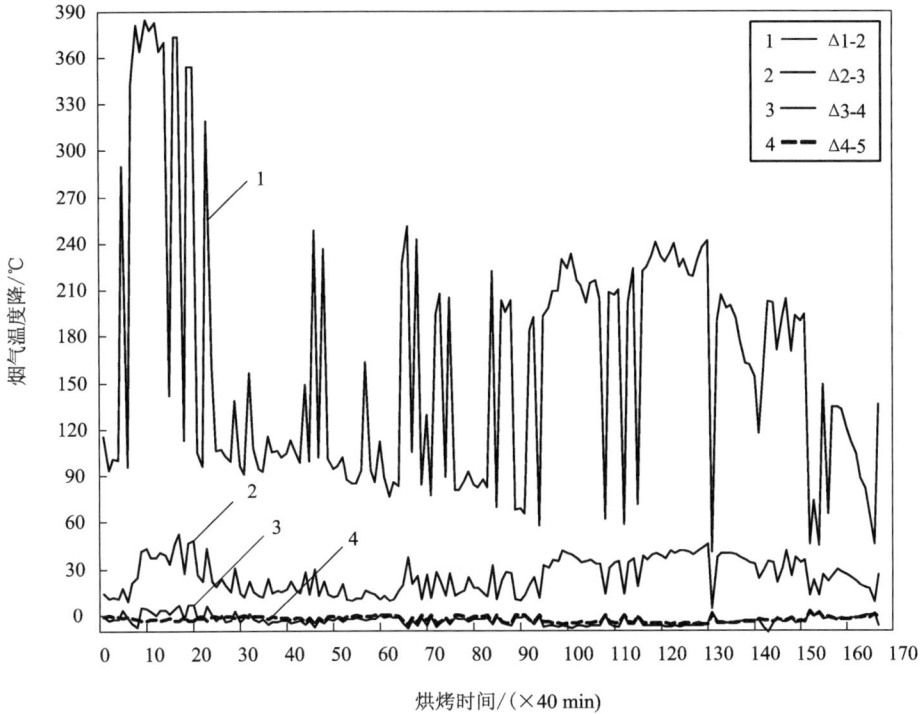

图 5 – 22　YJ03 密集烤房烟气温度降

（7 月 14—21 日）

5.4　反向燃烧热风炉热风温度变化

　　12 次烟叶烘烤试验中，记录了其中 4 次烘烤烤房送风温度和回风温度数据。烤烟房送、回风温度，可以反映烤烟房内热风温度水平，间接计算热风炉生成热风过程热效率、密集烤烟房热风 – 湿烟叶热湿交换过程热效率和烘烤过程综合热效率。

　　2 根 Pt100 铂电阻温度感应头分别伸入烤房送、回风口中心，2 根铂电阻采集到的瞬时温度信号全部输入同一个温度巡检仪中，温度采集时间间隔 40 min。

图 5-23 为 6 月 13—19 日 YJ02 烤烟房送、回风温度及热风温降变化曲线。

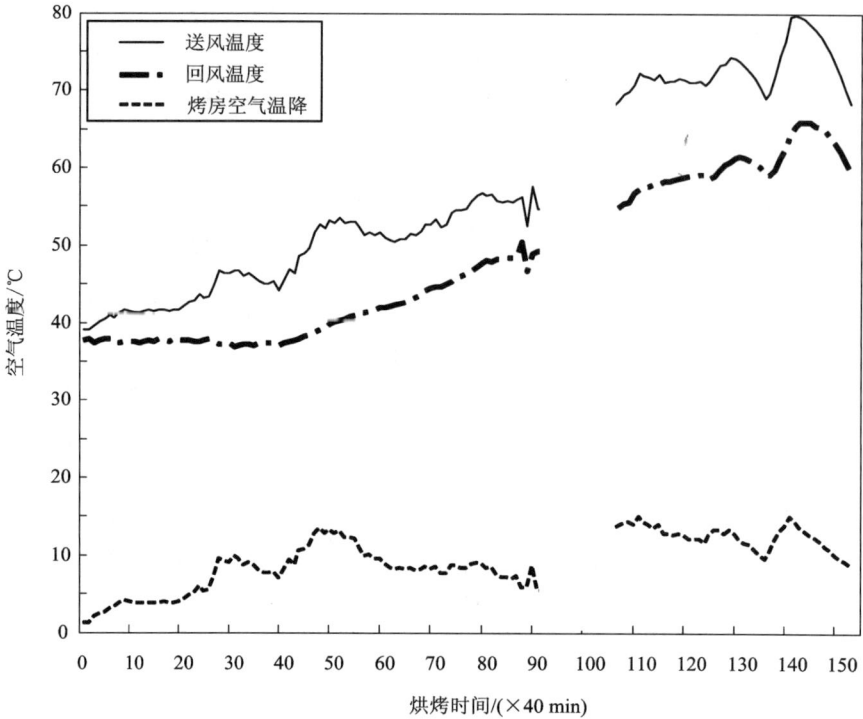

图 5-23 YJ02 烤烟房送、回风温度及热风温度降曲线

(6 月 13—19 日)

分析图 5-23 可知：随着变黄期→定色期→干茎期过程的进行，送风温度和回风温度都在缓慢上升，送、回风温度差从 38℃ 缓慢上升到 65℃，平均温度为 50℃。烤烟房内热风温度低于 80℃。

图 5-24 为 7 月 7—13 日 YJ02 烤烟房送、回风温度及热风温降变化曲线。

分析图 5-24 可知：随着变黄期→定色期→干茎期过程的进行，送风温度和回风温度都在缓慢上升，送、回风温度差从 40℃ 缓慢上升到 68℃，平均温度为 50℃。

图 5-25 为 7 月 14—21 日 YJ02 烤烟房送、回风温度及热风温降变化曲线。

分析图 5-25 可知：随着变黄期→定色期→干茎期过程的进行，送风温度和回风温度都在缓慢上升，送、回风温度差从 36℃ 缓慢上升到 68℃，平均温度为 50℃。

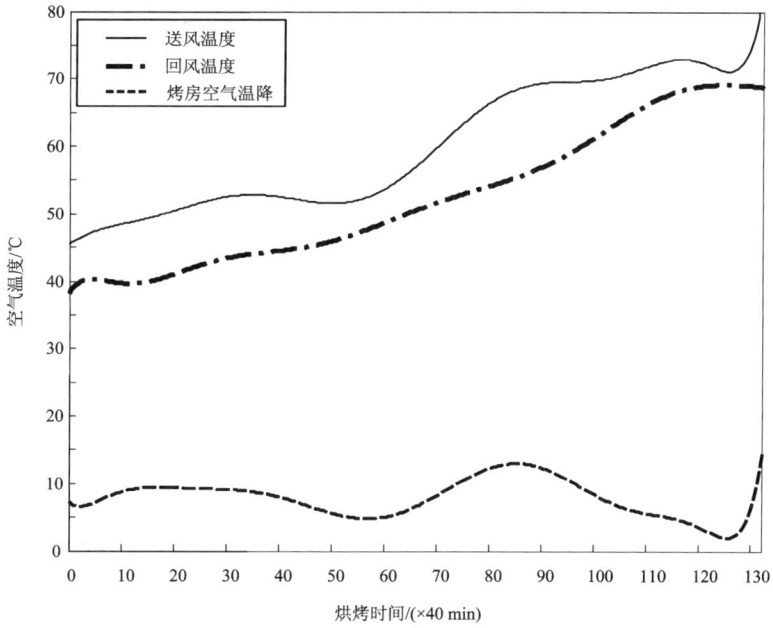

图 5 – 24　YJ02 烤烟房送、回风温度及热风温度降曲线

（7 月 7—13 日）

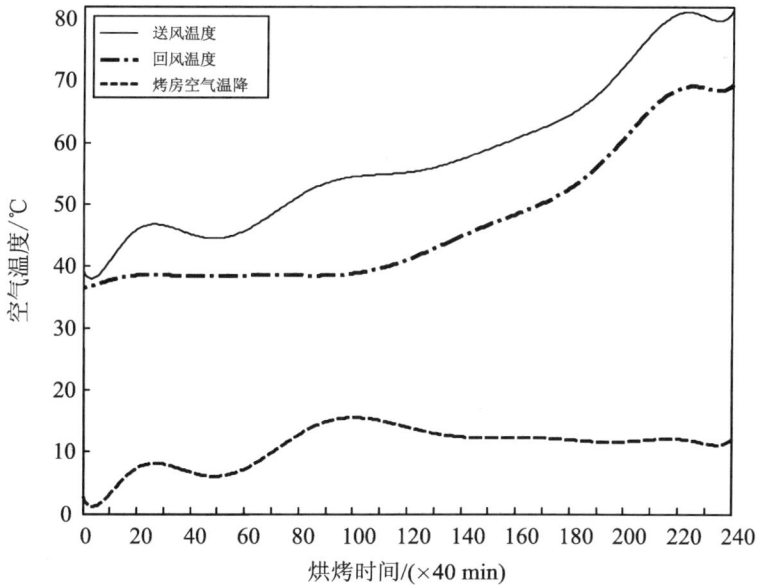

图 5 – 25　YJ02 烤烟房送、回风温度及热风温度降曲线

（7 月 14—21 日）

图 5 – 26 为 7 月 7—13 日 YJ03 烤烟房送、回风温度及热风温降变化曲线。

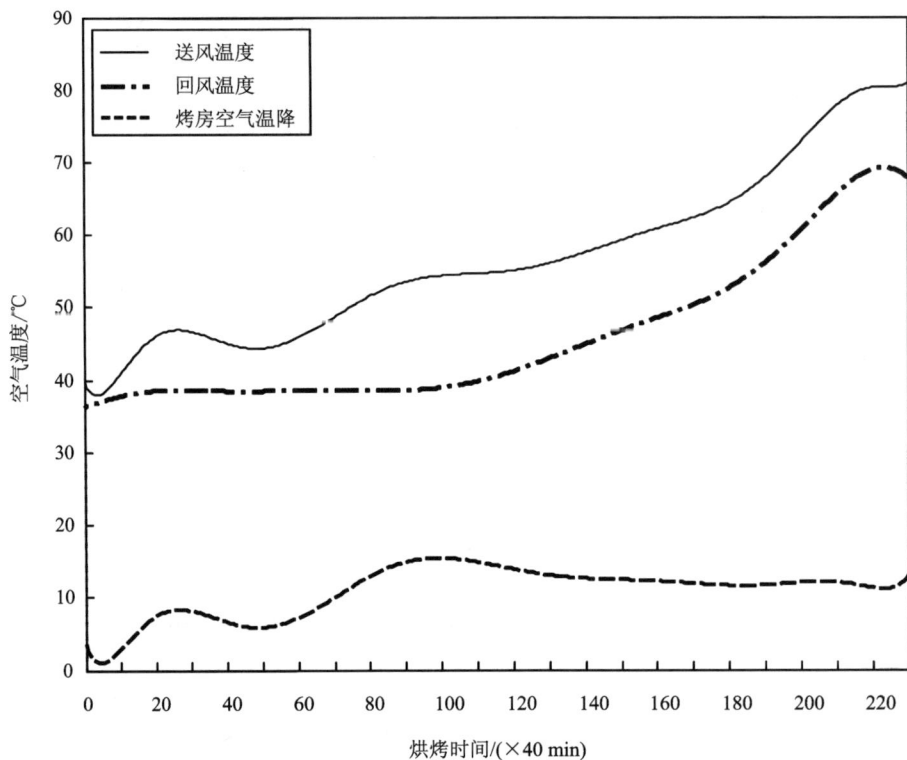

图 5 – 26　YJ03 烤烟房送、回风温度及热风温度降曲线

(7 月 7—13 日)

分析图 5 – 26 可知：随着变黄期→定色期→干茎期过程的进行，送风温度和回风温度都在缓慢上升，送、回风温度差从 36℃ 缓慢上升到 68℃，平均温度为 50℃。

5.5　反向燃烧热风炉炉门温度分布

12 次烟叶烘烤试验中，记录了其中 3 次烘烤反烧过程中炉门外壁面温度数据。炉门外壁面温度可以间接反映出炉煤燃烧情况、高温燃烧区移动方向和速度。

炉门内衬和炉壁内衬结构一样，均为 30 mm 厚的磷酸二氢铝质高温耐火层，不保温。炉内腔装满煤球后，操作拱筒沿两边内侧各堆置 2 排煤球，最上面一个煤球的顶层接近拱内壁，中间留出窄而高的矩形区，供炉内高温区向炉门辐射散热，使得炉门温度升高，并且使炉门外壁面各点温度和各点等高位置上的炉内煤床温度保持正相关关系。

炉门外壁面上圆弧边中间最高点即为测温第 1 点，该点竖直向下 100 mm 的位置点记为第 2 点，依次向下，直至第 8 点。第 1 点高度和炉煤床高度近似相等。第 1～8 点温度用接触式表面温度计（感温件为弧形铂片）手动间断测量。每次测量时记录对应的烤烟房干球温度设置值。以烤烟房干球温度设置值为横坐标，以各点温度值为纵坐标，绘制各点温度变化曲线图。

图 5 – 27 为 6 月 26 日—7 月 3 日 YJ02 热风炉炉门外壁面温度变化曲线。

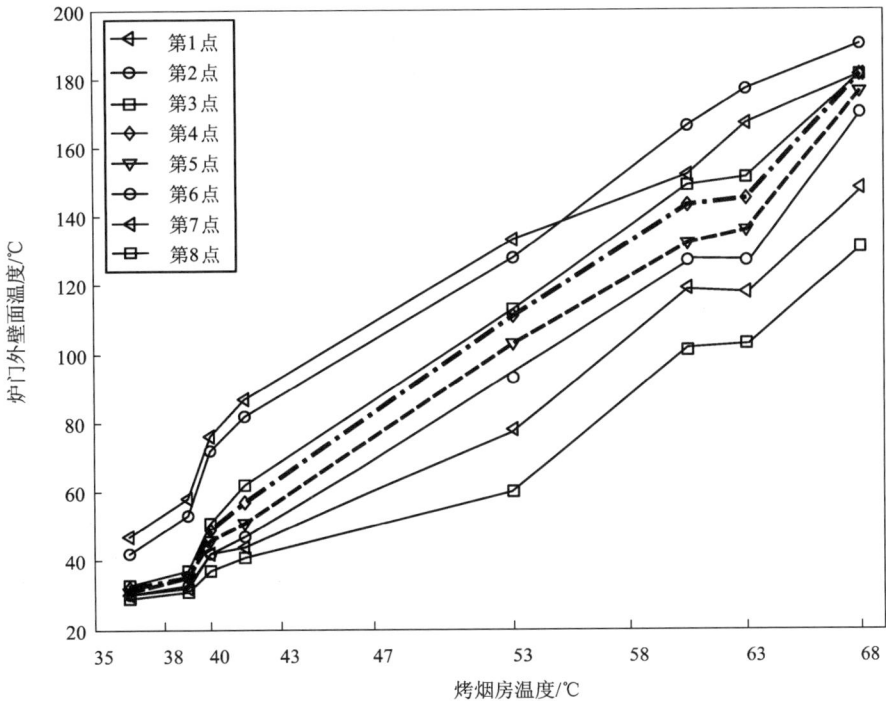

图 5 – 27　YJ02 烤房反向燃烧热风炉炉门外壁面温度变化曲线

（6 月 26 日—7 月 3 日）

分析图 5 – 27 可知：

①随着烘烤过程的进行，炉门外壁面各点温度是逐渐升高的。

②40℃以前的变黄期，炉门外壁面各点温度很低（低于 70℃），这间接说明炉内堆煤未发生高温燃烧，炉内低温和变黄期需要的供热量一致。和隧道式热风炉不同，隧道式热风炉在 40℃以前的变黄期要完成热风炉炉壁及换热管蓄热任务，点火启炉开始后就连续向炉内煤床鼓风，保持煤高温燃烧状态，存在变黄期

热量明显浪费问题。反向燃烧热风炉燃烧供热和烘烤工艺需要的供热是一致的。

③炉门外壁面最高温度位置点的变化能直接反映炉内高温燃烧区位置变化。在 53→58℃升温阶段以前，炉门外壁面温度分布一直保持第 1 点温度 > 第 2 点温度 > 第 3 点温度 > …… > 第 8 点温度的关系，这说明点火燃烧升温是从煤床顶部开始的，炉内高温区没有发生向下移动现象，始终位于炉内煤床顶部。58℃时第 2 点温度高于第 1 点温度，炉内高温区已经从第 1 点向下移动 100 mm 到第 2 点。

④变黄期炉门外壁面上下两点温度差小。干茎期炉腹顶部温度趋向均匀，底部上下两点温度差明显。58℃以后，在煤床顶面中途添加新煤球，新煤球进行正燃，使煤床温度分布均匀，炉腹底部未燃烧煤球继续进行反烧，保持原来上高下低的床温分布规律。

⑤58℃以前的反烧期，炉内竖直温度分布存在明显温度梯度，煤燃烧高温区始终处于煤床最顶层，高温区距离换热管近，保持了较高的换热效率。炉腹底部煤球一直处于较低温度状态，是炉渣夹杂未完全燃煤的主要原因，可以设计"长时间反烧 + 短时间正烧"或"烘烤剩煤移至下一炉装煤"等烘烤燃烧供热模式，以减少炉内煤不完全燃烧的热损失。

图 5 - 28 为 7 月 7—13 日 YJ02 热风炉炉门外壁面温度变化曲线。

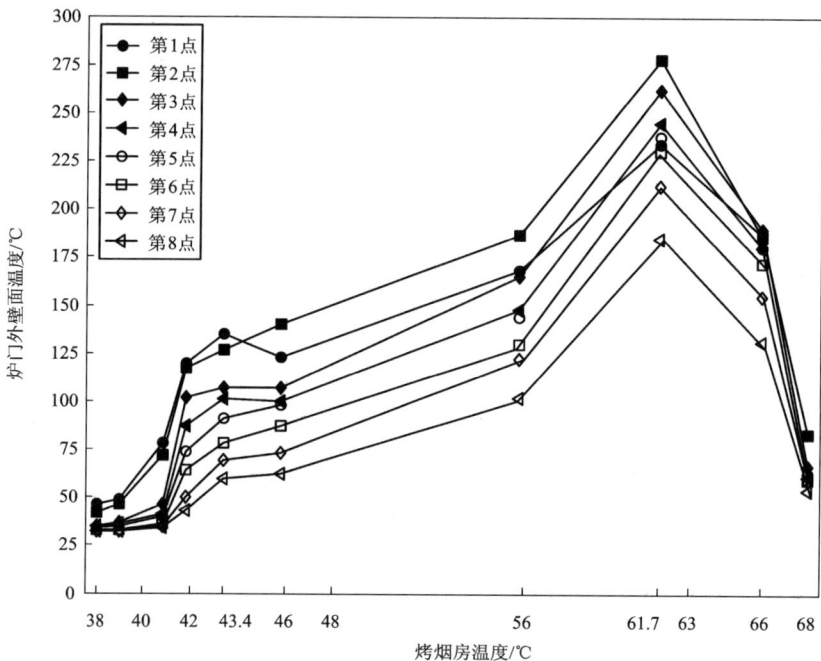

图 5 - 28　YJ02 烤房反向燃烧热风炉炉门外壁面温度变化曲线

(7 月 7—13 日)

分析图 5-29 可知：

①烤房热风干球温度 61.7℃以前，炉门外壁面各点温度逐渐升高。由于干茎期需要的燃烧供热量减少，61.7℃以后的炉温整体水平逐渐下降。

②烤房热风干球温度 40℃以前的变黄期，炉门外壁面各点温度很低（低于 75℃），间接说明炉内堆煤未发生高温燃烧，炉内低温和变黄期需要的供热量相一致，热风炉燃烧供热和烘烤工艺需要的供热是一致的。

③炉门外壁面最高温度位置点的变化能直接反映炉内高温燃烧区位置变化。烤房热风干球温度 43.4℃以前，炉门外壁面温度分布一直保持第 1 点温度 > 第 2 点温度 > 第 3 点温度 > …… > 第 8 点温度的关系，说明点火燃烧升温是从煤床顶部开始的，炉内高温区没有发生向下移动现象，始终位于炉内煤床顶部。46℃以后，第 2 点温度始终高于第 1 点温度，炉内高温区已经从第 1 点向下移动 100 mm 到第 2 点。56℃以后，第 3 点温度高于第 1 点温度，高温区已经向下移动。61.7℃以后，第 4 点温度高于第 2 点温度。46℃至 61.7℃之间的炉内温度分布，说明沿竖直方向炉内燃烧高温区拉长。

④变黄期炉门外壁面上下两点温度差小。干茎期炉腹顶部温度趋向均匀，底部与顶部温度差不明显，炉内煤球接近燃尽。烤房热风干球温度 63℃时，在煤床顶面中途添加新煤球，新煤球进行正燃，使炉腹上部温度分布均匀，最终保持比较均匀的床温分布规律，炉渣含碳量少，燃烧完全彻底。

⑤63℃以前的反烧期，炉内竖直温度分布存在明显温度梯度，煤燃烧高温区始终处于煤床最顶层，高温区距离换热管近，保持了较高的换热效率。

图 5-29 为 7 月 7—13 日 YJ03 热风炉炉门外壁面温度变化曲线。

分析图 5-29 可知：

①烤房热风干球温度 66.9℃以前，炉门外壁面各点温度逐渐升高。

②40℃以前的变黄期，炉门外壁面各点温度很低，间接说明炉内堆煤未发生高温燃烧，炉内低温和变黄期需要的供热量相一致，热风炉燃烧供热和烘烤工艺需要的供热是一致的。

③炉门外壁面最高温度位置点的变化能直接反映炉内高温燃烧区位置变化。66.9℃之前，炉门外壁面温度分布一直保持第 1 点温度 > 第 2 点温度 > 第 3 点温度 > …… > 第 8 点温度的关系，说明点火燃烧升温是从煤床顶部开始的，炉内高温区没有向下移动，始终位于炉内煤床顶部。

④变黄期炉门外壁面上下两点温度差小。63℃时，在煤床顶面中途添加新煤球，新煤球进行正燃，炉腹上部继续保持高温。

⑤63℃以前的反烧期，炉内竖直温度分布存在明显温度梯度，煤燃烧高温区始终处于煤床最顶层，高温区距离换热管近，保持了较高的换热效率。

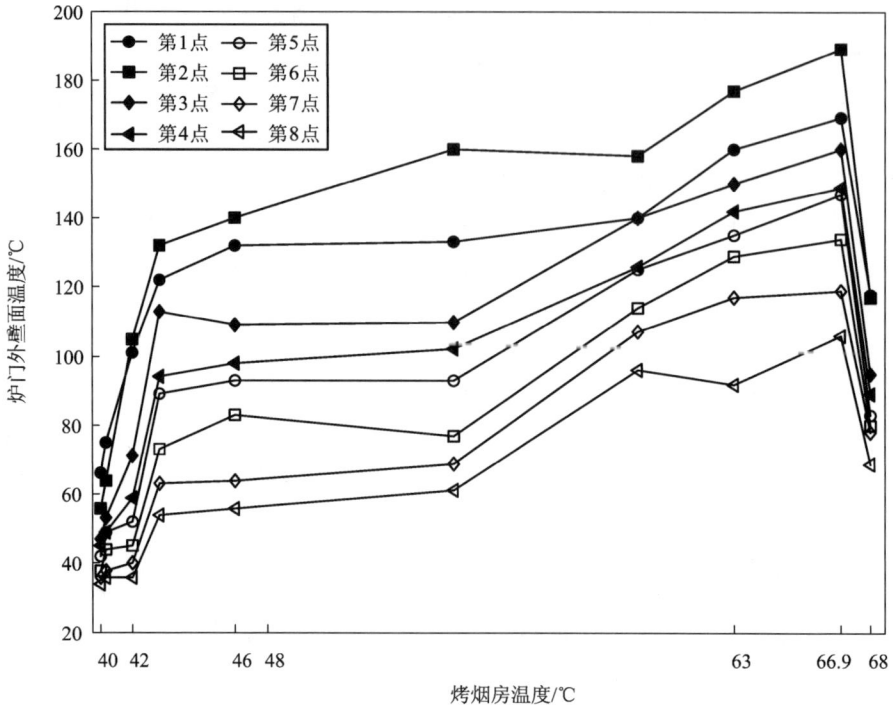

图 5 – 29 YJ03 烤房反向燃烧热风炉炉门外壁面温度变化曲线

（7 月 7—13 日）

5.6 反向燃烧热风炉烟气污染物排放特性

　　12 次烘烤试验中，记录了其中 8 次烘烤试验的烟气污染物（SO_2、NO_x、粉尘和 CO）排放浓度和烟气温度数据。测试 SO_2 和 NO_x 排放浓度，可以论证烟道系统设置脱硫脱硝装置的必要性。测试粉尘排放浓度，可以论证烟道系统设置除尘装置的必要性。测试 CO 排放浓度，可以分析炉内煤球燃烧完全程度，论证烘烤加工区（特别是热风炉操作区）发生 CO 中毒和炉内微爆的可能性。测试烟气温度，可以论证烟道系统设置降温装置的必要性。目前热风炉烟气经竖直排烟筒直接排入环境，未做烟气降温、脱硫脱硝和除尘处理。

　　烟气污染物排放浓度的主要影响因素包括助燃空气供应、煤球堆置、燃烧温度和燃料种类等。由于煤燃烧速度、放热量及燃烧温度在变黄期、定色期和干茎期各不相同,助燃空气间断性供给,煤球堆置难以做到煤床空隙率近似相等原因,热风炉烟气污染物排放浓度和含氧浓度不稳定,变化大。

参照《锅炉大气污染物排放标准》GB 13271—2014,每组烟气污染物排放浓度数据均折算到基准氧含量9%条件下对比分析,计算式为:

$$\rho = \rho' \times \frac{21 - \varphi_{O_2}}{21 - \varphi'_{O_2}}$$

式中:ρ 为烟气污染物基准氧含量9%时的排放浓度,mg/m^3;ρ' 为实测的烟气污染物排放浓度,mg/m^3;φ_{O_2} 为实测的烟气含氧体积浓度,%;φ'_{O_2} 为基准含氧体积浓度,%。

按照《锅炉大气污染物排放标准》GB 13271—2014,重点控制地区新建锅炉大气污染物排放浓度限值为:颗粒物30 mg/m^3,二氧化硫200 mg/m^3,氮氧化物200 mg/m^3,烟气林格曼黑度≤1。

烟气污染物测试仪器为(国产)TH-880F 微电脑烟尘采取分析仪和(国产)Sboard-3800P 型便携式红外烟气成分测试仪,取样位置为第5排换热管出口处或竖直排烟筒中上部。在烟叶烘烤过程中,每一稳温或升温阶段随机测试一组烟气成分。每测试一组烟气成分数据,都拉出分析仪取样杆,用环境空气进行清晰校正,防止传感器被污染而导致数据不准确。

每次记录含氧体积浓度最低值时的 SO_2、NO_x、粉尘和 CO 等烟气污染物成分数据。

表5-6为6月26日—7月3日YJ02烤烟房燃烧朝鲜风选无烟煤(烟煤引燃)时烟气污染物排放浓度测试数据整理结果。

表5-6显示了燃用朝鲜风选无烟煤、40℃稳温→68℃稳温阶段反向燃烧热风炉烟气成分测试结果。

表5-6 6月26日—7月3日 YJ02 烤房烟气污染物排放浓度

烘烤阶段 /℃	φ_{O_2} /%	按 GB 13271—2014 折算后的烟气成分浓度				烟气温度 /℃
		SO_2 /($mg \cdot m^{-3}$)	CO /($mg \cdot m^{-3}$)	NO_x /($mg \cdot m^{-3}$)	目测有无黑烟	
40 稳温	9.00	448	1462	23	无	44.0
40→43	14.61	116	1144	6	无	37.9
43 稳温	19.09	13	214	0	无	39.7
43→47	17.45	196	1619	10	无	35.9
47 稳温	10.79	60	639	4	无	58.2

续表 5-6

烘烤阶段 /℃	φ_{O_2} /%	按 GB 13271—2014 折算后的烟气成分浓度				烟气温度 /℃
		SO₂ /(mg·m⁻³)	CO /(mg·m⁻³)	NOₓ /(mg·m⁻³)	目测有无黑烟	
47→53	16.95	27	151	0	无	49.5
53 稳温	16.95	62	833	6	无	52.1
53→58	19.12	24	1404	0	无	57.9
58 稳温	18.68	107	1837	5	无	61.3
58→63	18.62	0	121	0	无	70.4
63 稳温	19.44	0	85	0	无	59.8
68 稳温	18.71	0	58	0	无	70.0

注:燃煤为朝鲜风选无烟煤。

分析表 5-6 可知:

①烟气 SO₂ 排放浓度小于 200 mg/m³,低于 GB 13271—2014 限值,无须烟气脱硫装置。40℃稳温时,SO₂ 排放为 448 mg/m³,可以理解为煤床顶层中心装有引火烟煤所致。

②烟气 NOₓ 排放浓度小于 25 mg/m³,低于 GB 13271—2014 限值,无须烟气脱硝装置。

③烟气 CO 排放浓度在 1000 mg/m³ 至 2000 mg/m³ 之间。

④目测无明显排烟(含白雾和黑烟)。

⑤烟气排放温度小于 70℃,无排烟热污染问题,但换热管内存在凝结水。

表 5-7 为 7 月 7—13 日 YJ02 烤烟房燃烧混合煤(烟煤引燃)时烟气污染物排放浓度测试数据整理结果。

表 5-7 显示了燃用朝鲜风选无烟煤与资兴烟煤之比为 1∶1 的混合煤、38℃稳温→68℃稳温阶段反向燃烧热风炉烟气成分测试结果。

表 5-7 7 月 7—13 日 YJ02 烤房烟气污染物排放浓度

烘烤阶段 /℃	φ_{O_2} /%	按 GB 13271—2014 标准折算后的烟气成分浓度				目测有无黑烟	烟气温度 /℃	燃烧效率 /%
		SO₂ /(mg·m⁻³)	CO /(mg·m⁻³)	NOₓ /(mg·m⁻³)	烟尘 /(mg·m⁻³)			
38 稳温	17.83	101	7000	37	149716	无	37.2	99.5
38→40	13.76	202	482.5	0	0	无	38.3	98.5

续表 5 - 7

烘烤阶段/℃	φ_{O_2}/%	按 GB 13271—2014 标准折算后的烟气成分浓度				目测有无黑烟	烟气温度/℃	燃烧效率/%
		SO₂/(mg·m⁻³)	CO/(mg·m⁻³)	NOₓ/(mg·m⁻³)	烟尘/(mg·m⁻³)			
40 稳温	—	—	—	—	—	—	—	—
40→42	11.08	263	3523	28	9852	无	42.3	97.3
42 稳温	15.99	122	401	22	3257	无	41.3	98.6
42→46	6.30	34	2376	7	3493	无	40.7	97.6
46 稳温	3.97	34	215	11	0	无	43.0	98.2
46→48	6.56	41	1069	18	10169	无	45.5	95.9
48 稳温	7.37	313	2564	18	5863	无	42.3	95.6
48→56	9.76	346	3108	20	—	无	52.9	94.8
56 稳温	4.81	0	1448	4	5022	无	56.9	95.3
56→63	10.95	232	2710	4	13185	无	63.1	93.5
63 稳温	15.25	264	6075	21	140729	无	60.6	94.1
63→68	8.34	180	2759	6	46414	无	64.5	92.4
68 稳温	12.92	105	4323	19	66142	无	66.0	89.2

注：燃煤为朝鲜风选无烟煤和资兴水洗烟煤按 1:1 混合后的混合煤。

分析表 5 - 7 可知：

①烟气 SO₂ 排放浓度为 200 ~ 350 mg/m³，超过 GB 13271—2014 限值，需要设置烟气脱硫装置进行燃烧后脱硫处理。

②烟气 NOₓ 排放浓度 < 25 mg/m³，低于 GB 13271—2014 限值，无须烟气脱硝装置。

③烟气 CO 排放浓度为 2000 ~ 4000 mg/m³，约为燃用朝鲜风选无烟煤时的 2 倍。

④目测无明显排烟（含白雾和黑烟）。

⑤烟气排放温度 < 66℃，无排烟热污染问题，但换热管内存在凝结水。

表 5 - 8 为 7 月 14—21 日 YJ02 烤烟房燃用朝鲜风选无烟煤（烟煤引燃）时烟气污染物排放浓度测试数据整理结果。

表 5 - 8 显示了燃用朝鲜风选无烟煤、36℃升温→68℃稳温阶段反向燃烧热风炉烟气成分测试结果。

表 5-8 7 月 14—21 日 YJ02 烤房烟气污染物排放浓度

烘烤阶段/℃	φ_{O_2}/%	按 GB 13271—2014 标准折算后的烟气成分浓度				目测有无黑烟	烟气温度/℃	燃烧效率/%
		SO₂/(mg·m⁻³)	CO/(mg·m⁻³)	NO$_x$/(mg·m⁻³)	烟尘/(mg·m⁻³)			
36→38	19.19	29	3067	29	79787	无	35.6	99.8
38 稳温	19.70	138	2714	39	65512	无	37.1	94.9
38→40	19.00	35	—	23	26938	无	35.3	96.8
40 稳温	19.911	33	1309	47	208432	无	38.7	93.8
40→42	18.35	112	3233	30	34351	无	36.3	97.5
42 稳温	14.44	17	1896	11	125928	无	39.3	96.9
42→46	18.12	75	1380	21	—	无	39.5	96.7
46 稳温	17.98	76	1567	44	54266	无	39.9	96.8
46→48	20.03	62	1272	37	151979	无	41.8	86.7
48 稳温	19.35	87	1957	22	102262	无	42.8	93.9
53 稳温	20.47	84	1506	14	34559	无	47.6	67.3
53→58	20.78	218	3433	55	133196	无	49.1	46.6
58 稳温	15.56	35	1185	8	19833	无	52.3	96.6
58→63	17.22	0	892	4	14447	无	57.8	93.7
63 稳温	19.51	168	9048	48	45276	无	57.3	84.9
63→68	20.69	0	116	93418	无	63.5	87.6	
68 稳温	6.24	11	1476	2	2074	无	61.9	89.9

注：燃煤为朝鲜风选无烟煤。

分析表 5-8 可知：

①烟气 SO₂ 排放浓度小于 200 mg/m³，低于 GB 13271—2014 限值，无须烟气脱硫装置。40℃稳温时，SO₂ 排放浓度为 448 mg/m³，可以理解为煤床顶层中心装有引火烟煤所致。

②烟气 NO$_x$ 排放浓度小于 50 mg/m³，低于 GB 13271—2014 限值，无须烟气脱硝装置。

③烟气 CO 排放浓度在 1000 mg/m³ 至 2000 mg/m³ 之间。36→38℃升温、38℃稳温和 40→42℃升温阶段 CO 排放浓度超过 2000 mg/m³，可以解释为引燃用烟煤所致。53→58℃升温和 63℃稳温阶段 CO 排放浓度超过 2000 mg/m³，可以解

释为中途向炉内投加了稳燃用资兴烟煤所致。

④目测无明显排烟(含白雾和黑烟)。

⑤烟气排放温度 < 63.9℃，无排烟热污染问题，但换热管内存在凝结水。

表 5 - 9 为 6 月 28 日—7 月 5 日 YJ03 烤烟房燃用朝鲜风选无烟煤(烟煤引燃)时烟气污染物排放浓度测试数据整理结果。

表 5 - 9 显示了燃用朝鲜风选无烟煤、34℃升温→54℃稳温阶段反向燃烧热风炉烟气成分测试结果。

表 5 - 9 6 月 28 日—7 月 5 日 YJ03 烤房烟气污染物排放浓度

烘烤阶段/℃	φ_{O_2} /%	按 GB 13271—2014 标准折算后的烟气成分浓度			目测有有无黑烟	烟气温度/℃
		SO_2 /(mg·m^{-3})	CO /(mg·m^{-3})	NO_x /(mg·m^{-3})		
34→36	7.80	821	1355	39	否	36.6
36 稳温	18.95	65	549	12	否	38.0
36→38	19.42	239	1381	16	否	33.5
38 稳温	11.09	22	303	1	否	41.6
38→40	14.96	91	1331	6	否	56.7
40 稳温	18.10	161	364	9	否	53.5
40→42	18.92	58	531	6	否	44.9
42 稳温	15.57	217	1729	18	否	49.2
42→46	18.86	0	757	0	否	45.1
46 稳温	18.89	0	307	0	否	53.7
46→48	19.18	0	105	0	否	50.0
48 稳温	17.30	58	483	3	否	45.5
48→54	18.98	0	220	0	否	46.5
54 稳温	18.51	0	178	0	否	54.9

注:燃煤为朝鲜风选无烟煤。

分析表 5 - 9 可知:

①烟气 SO_2 排放浓度在 200 mg/m^3 至 300 mg/m^3 范围,低于一般地区 GB 13271—2014 限值,但高于重点地区 GB 13271—2014 限值。34→36℃升温阶段时,SO_2 排放浓度为 821 mg/m^3,可以理解为煤床顶层中心装有引火烟煤所致。

②烟气 NO$_x$ 排放浓度小于 50 mg/m³，低于 GB 13271—2014 限值，无须烟气脱硝装置。

③烟气 CO 排放浓度在 1000 mg/m³ 至 2000 mg/m³ 之间。

④目测无明显排烟(含白雾和黑烟)。

⑤烟气排放温度 <56.7℃，无排烟热污染问题，但换热管内存在凝结水。

表 5-10 为 7 月 7—13 日 YJ03 烤烟房燃用朝鲜风选无烟煤(烟煤引燃)时烟气污染物排放浓度测试数据整理结果。

表 5-10 显示了燃用朝鲜风选无烟煤、40℃升温→63℃升温阶段反向燃烧热风炉烟气成分测试结果。

表 5-10　7 月 7—13 日 YJ03 烤房烟气污染物排放浓度

烘烤阶段/℃	φ_{O_2}/%	按 GB 13271—2014 标准折算后的烟气成分浓度				目测有有无黑烟	烟气温度/℃	燃烧效率/%
		SO$_2$/(mg·m⁻³)	CO/(mg·m⁻³)	NO$_x$/(mg·m⁻³)	烟尘/(mg·m⁻³)			
40 稳温	1.62	130	1139	24	0	否	41.6	99.5
40→42	0.48	193	1704	71	2759	否	49.3	99.5
42 稳温	0.00	214	1664	16	462	否	44.2	99.6
42→46	3.20	126	1089	30	21	否	34.6	99.7
46 稳温	3.62	147	1987	18	0	否	42.0	99.5
46→48	3.97	60	1405	28	169	否	41.1	99.3
48 稳温	5.59	169	2253	23	3096	否	38.3	99.1
48→53	6.36	146	2055	22	79	否	50.6	98.9
53 稳温	5.30	155	1842	26	431	否	49.5	99.2
53→63	6.36	143	1766	7	7942	否	45.3	99.1
63 稳温	3.13	23	1833	15	5820	否	63.1	98.7
63→68	8.17	0	2432	3	5714	否	53.9	97.3

注：燃煤为朝鲜风选无烟煤。

分析表 5-10 可知：

①烟气 SO$_2$ 排放浓度小于 200 mg/m³，低于重点地区 GB 13271—2014 限值，无须烟气脱硫装置。

②烟气 NO$_x$ 排放浓度小于 50 mg/m³，低于 GB 13271—2014 限值，无须烟气脱硝装置。

③烟气 CO 排放浓度基本在 1000 mg/m³ 至 2000 mg/m³ 之间。63→38℃升温阶段 CO 排放浓度略超过 2000 mg/m³，可以解释为中途向炉内投加了朝鲜无烟煤球组织暗火正燃所致。

④目测无明显排烟（含白雾和黑烟）。

⑤烟气排放温度＜63.1℃，无排烟热污染问题，但换热管内存在凝结水。

表 5 - 11 为 7 月 16—23 日 YJ03 烤烟房燃用朝鲜风选无烟煤（烟煤引燃）时烟气污染物排放浓度测试数据整理结果。

表 5 - 11 显示了燃用涟源无烟煤、38℃稳温→68℃稳温阶段反向燃烧热风炉烟气成分测试结果。

表 5 - 11 7 月 16—23 日 YJ03 烤房烟气污染物排放浓度

烘烤阶段/℃	φ_{O_2}/%	按 GB 13271—2014 标准折算后的烟气成分浓度				目测有有无黑烟	烟气温度/℃	燃烧效率/%
		SO_2/(mg·m⁻³)	CO/(mg·m⁻³)	NO_x/(mg·m⁻³)	烟尘/(mg·m⁻³)			
38 稳温	17.70	0	1586	11	1202	无	37.8	97.6
38→40	14.70	93	668	23	56106	无	41.4	95.3
40 稳温	19.09	50	1407	19	7918	无	41.8	97.3
40→42	20.10	80	1003	40	82548	无	50.1	85.2
42 稳温	15.28	44	1175	26	84819	无	38.1	94.0
42→46	19.97	62	728	37	99793	无	37.6	92.7
46 稳温	19.57	0	1249	10	129483	无	44.8	86.2
46→48	8.76	0	2131	13	45516	无	51.4	93.7
48 稳温	19.77	0	1639	20	7803	无	48.3	91.6
48→53	13.97	165	533	71	126142	无	48.3	59.5
53 稳温	5.97	220	1974	15	7382	无	43.4	99.4
53→58	8.16	154	2614	15	16795	无	53.8	98.9
58 稳温	9.23	125	2032	10	1913	无	50.3	98.5
58→63	13.21	29	2713	12	4137	无	49.7	97.3
63 稳温	16.98	12	7165	13	23392	无	47.3	96.6
63→68	9.92	195	1973	14	45015	无	44.9	73.6
68 稳温	16.32	27	1608	27	34408	无	53.0	67.5

注：燃煤为涟源无烟煤。

分析表 5-11 可知:

①烟气 SO₂ 排放浓度小于 200 mg/m³，低于重点地区 GB 13271—2014 限值，无须烟气脱硫装置。

②烟气 NO$_x$ 排放浓度小于 80 mg/m³，低于 GB 13271—2014 限值，无须烟气脱硝装置。

③烟气 CO 排放浓度基本在 1000 mg/m³ 至 2000 mg/m³ 之间。58→63℃升温及 63℃稳温阶段 CO 排放浓度超过 2000 mg/m³，可以解释为中途向炉内投加了涟源无烟煤球组织暗火正燃所致。

④目测无明显排烟(含白雾和黑烟)。

⑤烟气排放温度 <53.8℃，无排烟热污染问题，但换热管内存在凝结水。

表 5-12 为 7 月 14—23 日 YJ04 烤烟房燃用朝鲜风选无烟煤(烟煤引燃)时烟气污染物排放浓度测试数据整理结果。

表 5-12 7 月 14—23 日 YJ04 烤房烟气污染物排放浓度

烘烤阶段/℃	φ_{O_2}/%	按 GB 13271—2014 标准折算后的烟气成分浓度				目测有有无黑烟	烟气温度/℃	燃烧效率/%
		SO₂/(mg·m⁻³)	CO/(mg·m⁻³)	NO$_x$/(mg·m⁻³)	烟尘/(mg·m⁻³)			
37 稳温	16.73	48	1915	34	40980	无	36.5	99.1
37→38	17.90	0	5381	20	16252	无	34.9	97.5
38 稳温	19.19	17	449	26	48666	无	36.3	96.5
38→40	19.35	215	2713	35	129989	无	36.9	94.7
40 稳温	10.05	39	1959	23	11996	无	43.3	99.4
40→42	19.77	295	1978	29	90425	无	37.0	90.7
42 稳温	18.96	112	312	40	558223	无	38.3	93.9
42→46	16.90	187	2178	68	35845	无	45.7	98.0
46 稳温	19.32	79	2301	34	59144	无	43.4	90.0
46→52	20.04	13	1563	13	182076	无	48.3	80.8
52 稳温	20.80	120	1365	60	387256	无	51.1	88.9
52→61	15.26	10	5967	10	6725	无	58.8	96.1
61 稳温	13.60	0	1098	3	9140	无	61.4	89.9
61→68	14.10	0	1533	7	27541	无	56.0	96.0
68 稳温	16.79	0	8135	11	54748	无	67.8	92.4

注:燃煤为朝鲜风选无烟煤。

分析表 5 - 12 可知：

①烟气 SO_2 排放浓度在 200 至 300 mg/m^3 范围，低于一般地区 GB 13271—2014 限值，但高于重点地区 GB 13271—2014 限值。

②烟气 NO_x 排放浓度小于 70 mg/m^3，低于 GB 13271—2014 限值，无须烟气脱硝装置。

③烟气 CO 排放浓度基本在 1000 至 2000 mg/m^3 之间。46℃稳温、52→61℃升温及 68℃稳温阶段 CO 排放浓度超过 2000 mg/m^3，可以解释为中途向炉内腔投加了朝鲜无烟煤球组织暗火正燃所致。

④目测无明显排烟（含白雾和黑烟）。

⑤烟气排放温度小于 67.8℃，无排烟热污染问题，但换热管内存在凝结水。

表 5 - 13 为 6 月 1—6 日 YJ02 烤房燃用资兴水洗烟煤时烟气污染物排放浓度测试数据整理结果。

表 5 - 13 显示了燃用资兴水洗烟煤、48℃稳温→68℃稳温阶段反向燃烧热风炉烟气成分测试结果。

表 5 - 13　6 月 1—6 日 YJ02 烤房烟气污染物排放浓度

烘烤阶段 /℃	φ_{O_2} /%	按 GB 13271—2014 算后的烟气成分浓度			
		SO_2 /(mg·m^{-3})	NO /(mg·m^{-3})	CO /(mg·m^{-3})	CO_2 /(mg·m^{-3})
48 稳温	2.80	518	59	2146	12.2
48→53	3.29	583	75	1565	12.1
53 稳温	4.97	920	50	1752	12.2
53→61	5.81	1108	80	1552	12.1
61 稳温	14.41	831	135	5363	12.3
61→68	4.71	425	65	3369	12.3
68 稳温	7.43	388	68	5539	12.4

注：燃煤为资兴水洗烟煤。

分析表 5 - 13 可知：

①烟气 SO_2 排放浓度大于 300 mg/m^3，高于 GB 13271—2014 限值，需设置烟气脱硫装置。

②烟气 NO_x 排放浓度小于 140 mg/m^3，低于 GB 13271—2014 限值，无须烟气脱硝装置。

③烟气 CO 排放浓度基本在 3300 至 5500 mg/m^3 之间，高于燃用朝鲜无烟煤

时烟气 CO 排放浓度,略高于燃用混合煤(朝鲜无烟煤与资兴烟煤比为 1∶1)烟气 CO 排放浓度。

④目测无明显排烟(含白雾和黑烟)。

表 5 - 14 为 6 月 6—12 日 YJ05 烤烟房隧道式热风炉燃用朝鲜无烟煤时烟气污染物排放浓度测试数据整理结果。

表 5 - 14 6 月 6—12 日 YJ05 烤房烟气污染物排放浓度

烘烤阶段/℃	φ_{O_2}/%	按 GB 13271—2014 标准折算后的烟气成分浓度			φ_{CO_2}/%
		SO_2/(mg·m⁻³)	CO/(mg·m⁻³)	NO/(mg·m⁻³)	
38	9.49	36	9796	51	8.9
38→40	12.70	0	14394	41	8.2
40	17.35	29	16110	160	4.2
40→42	11.74	98	12933	58	8.9

注:燃煤为朝鲜风选无烟煤,热风炉类型为隧道式热风炉。

分析表 5 - 14 可知:

①烟气 SO_2 排放浓度小于 200 mg/m³,低于 GB 13271—2014 限值,无须烟气脱硫装置。

②烟气 NO_x 排放浓度小于 140 mg/m³,低于 GB 13271—2014 限值,无须烟气脱硝装置。

③烟气 CO 排放浓度在 10000 至 16000 mg/m³ 之间,约为反向燃烧热风炉燃用朝鲜无烟煤时烟气 CO 排放浓度的 10 倍,存在明显的烟气 CO 不完全燃烧损失,存在 CO 爆燃、CO 中毒等不安全隐患。

表 5 - 15 为 6 月 6—12 日 YJ12 烤烟房隧道式热风炉燃用涟源无烟煤时烟气污染物排放浓度测试数据整理结果。

表 5 - 15 6 月 6—12 日 YJ12 烤房烟气污染物排放浓度

烘烤阶段/℃	φ_{O_2}/%	按 GB 13271—2014 标准折算后的烟气成分浓度			φ_{CO_2}/%
		SO_2/(mg·m⁻³)	CO/(mg·m⁻³)	NO/(mg·m⁻³)	
38 稳温	12.30	104	9476	130	8.40
40 稳温	11.20	170	2357	98	9.70
40→42	10.29	274	3351	110	10.56

注:燃煤为涟源无烟煤、小孔蜂窝煤,热风炉类型为隧道式热风炉。

分析表 5 - 15 可知:

①SO_2 排放浓度在 200 mg/m³ 至 300 mg/m³ 范围,低于一般地区 GB 13271—2014 限值,但高于重点地区 GB 13271—2014 限值。

②NO_x 排放浓度小于 130 mg/m³,低于 GB 13271—2014 限值,无须烟气脱硝装置。

③CO 排放浓度在 3300 mg/m³ 至 9500 mg/m³ 之间,约为反向燃烧热风炉燃用朝鲜无烟煤时 CO 排放浓度的 4 倍,存在 CO 不完全燃烧损失,以及 CO 爆燃和 CO 中毒等安全隐患。

表 5 - 16 为 6 月 5—11 日 YJ20 烤烟房隧道式热风炉燃用涟源无烟煤时烟气污染物排放浓度测试数据整理结果。

表 5 - 16 6 月 5—11 日 YJ20 烤房烟气污染物排放浓度

烘烤阶段 /℃	φ_{O_2} /%	按 GB 13271—2014 标准折算后的烟气成分浓度			φ_{CO_2} /%
		SO_2 /(mg·m⁻³)	CO /(mg·m⁻³)	NO /(mg·m⁻³)	
38 稳温	19.95	4317	5726	631	1.31
38→40	10.84	5726	5034	146	7.38

注:燃煤为涟源无烟煤、大孔蜂窝煤,热风炉类型为隧道式热风炉。

分析表 5 - 16 可知:

①SO_2 排放浓度远远大于 300 mg/m³,远高于一般地区 GB 13271—2014 限值,需设置烟气脱硫装置。

②NO_x 排放浓度大于 130 mg/m³,高于 GB 13271—2014 限值,需设置烟气脱硝装置。

③CO 排放浓度为 5000~5700 mg/m³,约为反向燃烧热风炉燃用朝鲜无烟煤时 CO 排放浓度的 3.5 倍,存在 CO 不完全燃烧损失,以及 CO 爆燃和 CO 中毒等安全隐患。

5.7 反向燃烧热风炉综合经济技术指标统计

反向燃烧热风炉综合经济技术指标统计见表 5 - 17。

表 5 - 17　烘烤烟叶质量、加工效率及单位干烟叶能源消耗数据统计

工况	烟叶质量				加工效率		
	干烟叶 /kg	湿烟叶 /kg	干烟率 /%	含水 /kg	用时 /天	干烟叶 /(s·kg^{-1})	湿烟叶 /(s·kg^{-1})
A	400.00	3147.30	12.71	2747.30	5.2	46.8	1123
B	555.87	3338.66	16.65	2782.79	6.5	42.1	1010
C	606.28	3467.00	17.49	2860.72	5.5	32.7	784
D	526.80	2976.00	17.70	2449.20	6.7	45.8	1099
E	322.48	1796.48	17.95	1474.00	5.0	55.8	1340
F	454.59	2597.47	17.50	2142.88	6.6	52.3	1254
G	543.50	2906.00	18.70	2362.50	5.5	36.4	874
H	482.00	2463.00	19.57	1981.00	6.6	49.3	1183
I	767.68	5480.30	14.01	4712.62	7.2	33.8	810
J	734.60	4826.10	15.22	4091.50	8.4	41.2	988
K	504.18	3025.94	16.66	2521.76	6.8	48.2	1157
L	304.60	3183.74	9.57	2879.14			
M	239.22	2491.77	9.60	2252.55			
N	279.64	2411.99	11.59	2132.35			
合计	6721.44	44111.75		37390.31			

注: 加工效率干烟叶/(s·kg^{-1})表示加工 1 kg 干烟叶耗工时数(s)。

续表 5-17

工况	无烟煤消耗 煤球/个	散煤/kg	球密度/(kg·个⁻¹)	低热值/(kcal·kg⁻¹)	折标煤/kgce	烟煤消耗 煤球/个	散煤/kg	球密度/(kg·个⁻¹)	低热值/(kcal·kg⁻¹)	折标煤/kgce	耗电/kW·h	总耗能/kgce	总成本/元	电耗单耗 干烟叶/(kW·h·kg⁻¹)	湿烟叶/(kW·h·kg⁻¹)	单位成本 干烟叶/(元·kg⁻¹)	湿烟叶/(元·kg⁻¹)	综合能耗单耗 干烟叶/(kgce·kg⁻¹)	湿烟叶/(kgce·kg⁻¹)	综合热效率/%	相对热效率/%
A	113	4.5	0.948	5875	93.684	538	12.00	0.72	6269.5	357.684	178.0	473.245	554.3	0.445	0.057	1.39	0.18	1.183	0.150	49.52	19.00
B	548		0.948	5875	436.012	65	6.32	0.72	6269.5	47.577	175.9	505.207	562.0	0.316	0.053	1.01	0.17	0.909	0.151	46.99	12.92
C	426 / 150	−28	0.948 / 0.86	5875 / 6072	427.342	28		0.72	6269.5	18.056	170.9	466.402	529.8	0.282	0.049	0.87	0.15	0.769	0.135	52.32	25.74
D	439		0.948	5875	349.287	30	8.00	0.72	6269.5	26.511	174.0	397.183	457.7	0.330	0.058	0.87	0.15	0.754	0.133	52.60	26.41
E	285		0.948	5875	226.758	84		0.72	6269.5	54.168	152.8	299.706	359.6	0.474	0.085	1.12	0.20	0.929	0.167	41.95	0.82
F	373		0.948	5875	296.775	57	2.50	0.72	6269.5	38.996	153.5	354.636	409.8	0.338	0.059	0.90	0.16	0.780	0.137	51.54	23.87
G	523	−4.18	0.948	5875	412.613	25		0.72	6269.5	16.122	168.9	449.492	505.9	0.311	0.058	0.93	0.17	0.827	0.155	44.83	7.74
H	779		0.85	4532	428.695	41		0.72	6269.5	26.439	201.0	479.837	615.2	0.417	0.082	1.28	0.25	0.996	0.195	35.22	−15.37
I	564 / 500		0.948 / 0.86	5875 / 6072	821.737	221		0.72	6269.5	142.515	518.0	1027.914	1237.7	0.675	0.095	1.61	0.23	1.339	0.188	39.11	−6.02
J	982		0.948	5875	781.321	80	6.06	0.72	6269.5	57.017	633.8	916.232	1170.6	0.863	0.131	1.59	0.24	1.247	0.190	38.09	−8.46
K	601		0.948	5875	478.181	20		0.72	6269.5	12.897	210.5	516.949	588.5	0.418	0.070	1.17	0.19	1.025	0.171	41.61	0.00
L	155		0.948	5875	123.325	530	10.00	0.72	6269.5	350.734	175.0	495.566	574.4	0.575	0.055	1.89	0.18	1.627	0.156	49.56	19.10
M	455		0.948	5875	362.018		70.00	0.72	6269.5	62.695	175.0	446.220	493.99	0.732	0.070	2.07	0.20	1.865	0.179	43.06	3.48
N	600		0.948	5875	477.386			0.72	6269.5		175.0	498.893	553.34	0.626	0.073	1.98	0.23	1.784	0.207	36.46	−26.43
合计	7493	−28			5715	1719	115			1211	3262	7327	8613								

5.8 反向燃烧热风炉运行故障

反向燃烧热风炉运行故障有以下几种。

(1)耐火内衬塌裂。

原因是:升温速度过快,特别是第一次使用之前,耐火内衬加固措施不起作用。

(2)排湿期间炉温骤升,湿球温度过高导致控制器报警。

原因是:进风口挡板卡死,或挡板驱动电机烧毁,支撑不了挡板并挡板复原,此时打开进风门后,干球温度骤降,会出现干球温度过低而报警的故障。

(3)旋风室内衬出现黑色。

原因是:煤球之间缝隙明显,明火已窜入煤球层内部,无明火直接照射至炉内衬,明火被黑煤包围,从炉顶向下无法直接看到火焰颜色,这可能是火力失控的前兆。

火力失控原因有:

①初始热流密度过大,如大量柴火燃烧,有明显火焰(最小点火能量已超过最小供热量并无法克服此现象);

②初始燃烧条件未控制,导致燃烧时间过长,如漏风等;

③装置的控制调节性能取决于装置的气密性的好坏。装置气密性较差,漏风所导致的影响和风机供风的作用相当,当停止供风后,漏风量增大;

④隧道炉发生过块子煤大火烧裂炉膛现象,也发生过闸快阀关闭一段时间后突然打开而炉内胫发生爆燃,高温烟气流冲出伤人事件。

(4)点火引燃困难,烘烤能耗高。

主要原因有:环境温度偏低,为 15 ~ 18℃;热风室积水较多;首次烘烤,耗热量偏大;烘烤烟叶为下部叶时,烟叶水分含量偏高;使用低热值燃煤(热值低,水分含量偏高,灰分高等);燃烧空间过小;点火能量小于最小点火所需能量;燃煤挥发分含量偏低,如无烟煤(挥发分含量为 4% ~ 5%),所需的最小点火能量高;点火后循环风机长时间处于低速运行状态,烤烟房热负荷少。

(5)增加鼓风,但炉温升不上去,升温缓慢。

主要原因有:炉内固定碳与挥发分已经消耗完,此时需要补加燃煤;炉内已发生均匀燃烧,鼓风主要产生 CO,而不是 CO_2,此时燃烧的热量已转化为 CO 的内能。此时鼓风若改为气流从炉门口气相空间补入,则效果明显。对燃烧面从上至下的明火燃烧装置而言,增加风量可直接有效地提高炉温。

（6）排放黑烟或者白烟。

原因是：炉内发生均匀燃烧，暗火正燃，静压室鼓风主要用于煤气化反应；静压室鼓风量和炉门口鼓风量不匹配，炉门口鼓风量过小。其中，炉门口的主要作用有：提高装煤舒适性，方便清灰，供给二次空气；间断地给静压室送风，炉内瞬间正压，烟囱和炉门的不严密处漏烟；换热单管层数过多，排烟难度增加，以 4 排为最佳。

（7）砖墙或者炉门温度较高，以致出现"烫手"现象。

原因是：高温件穿过砖墙，形成热桥漏热，高温件和砖墙直接接触，发生长时间的导热作用。砖墙空洞已成为燃烧室内壁，漏热严重。燃烧面向炉门，炉门处存在高温热辐射损失，炉门前无挡火煤球，炉门无保温措施，砖墙中间无隔热措施。

（8）炉渣含黑炭。

原因是：燃烧过程中增加了型煤球，而型煤球没有燃尽，停炉前过早地停止送风，会导致燃烧反应中途结束，且炉内存在低温死角，添加煤球过晚也是导致燃耗不完全的原因之一。另外，静压室被煤灰塞满，从鼓风口送入的助燃空气无法接触到炉条上的低温未燃煤，以至于清炉时出现黑心未燃尽煤，并且出现了烘烤工艺中 40℃ 以前的低温期过长的现象。静压室均压效果差，沿水平截面不能均匀分布助燃空气，高度低横截面积大的立式炉，三大效果均存在。加高静压室高度，以方便清灰，且助燃空气能接触到未燃煤，可以提高燃烧效率。

（9）炉条弯曲变形。

原因是：未燃煤屑漏至静压室且堆积到静压室顶层，煤屑接触到炉条，反烧燃烧面由炉条上方传递至炉条下方，炉条处于 1100～1300℃ 高温燃烧区域中，发生高温变形。

5.9 小结

2016 年 5 月 24 日—7 月 20 日宁乡烟区烘烤试验表明，反烧热内炉具有良好的综合技术经济性能。

（1）第一次装煤能坚持 95～110 h 到干茎期。

（2）变黄定色干茎期烤房空气温度贴合设定曲线，不掉温、不超温。

（3）低、中、高温稳温和加热能力能满足密集烤烟工艺需要。

（4）反向燃烧热风炉换热管层数可以设置为 3～4 层。

（5）反向燃烧热风炉最适合的煤种为朝鲜风选无烟煤，可以燃用水洗烟煤、本地无烟煤。

隧道热风炉最适合的煤种为涟源无烟煤，不能燃用朝鲜风选无烟煤。反烧热风炉和隧道热风炉污染物排放指标如图 5 - 18 所示。

表 5 - 18　反烧热风炉和隧道热风炉污染物排放指标

热风炉类型	煤种	SO$_2$ /(mg·m^{-3})	NO$_x$ /(mg·m^{-3})	CO /(mg·m^{-3})
隧道热风炉	朝鲜风选无烟煤	<200	达标	10000 ~ 16000
隧道热风炉	涟源无烟煤	<200	达标	3300 ~ 9500
反向燃烧热风炉	资兴水洗烟煤	>300	达标	3300 ~ 5500
反向燃烧热风炉	朝鲜无烟煤:资兴烟煤	[200, 300]	达标	2000 ~ 4000
反向燃烧热风炉	朝鲜风选无烟煤	<200	达标	1000 ~ 2000
反向燃烧热风炉	涟源无烟煤	<200	达标	1000 ~ 2000

环保性能：和 GB 13271 颗粒 30 mg/m^3 对照，远超标，需除尘。

和 GB13271　SO$_2$　200 mg/m^3 对照，达标，无须脱硫。

和 GB13271　NO$_x$　200 mg/m^3 对照，达标，无须脱硝。

和 GB13271 烟气林格曼黑度≤1 对照，未超标。

节能性能：综合热效率绝对值为 44.83% ~ 52.6%。

和隧道炉相比，相对节能率为 7.74% ~ 26.41%。

经济性能：0.87 ~ 1.39 元/kg 干烟叶(比对照烤房平均节省 7.5%)。

安全性能：烤烟房空气干球温度贴合烘烤曲线，无超温、掉温。

干烟叶质量有保障。

无倒火高温烧损助燃风机，无爆燃事故。

舒适性能：一次性装煤。

和立项指标比较，节能性能达到立项预期指标。

环保指标和安全性能远超过立项预期指标。

烟叶烘烤试验次数偏少，研究结论有待于更多试验验证。

6　2017 年密集烘烤试验

　　为提高密集烤烟燃烧供热调节性能和节能环保性能，研发了 1 种全部助燃空气以活塞流方式均匀流过净型煤煤床且从煤床顶层中心点火的洁净煤反向燃烧单体热风炉（反烧炉）。反烧炉烘烤试验烘烤温度曲线表明，一次性预先装入 800 个净煤球，能完成约 8 天的烘烤燃烧供热任务，整个烘烤过程中烤房空气干球温度波动幅度为 ±0.2℃。第三方评估表明：反烧炉比立式金属炉相对节能 55.8%，替代金属炉节能 1.54 t ce/（年·台），运行费用节省 2243 元/（年·台）；反烧炉烟气污染物排放低于《工业炉窑大气污染物排放标准》（GB 9078—1996）排放标准；和金属炉对照，反烧炉干烟叶等级结构更优，内在质量略好，外观质量相当，糖碱比更合理，化学成分更协调。这为燃煤立式金属炉技术升级改造提供了新方案。

　　使用清洁能源、重视节能减耗是当今烟叶密集烤房的发展方向之一。美国、加拿大等普遍使用燃油或天然气烤烟。目前我国新能源与可再生能源烤烟推广示范空气源热泵烤烟[39-42]和生物质成型燃料烤烟[43,44]。从示范效果看，空气能热泵成本高（2.8 万～3.8 万元/台、0.72～0.75 元/kW·h、1080～1125 元/房），需要太阳能[45]或电加热等辅助热源。压缩机启动延迟和热泵制热延迟导致烤房温度波动高达 −2.9～＋0.6℃。生物质成型燃料烘烤成本高（约 1.5 万元/台、约 1150 元/t 颗粒、1150～1380 元/房），技术要求高，存在炉内爆燃、外喷火引起火灾和断料降温烤坏烟叶等隐患。显然，空气能热泵和生物质成型燃料目前尚不能改变烤烟用能仍然以燃煤为主的形势。燃煤烘烤以立式金属热风炉为主。湖南省推广使用隧道式非金属热风炉[27]。金属炉和隧道炉基于暗火正向燃烧原理供热，热效率低且污染环境。山东省尝试推广生物质压块反向燃烧热风炉，安徽省尝试推广悬浮隧道式蜂窝煤反向燃烧热风炉，中国烟草总公司重点科技项目"反向燃烧节能烘烤设备研究与应用"着重研发双层对向正反燃烧热风炉[29]。另外，还有转气复燃[30]或仅大火烘烤增加辅炉燃烧的主辅双炉膛热风炉研发报道。考虑到今后相当长时期内我国能源消费结构将仍以燃煤为主，结合国家推行洁净煤燃烧政策，宁乡市烟草公司集成从煤床顶部点火引燃具有的低污染排放[46]及独特燃烧特性[47-49]，研发推广具有一次性装煤、精准烘烤、高效节能环保等优势的标准密集烤烟用洁净煤反向燃烧热风炉[33,34]，为燃煤立式金属热风炉节能环保改造提供了新方案。

如图6-1所示，反烧炉包括炉顶、炉腹和内外双炉门。炉腹内腔高度为1.5 m，内径为0.9~1.1 m。炉条离炉腹底板的高度为0.3 m，炉条上方为高1.2 m的煤床区，下方为静压区。炉腹侧壁开设一个和炉腹侧壁等高且宽0.56 m的操作口，操作口边缘和操作通道左端口边缘满焊连接，操作通道右端口边缘在热风室前墙外壁面上，炉条以下的操作口（静压区侧壁缺口）为清灰口。通过操作口炉腹内腔和操作通道连通，通过清灰口静压区和操作通道连通，通过操作通道右端口操作通道和外界连通。内炉门堵塞清灰口，外炉门密封操作通道右端口。反烧炉选材加工参照密集烤房技术规范（国烟办综[2009] 418号）中立式金属炉要求。反烧炉金属结构共重约400 kg。

洁净无烟煤加入适量腐殖酸钠黏接剂后机加工成净煤球。反烧炉一次性预先装入烘

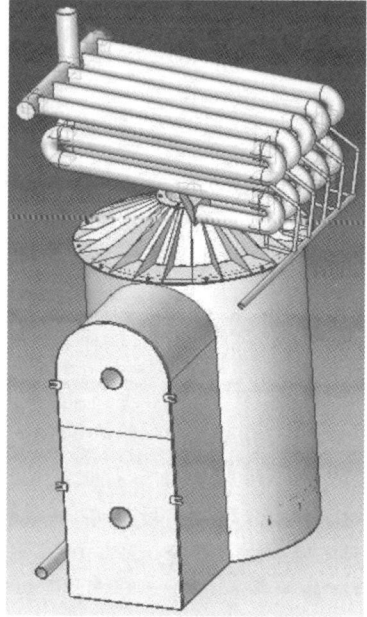

图6-1　反烧炉三维结构

烤所需全部净煤球，煤球最大预装量约950个（约16层）。使用反烧炉时保持装烟房、烘烤控制器、新风机和循环风机等不变。

助燃空气从底部以旋流方式送入静压区，穿过炉条后助燃空气全部呈活塞流状向上均匀流过煤床区。将正燃烧的1~2小块烟煤塞入煤床顶层中心点火引燃，型煤由上自下燃烧，助燃空气由下自上均匀流动，实现明火反向燃烧精准供热。

6.1　密集烘烤试验条件

烘烤试验条件为：

（1）针对第二代反烧炉进行密集烘烤试验。第二代反烧炉炉腹圆桶状内腔高1.5 m，内径1.0 m，第一代反烧炉的装煤操作通道和清灰通道合并为一个操作通道，操作通道宽度保持0.56 m不变，但高度调整到1.5 m，以便能直立进出炉腹内腔一次性预装型煤。

（2）炉腹呈圆桶状，强化炉门和门框之间的密封设计，增强烘烤房空气干球温度的可调可控性，烟农尝试自主使用反烧炉进行精准烘烤。

（3）炉腹内腔堆煤区高度增加到1.2 m，煤层数增加到16层，一次性预装煤球数增加到约950个，满足湖南各烟区密集烘烤中途不添加煤球烘烤需要。

（4）选用挥发分适中的涟源无烟煤，加工净型煤（黏结剂为腐殖酸钠，不是黄泥），以增强煤球着火引燃的可靠性，解决2016年反烧炉密集烘烤难着火及引火柴消耗多问题。

（5）尝试将圆周状炉墙改为板状炉墙，去除炉腹底板，一来能降低反烧炉成本，二来能增加反烧炉零部件远程输运可行性，避免烘烤工厂安装装载车需要，降低反烧炉现场安装成本。

密集烘烧试验现场如图6-2所示。

(a)车间研发　　　　　　　(b)车间组装　　　　　　　(c)运至烘烤工场

(d)道林镇杨家村1座反烧炉　　　(e)金醇烟农合作社玉山工场4座反烧炉
　　空载试验

(f)黄金叶烟农合作社铁冲工场密集烘烤试验现场

(g)宜章县曾家村新能源烘烤比赛
工场密集烘烤试验现场

图 6-2　密集烘烤试验现场

6.2　烘烤试验前期探索性试验

6.2.1　洁净型煤球加工方法

　　2016—2017 年，先后通过手工加工和 2 次蜂窝煤球生产线加工，摸索到高效可行的洁净型煤加工方法。手工加工试验中，煤粒太粗，水添加量多，腐殖酸钠添加量多，净煤球变形多但很结实，费力、效率极低，不利于控制空气旁通比率。第一次机加工试验中，煤粒过机破碎，但水添加量多，腐殖酸钠添加量多，净煤球变形比手加工少，也结实，但有一定缺烂比例。第二次机加工试验中，摸索到洁净型煤科学加工方法，即煤粒过机破碎，腐殖酸钠添加比例为 25 kg/t 煤，约 10 瓢水/200 kg 净煤（净煤灰分含量 20% ~23%，不另行添加黄泥），此条件下洁净型煤成型好，破碎比例低，形状规则，加工效率高，型煤干燥后坚硬结实，见图 6-3。

6.2.2　反烧炉结构尺寸优化设计

　　针对空气能热泵烤房和生物质成型燃料烤房初始投资高，烘烤能源成本高，金属炉和隧道炉正向燃烧能耗高和污染环境等问题，研发了一种助燃空气全部均匀流过煤床且煤床顶面中心烟煤点火的洁净煤反向燃烧热风炉。反烧炉包括

(a) 神木兰炭　涟源无烟煤　　　　　　(b) 涟源无烟煤
（无机黏结剂）（腐殖酸钠）　　　　　　（无机黏结剂）

图 6-3　净型煤加工

H 1.5 m×ϕ0.9~1.1 m 且呈桶状炉腹，炉腹侧壁开设 W 0.56 m×H 1.5 m 操作口，通过操作口炉腹内腔和操作通道连通，炉条以下的操作口为清灰口，清灰口用内炉门堵塞，操作通道右端口用外炉门密封，能一次性预装约 950 个煤球，能低成本地实现精准调控烘烤燃烧供热，无助燃风机高温烧损事故。2016—2017 年 30 炉次烘烤试验证实了反烧炉配套密集烘烤的使用可行性。为"三高"型燃煤立式金属热风炉和隧道式非金属热风炉更新提供了新方案。

洁净煤反向燃烧热风炉产品见图 6-4。

第 1 代反烧炉

第 2 代反烧炉

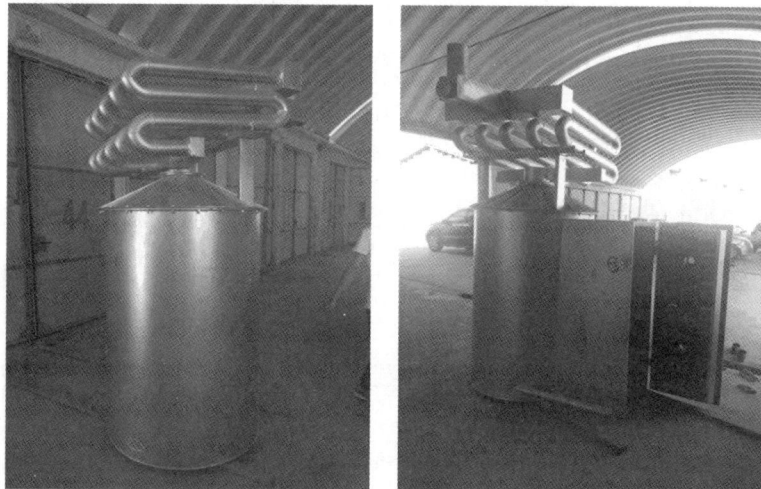

第 3 代反烧炉

图 6-4　洁净煤反向燃烧热风炉研发阶段产品

6.2.3 反烧炉空载模拟试验

参照《密集烤房》和《烤烟密集型自动化烤房及烘烤工艺》，设定反烧炉空载模拟烘烤温度曲线，验证反烧炉最大加热升温能力、烘烤稳温能力和烘烤排湿能力。反烧炉空载模拟升温过程中，关键温度点 50℃、58℃、65℃ 和 70℃ 分别增设 1~3 h 稳温时间，以检查密封性和稳温性，确保无漏风导致加热升温能力虚高现象。考虑项目开发新型热风炉，不考查烤房保温性能。反烧炉空载模拟烤房温度设置曲线和实测曲线如图 6-5 所示。

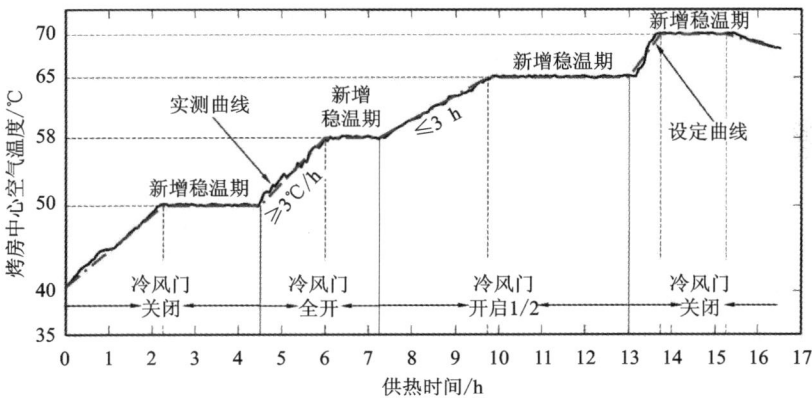

图 6-5 反烧炉空载模拟试验曲线

分析图 6-5 可知，新风门关闭条件下，烤房空气温度升高到 50℃，空气升温速度 >6℃；新风门全开条件下，烤房空气温度从 50℃ 升高到 58℃，烤房空气升温速度 ≥3℃；新风门半开条件下，烤房空气温度从 58℃ 升高到 65℃，加热时间 ≤3 h；最大加热能力和稳温能力能满足三段式密集烤烟工艺需要。装置密封性是烤烟房温度调控精准灵敏的关键，外炉门与操作通道右端口之间的密封性、静压区底端口与热风室地面之间的密封性和清灰口是否被内炉门堵塞封闭等会影响反烧炉装置密封性；炉内反向燃烧，燃烧温和，有利于延长装置使用寿命，降低烟气颗粒物排放浓度和烟气 NO_x 排放浓度。

6.2.4 反烧炉燃煤热值适应性试验

先后试验研究燃煤低热值对烤房控温性能的影响，包括低热值 3100 kcal/kg 本地无烟煤泥煤球、低热值 3800 kcal/kg 本地无烟煤泥煤球、低热值 4200 kcal/kg 本地无烟煤泥煤球、低热值 4500 kcal/kg 本地无烟煤泥煤球、低热值 5700 kcal/kg 本

地无烟煤净泥煤球、低热值6800 kcal/kg 资兴水洗烟煤净煤球、低热值 5800 kcal/kg
朝鲜风选无烟煤净煤球，归纳出：适用于明火反向燃烧热风炉使用的型煤低热值
在 4500 kcal/kg 以上；朝鲜风选无烟煤净煤球不适合反烧炉燃用，因挥发分含量
太低，朝鲜煤净煤球难点火引燃且炉内未燃残碳较多；燃用净煤球，含有一定量
挥发分，以降低点火引燃难度，降低残碳不完全燃烧热损失。

6.3 烘烤温度曲线

图 6-6 为宁乡烟区 2017 年反烧炉烘烤上部烟叶时烤房温度设定值和实际值
变化曲线图。一次性预先装入 801 个净煤球，烟叶含水率为 86.46%。

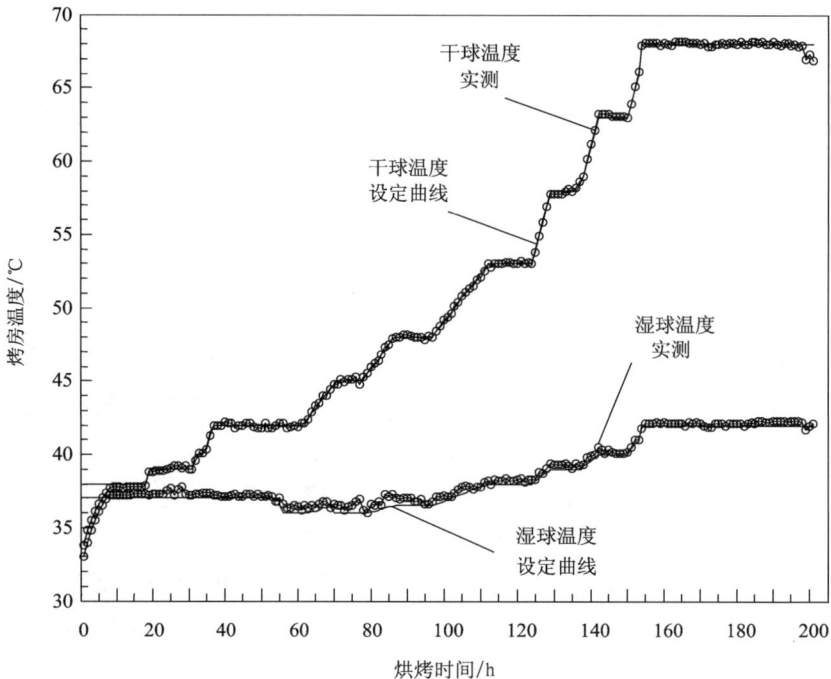

图 6-6 反烧炉烤房空气干湿球温度设定值与实测值变化曲线

烟叶烘烤试验表明：

（1）反烧房一次性预装 675 个净煤球，烘烤供热时间长达 172 h，预装 801 个净煤球，烘烤供热时间长达 198 h。烘烤前一次性预先装入烘烤所需全部用煤，可以避免烘烤中途打开炉门看火引起的烤房温度波动影响。炉内煤床区高 1.2 m，一次性预装 950 个煤球，能满足标准密集烤房烟叶烘烤供热需要。

（2）烘烤中、上部烟叶，无论是 38~40℃ 小火变黄期、40~60℃ 大火定色期还是 68℃ 中火干茎期，反烧炉稳温和升温能力均可以满足烘烤供热需要。

（3）烤房空气干球温度实测值和设定值误差在烘烤控制器设定范围 ±0.2℃ 以内，即能紧贴烘烤曲线生成烘烤热风，烤房温度无掉温或超温现象发生。整个烘烤过程燃烧供热能满足烘烤工艺要求，无过量燃烧供热，也无欠量燃烧供热。将烤房温度与烤房设定温度偏差在 ±0.2℃ 以内的燃烧供热称为有效烘烤供热，则反烧炉有效烘烤供热在全部烘烤供热中的占比达到 100%，提高了烘烤效率，缩短了烘烤周期，保证了节能效益，也避免了不正确烘烤供热对干烟叶品质的影响。没有和空气能热泵烤房一样对烘烤控制技术及元器件提出额外过高要求，仅通过助燃风机启停，低成本地实现了烤房温度的精准调控，降低了初始投资。

反烧炉温湿度精准控制，有科学的流动传热燃烧理论依据和解释。反烧炉包括小功率（以烟草烘烤为例 150 W）助燃风机、竖直布置的煤床和烟气-循环空气换热管束，换热管束布置在煤床顶部之上，助燃风机布置在煤床底部之下。使用反烧炉时，助燃空气流动方向和高温燃烧面移动方向相反，助燃空气风机靠近煤床低温端安装，从靠近换热管束的煤床端点火引燃，靠近换热管束的煤床端导热给与之接触的上游煤床层，使得高温燃烧面沿和助燃空气流动方向相反的方向移动。助燃空气均匀穿过低温煤床后流入高温燃烧面，部分助燃空气 O_2 接触炽热固定碳后发生碳燃烧反应，CO_2 流入高温燃烧面之上的气相空间，剩余部分助燃空气吸热升温离开高温燃烧面后进入气相空间，在气相空间里，助燃空气 O_2 和煤挥发分充分混合并使得挥发分充分燃烧。控制煤中挥发分含量，使得高温燃烧面厚度不至于过厚，这样固定碳燃烧后生成的 CO_2 向排烟口流动过程中不会再接触固定碳，从而杜绝了后续高温 CO_2 还原反应的发生，即控制了烟气中 CO 含量。高温燃烧面以下的未燃新煤只能接受到燃烧面导热，无法接收到来自气相空间赤红内壁和高温火焰的辐射传热，从而控制了煤挥发产生的挥发分流量。固定碳燃烧生成的高温 CO_2 和挥发分燃烧生成的高温 CO_2 汇合后进入换热管束，在换热管束里和混合空气进行垂直冲击式换热，最终烟气以 60~80℃ 低温排入大气。烟气成分几乎全部是 CO_2，过剩空气和 CO 含量极少，通入煤床的助燃空气中 O_2 几乎全部变成了 CO_2，助燃空气中 O_2 有效利用率接近 100%，型煤内能通过完全燃烧几乎全部彻底释放，助燃空气消耗量和燃烧消耗煤量成正比，即变化助燃空气流量就可以精准变化烘烤燃烧供热量。

助燃空气流量能精准调控烘烤燃烧供热，离不开助燃风机出风稳定的恒定前提条件。反烧炉实际运行时，助燃风机运行/停机状态交替出现，助燃风机出风口和气相空间高温区联通时助燃风机一旦停机，则气相空间里高温气流反向流入助燃风机机壳内，使得助燃风机线圈升温至300~400℃及以上，助燃风机线圈绝缘层被破坏，风机出风能力下降，出风量减少，甚至被彻底烧毁而无风送出。反烧炉助燃风机安装在煤床低温端，助燃风机停机期间源自气相空间的高温气流反向流入风机机壳内，需穿过一定高度低温煤床，实际上高温气流沿途的降温和流动阻力作用可以保证助燃风机始终处于低温状态，从而保证了助燃风机送风量始终稳定为额定送风量。

这样，助燃风机通电运行时，助燃风机送风恒定，烘烤燃烧供热恒定，烘烤房温度持续升高，当烘烤房温度升高到烘烤控制器设定温度范围上限时，助燃风机断电停机停止送风，烘烤房温度不断降低，当烘烤房温度降低到烘烤控制器设定温度范围下限时，助燃风机通电运行进行稳定送风，助燃风机通电/断电交替进行，直至烘烤结束。助燃风机通电运行期间，由助燃风机送风流量决定的烘烤燃烧供热速率是恒定不变的。不难看出，反烧炉烘烤控制器烘烤房温度设定范围（±0.2℃）即烘烤房温度变化范围，助燃风机通电即燃烧供热升温，断电即停止燃烧供热降温，烘烤房温度响应迅速、无滞后，烘烤房温度变化精准调控在±0.2℃是有足够科学理论依据的。

反向燃烧热风炉能精准调控烘烤燃烧供热和烘烤房温度变化，已经在2016—2017年洁净煤反向燃烧热风炉密集烤烟，生产中得到了证实。2016年5月24日—7月23日，宁乡市烟草公司月亮湾烘烤工场共计进行了12炉次鲜叶烘烤，2017年6月18日—7月28日，宁乡市烟草公司玉山烘烤工场和铁冲烘烤工场共计进行了20炉次鲜叶烘烤，均一致性证实了无论下部叶、中部叶还是上部叶，反向燃烧热风炉都能低成本精准调控烘烤燃烧供热和烘烤房温度变化（±0.2℃），稳温性能良好，加热升温能力满足大排湿需要，从点火到烘烤结束的5~7天烘烤供热期都是无人值守。

常见固体燃料燃烧放热控制方式包括助燃空气流量控制、燃料流量控制和助燃空气燃料流量综合控制等，实践证明了助燃空气流量控制易于精准控制（燃料属于连续相物质），技术要求不高，成本最低，易于被农民掌握，利于推广应用；燃料流量控制（如生物质颗粒燃烧）难于实现，难于精准控制（燃料属于离散相物质），技术要求高，成本高，农民难于掌握，难以推广应用。本着便于市场推广应用原则,挑战方案选用助燃空气流量控制方案,结合助燃风机通电/停电交替出现,低成本低技术要求地实现烘烤房温度精准调控效果。

保证精准调控烘房温度及变化的反烧炉结构特点为:使用目前普遍使用的烘烤控制器(烘烤房温度变化±0.2℃,市场单台购买价不超过 900 元),不另行配置专用烘烤控制器;保证煤燃烧所需的助燃空气全部由助燃风机提供。

无助燃风机倒火烧损安全隐患。助燃风机安装在煤床低温端,一定高度的低温煤床可以阻止停机期间高温炉气反向倒流至风机机壳,风机始终处于低温状态,风机送风量始终恒定为额定风量,从而稳定了供热能力,保证了精准燃烧供热能力,节省了助燃风机更新费用。反烧炉一次性装煤、烤房温度能精准调控和助燃风机无倒火烧损,是反烧炉减少烘烤供热管理用工成本的重要前提。

6.4　第三方节能评价

依据《节能项目节能量审核指南》(发改环资[2008]704 号)、《节能监测技术通则》(GB/T 15316—2009)、《用能单位能源计量器具配备与管理通则》(GB 17167—2006)和《综合能耗计算通则》(GB/T 2589—2008)等要求,2017 年 5 月—7 月委托第三方进行反烧炉能效评价。

反烧炉一次性装入净煤球,金属炉多次添加散煤,两种热风炉能效对比试验安排在宁乡烟区玉山工场。不考虑年度首烤数据;试验烟叶品种为云烟 87;同批次对比试验烟叶成熟度相近,摘自同一块大田,采摘部位相近,采摘时间相同;采用三段式烘烤工艺;选用涟源产低硫无烟煤(低热值 23.3 MJ/kg,灰分 23%);型煤为 $\phi110$ mm $\times h75$ mm 蜂窝状型煤球,单重 0.849 kg。

装鲜烟叶时,每房选取 45 竿夹密度基本一致的烟叶,分别挂置在试验烤房相同位置上,每层 15 竿夹并标记。记录装入炉内腔蜂窝煤球个数或添入炉内腔的散煤总重量,记录烘烤前后标记烟叶重量和烘烤后解出的干烟叶总重量。

(1)项目边界描述。

如图 6-7 所示,生产和能源消耗计量所涉及的计量仪表汇总如表 6-1 所示。

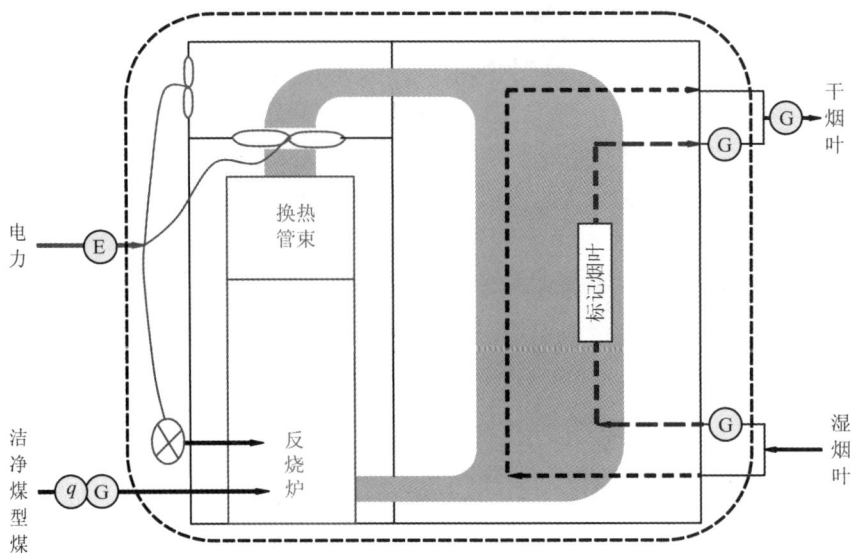

(a)玉山工场和铁冲工场配备反烧炉的密集烤烟房

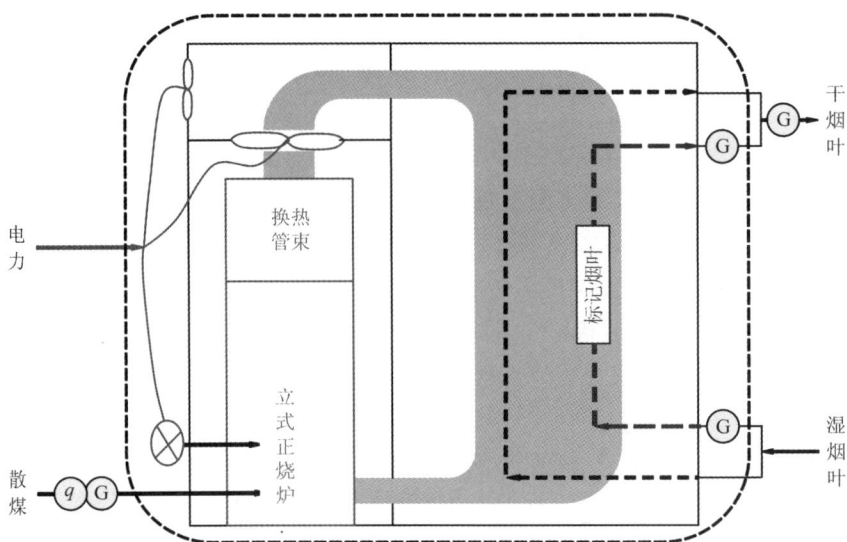

(b)玉山工场配备立式金属炉的密集烤烟房

注：未安装电能表，立式金属炉耗电按玉山工场 2017 年 1#~40#，
41#~45#，47#~60#烤房平均的耗电

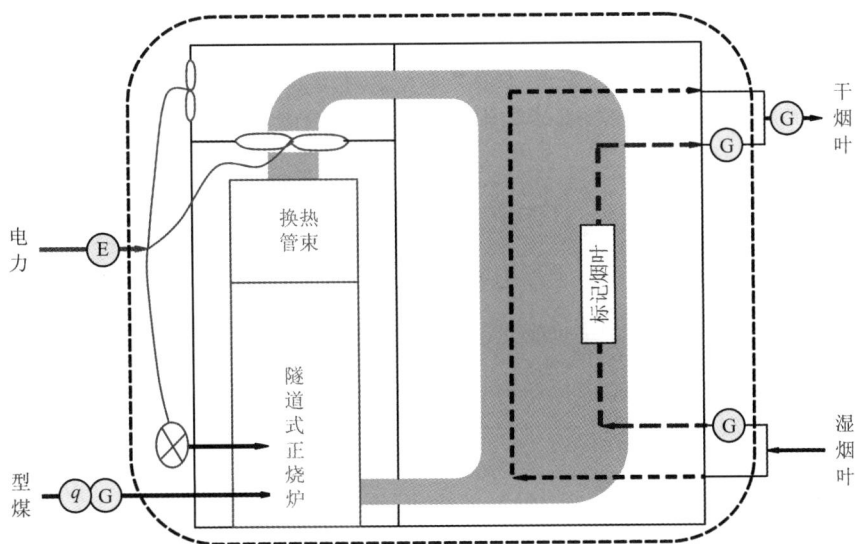

(c) 铁冲工场配备隧道式非金属炉的密集烤烟房

图中：q 表示实验室量热计；E 表示现场电能表；G 表示现场电子台秤

图 6 - 7 项目边界划分

表 6 - 1 项目生产及能源消耗计量仪表配备

序号	仪表名称	仪表规格型号	仪表精度	仪表数量	仪表安装位置
1	电子台秤	FZ - TCS	3 级	20	铁冲烘烤工场 49# 50# 14# 46# 25#
2	三相四线 有功电能表	DT862	2 级	4	铁冲烘烤工场 49# 50# 14# 46#
3	三相四线 有功电能表	DTS6896	2 级	1	铁冲烘烤工场 25#
4	电子台秤	TC - K	3 级	28	玉山烘烤工场 50# 56# 58# 62# 63# 64# 65#
5	三相四线 有功电能表	DTS1531	2 级	4	玉山烘烤工场 62# 63# 64# 65#
6	量热计	IKA C2000	——	12	铁冲烘烤工场 玉山烘烤工场

分析表 6-1 可知,项目生产及能源消耗计量仪表配备及精度,满足《用能单位能源计量器具配备与管理通则》(GB 17167—2006)要求。

(2)项目节能量计算方法。

综合单位产品综合能源消耗和密集烤烟房设计装烟量两个指标变化,核算项目年节能量,具体过程如下:

$$反烧炉总能耗(kg\ ce) = 反烧炉总煤耗(kg) \times \frac{低热值(kcal/kg)}{7000\ (kcal/kg\ ce)}$$
$$+ 总电耗(kW \cdot h) \times 0.1229\ (kg\ ce/kW \cdot h)$$

$$对照炉总能耗(kg\ ce) = 对照炉总煤耗(kg) \times \frac{低热值(kcal/kg)}{7000\ (kcal/kg\ cc)}$$
$$+ 总电耗(kW \cdot h) \times 0.1229\ (kg\ ce/kW \cdot h)$$

①按干烟叶核算节能量。

$$反烧炉单位产品能耗(kg\ ce/kg\ 干烟叶) = \frac{反烧炉总能耗(kg\ ce)}{反烧炉干烟叶总质量(kg)}$$

$$对照炉单位产品能耗(kg\ ce/kg\ 干烟叶) = \frac{对照炉总能耗(kg\ ce)}{对照炉干烟叶总质量(kg)}$$

$$项目年节能量(kg\ ce) = 2500\ (kg) \times n$$
$$\times \left[\frac{对照炉总能耗(kg\ ce)}{对照炉干烟叶总质量(kg)} - \frac{反烧炉总能耗(kg\ ce)}{反烧炉干烟叶总质量(kg)} \right]$$

②按鲜烟叶蒸发水核算节能量。

$$反烧炉单位产品能耗(kg\ ce/kg\ 蒸发水) = \frac{反烧炉总能耗(kg\ ce)}{反烧炉自由水总质量(kg)}$$

$$对照炉单位产品能耗(kg\ ce/kg\ 蒸发水) = \frac{对照炉总能耗(kg\ ce)}{对照炉自由水总质量(kg)}$$

$$项目年节能量(kg\ ce) = 2500\ (kg)/0.14 \times 0.86 \times n$$
$$\times \left[\frac{对照炉总能耗(kg\ ce)}{对照炉自由水总质量(kg)} - \frac{反烧炉总能耗(kg\ ce)}{反烧炉自由水总质量(kg)} \right]$$

式中: n 为热风炉座数。

补充说明:

①烟叶品种均为云烟 87。单位产品为 1 kg 干烟叶或 1 kg 鲜烟叶蒸发水。

②同批次对比烘烤试验,装入烤烟房的鲜烟叶成熟度相近,摘自同一块大田,采摘时间相同,采摘部位相近。

③玉山工场对照炉为立式金属炉,铁冲工场对照炉为隧道式非金属炉。

④标准烤烟房设计干烟叶产能为 2500 kg/房,鲜烟叶含水率按平均 86% 计算。

⑤试验烤烟房装入烟叶时,标记烟叶 45 夹(杆)/房,装房和出房时 45 夹标

记烟叶均需要称重，前后质量差即为鲜烟叶所含蒸发水量，出房时全部干烟叶需要称重，以便间接推算烘烤去除蒸发水总质量。

⑥采用三段式烘烤工艺。

⑦节能评价不计算首烤数据（年度首烤综合能源消耗不具有代表性）和燃煤计量混乱的烘次数据。

玉山工场 62#、63#、64#和 65#密集烤烟房热风炉为反烧炉，燃用朝鲜产洁煤球和涟源净煤球；50#、56#和 58#密集烤烟房热风炉为对照分析用立式金属炉，燃用洁净散煤和涟源散煤。

玉山工场 62#、63#、64#和 65#密集烤烟房安装电能表各 1 只，但 50#、56#和 58#密集烤烟房未安装电能表。50#、56#和 58#密集烤烟房每房烟耗电近似认为相等，和玉山工场 2017 年 1#～40#，41#～60#（46#未使用）密集烤烟房按年烘烤房总数的平均耗电相等，为 184.438 kW·h/房，其计算过程如下：

1#～40#烤烟房 2017 年共烤烟 145 房，总耗电 27238 kW·h，平均为：

$$27238/145 \approx 187.848 \text{ kW·h}$$

41#～60#烤烟房 2017 年共烤烟 71 房，总耗电 12853 kW·h，平均为：

$$12853/71 = 181.028$$

1#～60#烤烟房 2017 年烤烟耗电平均为：

$$(181.028 + 187.848)/2 \approx 184.438$$

（1#～40#、41#～60#烤烟房 2017 年烘烤总耗电数据，为玉山烘烤工厂统计数据。）

铁冲工场 49#和 50#密集烤烟房热风炉为反烧炉，燃用涟源净煤球和涟源泥煤球；46#密集烤烟房热风炉为对照分析用隧道式非金属炉，燃用涟源净煤球和涟源泥煤球；14#和 25#密集烤烟房热风炉为对照分析用隧道式非金属炉，燃用涟源泥煤球。

（3）项目能耗、单位产品能耗、相对节能率及年节能量核算情况。

按有利于隧道炉和金属炉原则，取表 6-2 中序号 5 工况为隧道式热风炉基准工况，取表 6-2 中序号 10 工况为立式金属热风炉基准工况。

考虑到烤烟热风炉能效影响因素多，特定条件下热风炉单一工况能效数据可能不具有代表性，评价组随机抽取宁乡烟区 10 个隧道式热风炉烟农 2017 年干烟叶重量及燃煤消耗重量，以判断表 6-2 隧道式热风炉基础工况（序号 5）单耗数据的可信性，随机抽取宁乡烟区 10 个立式金属热风炉烟农 2017 年干烟叶重量及燃煤消耗重量，以判断表 6-2 立式金属热风炉基础工况（序号 10）单耗数据的可信性。

表6-2 洁净煤反烧炉第三方节能评价用基础数据汇总

序号	试验地点	炉型	标记湿烟重/kg	标记干烟重/kg	标记杆重/kg	烟叶含水率/%	干烟叶总重/kg	蒸发水总重量/kg	燃煤类型	煤球个数或散煤质量/个(kg)	燃煤低热值/(kcal·kg⁻¹)	煤球单重/kg	烘烤总热值/kcal	烘烤总能耗/kg ce	耗电量/kW·h	干烟叶单耗/(kg ce·kg⁻¹)	蒸发水单耗/(kg ce·kg⁻¹)	备注
1	铁冲	反烧炉	360.0	86.8	44.0	86.46	489.4	3126.3	涟源净煤球	796	5755	0.849	3889252	534.444	316	1.215	0.190	
2	铁冲	反烧炉	360.0	86.8	44.0	86.46	518.3	3310.7	涟源煤球	1100	4555	0.887	4444314	652.923	228	1.279	0.200	
3	铁冲	隧道式非金属炉	360.0	86.8	44.0	86.46	513.7	3281.3	涟源泥煤球	1191	4555	0.887	4811979	739.548	180	1.381	0.216	
4	铁冲	隧道式非金属炉	310.0	81.5	40.3	84.73	509.1	2824.7	涟源净煤球	925	5755	0.849	4519545	673.240	225	1.322	0.238	
5	铁冲	隧道式非金属炉	310.0	81.5	40.3	84.73	475.6	2638.8	涟源泥煤球	1012	4555	0.887	4088768	608.260	197	1.279	0.231	
6	玉山	反烧炉	544.1	136.0	56.2	83.64	496.2	2537.6	涟源净煤球	722	5755	0.849	3527688	525.647	177	1.059	0.207	
7	玉山	反烧炉	453.0	119.8	52.0	83.09	579.4	2847.4	涟源净煤球	720	5755	0.849	3517916	528.614	212	0.912	0.186	
8	玉山	反烧炉	524.8	115.8	56.3	87.30	445.5	3062.7	涟源净煤球	740	5755	0.849	3615636	538.457	179	1.209	0.176	
9	玉山	反烧炉	506.9	119.2	56.3	86.04	449.3	2769.7	洁净煤球 / 神木:涟源=1:1	325 / 300	5875 / 5921	0.948 / 1	1810088 / 17776150	536.469	197	1.194	0.194	忽略,热值和密度计量不准
10	玉山	立式金属炉	495.9	112.8	55.5	86.99	484.1	3238.1	涟源散煤	943	5755	1	5424951	726.890	184	1.502	0.224	

续表 6-2

序号	试验地点	炉型	标记湿烟重/kg	标记干烟重/kg	标记杆重/kg	烟叶含水率/%	干烟叶总重/kg	蒸发水总重/kg	燃煤类型	煤球个数或散煤质量/个(kg)	燃煤低热值/(kcal·kg⁻¹)	煤球单重/kg	烘烤总热值/kcal	烘烤总能耗/kg ce	耗电量/kW·h	干烟叶单耗/(kg ce·kg⁻¹)	蒸发水单耗/(kg ce·kg⁻¹)	备注
11	王山	反烧炉	473.3	105.6	39.6	84.78	550.1	3064.7	神木:涟源=1:1	675	5921	1	3996338	590.016	156	1.073	0.193	
12	王山	反烧炉	280.0	59.0	17.0	84.03	447.0	2352.1	洁净煤球	590	5875	0.948	3286005	527.563	184	1.180	0.224	忽略,热值和密度计量不准
									资兴烟煤球	20	6270	0.720	90281					
									洁净散煤	26	6072	1	158789					
13	王山	立式金属炉	474.4	106.3	52.5	87.25	467.8	3200.3	洁净散煤	656	6072	1	3983477	591.731	184	1.265	0.185	
14	王山	立式金属炉	473.5	114.8	54.7	85.65	458.9	2739.2	洁净散煤	612	6072	1	3715658	553.471	184	1.206	0.202	
15	王山	反烧炉	450.4	111.3	54.3	85.61	494.2	2939.6	涟源净煤球	649	5755	0.849	3171011	470.146	140	0.951	0.160	
16	王山	反烧炉	3161.9			87.65	390.6	2771.3	洁净煤球	694	5755	0.849	3390881	501.372	138	1.284	0.181	
17	王山	反烧炉	3067.9			88.80	343.5	2724.4	洁净煤球	585	5875	0.948	3258158	484.511	213	1.411	0.178	
									洁净散煤	−70	6072	1	−425665					
									资兴烟煤球	60	6270	0.720	270842					
									木柴	30	3500	1	105000					

续表 6-2

序号	试验地点	炉型	标记湿烟重/kg	标记干烟重/kg	标记杆重/kg	烟叶含水率/%	干烟叶总重/kg	蒸发水总重量/kg	燃煤类型	煤球个数或散煤质量/个(kg)	燃煤低热值/(kcal·kg⁻¹)	煤球单重/kg	烘烤总热值/kcal	烘烤总能耗/kg ce	耗电量/kW·h	干烟叶单耗/(kg ce·kg⁻¹)	蒸发水单耗/(kg ce·kg⁻¹)	备注
18	玉山	反烧炉	146.5	35.5	5.8	78.85	379.4	1414.2	洁净煤球	601	5875	0.948	3347826	506.923	165	1.336	0.358	首烤
									资兴烟煤球	13	6270	0.720	58683					忽略
19	玉山	反烧炉	104.8	24.8	12.2	86.39	261.2	1657.6	涟源净煤球	666	5755	0.849	3254073	486.559	177	1.863	0.294	首烤 忽略
20	玉山	反烧炉	110.1	22.6	10.3	87.67	323.6	2300.4	涟源净煤球	835	5755	0.849	4079806	605.873	188	1.873	0.263	首烤 忽略

注：①净煤球指使用腐殖酸钠黏结剂成型的煤球（灰分含量约10%）。②资兴煤球指使用泥土黏结剂成型的煤球（灰分含量约23%），泥煤煤球指使用腐殖酸钠黏结剂成型的资兴的煤球。③洁净煤球指使用腐殖酸钠黏结剂成型的朝鲜风选无烟煤煤球（灰分含量约13%）。洗烟煤煤球指使用腐殖酸钠黏结剂成型的朝鲜风选无烟煤煤球（灰分含量约13%）。

表 6 – 3 中，煤球 0.85 ~ 0.95 kg/个，按 0.9 kg/个计，净煤低热值为 5755 kcal/kg，掺泥 40 ~ 80 kg/100 kg 煤，折 60 kg，净煤含水率为 7% ~ 10%，干烟叶废品率为 5%，折标煤为 $1.586 \times 5755/7000/0.95 \times 0.93 = 1.276$，接近于表 6 – 2 中序号 5 数据，即 1.279 可作为隧道炉基准工况单耗。

表 6 – 3   隧道炉烘烤耗煤基准统计

乡镇	村	烟叶总产量/kg	用煤类型	单价/(元·个$^{-1}$)	用煤总量/个	总金额/元	用煤总量/kg	耗煤/(kg·kg^{-1})
喻家坳	喻家村	4333	型煤	0.75	9460	7095	5108.4	1.179
喻家坳	南岭村	6120	型煤	0.75	16100	12075	8694	1.421
喻家坳	铁冲村	2443	型煤	0.66	9200	6072	4968	2.034
喻家坳	喻家村	3505	型煤	0.70	11100	7770	5994	1.710
喻家坳	余新村	2505	型煤	0.70	7200	5040	3888	1.552
喻家坳	喻家村	8112	型煤	0.75	22300	16725	12042	1.484
喻家坳	喻家村	2921	型煤	0.75	11500	8625	6210	2.126
喻家坳	喻家村	5410	型煤	0.75	14100	10575	7614	1.407
喻家坳	喻家村	4330	型煤	0.75	11500	8625	6210	1.434
喻家坳	喻家村	8060	型煤	0.75	22560	16920	12182.4	1.511
	平均值							1.586

表 6 – 4 为金属炉烘烤耗煤基准统计。

表 6 – 4   金属炉烘烤耗煤基准统计

乡镇	村	种植面积/亩	烟叶总产量/kg	燃煤种类	烘烤总耗煤/kg	煤单价/(元·t^{-1})	总金额/元	耗煤/(kg·kg^{-1})
喻家坳	高田村	37	4120.5	散煤	7015	880	6173.2	1.702
喻家坳	高田村	30	2626	散煤	5400	720	3888	2.056
喻家坳	高田村	22	3292	散煤	5800	720	4176	1.762
喻家坳	高田村	20	3016	散煤	5300	800	4240	1.757
喻家坳	高田村	27	3096	散煤	5800	720	4176	1.873
喻家坳	高田村	25	1860	散煤	3600	680	2448	1.935

续表 6 – 4

乡镇	村	种植面积/亩	烟叶总产量/kg	燃煤种类	烘烤总耗煤/kg	煤单价/(元·t⁻¹)	总金额/元	耗煤/(kg·kg⁻¹)
喻家坳	高田村	16	2375	散煤	3425	900	3082.5	1.442
喻家坳	高田村	16	2265	散煤	5100	640	3264	2.252
喻家坳	高田村	11	1110	散煤	3000	720	2160	2.703
喻家坳	高田村	12	1225	散煤	2150	780	1677	1.755
	平均值							1.924

净煤低热值为 5755 kcal/kg, 含水率约 10%, 干烟叶废品率约 5%, 折标煤为 $1.924 \times 5755/7000/0.95 \times 0.9 = 1.498$, 接近于表 6 – 2 中序号 10 数据, 即 1.502 可作为金属炉基准工况单耗。

表 6 – 5 为项目单位产品能耗、节能率、年节能量、年净收益等指标核算。

表 6 – 5   项目单位产品能耗、节能率、年节能量、年净收益等指标核算

指标名称	计算公式说明	结果
立式金属炉烧涟源散煤单耗/(kg ce·kg⁻¹)		1.502
立式金属炉烧洁净散煤单耗/(kg ce·kg⁻¹)	取平均水平	1.236
反烧炉烧洁净煤球单耗/(kg·kg⁻¹)		1.411
反烧炉烧涟源净煤球单耗/(kg ce·kg⁻¹)	取 6 个单耗平均值	1.105
反烧炉烧涟源泥煤球单耗/(kg ce·kg⁻¹)		1.279
隧道式非金属炉烧涟源净煤球单耗/(kg ce·kg⁻¹)		1.288
隧道式非金属炉烧涟源泥煤球单耗/(kg ce·kg⁻¹)	按有利于隧道式非金属炉原则, 取最低单耗为比较值	1.279
反烧炉烧涟源净煤球比烧涟源泥煤球相对节能/%	$(1.279 - 1.105)/1.279$	13.60%
反烧炉烧涟源净煤球比隧道式非金属炉相对节能/%	$(1.288 - 1.105)/1.288$	14.20%
隧道式非金属炉烧净煤球比烧泥煤球相对节能/%	$(1.279 - 1.288)/1.279$	-0.70%

续表 6 – 5

指标名称	计算公式说明	结果
反烧炉烧涟源净煤球比隧道式非金属炉烧涟源泥煤球相对节能/%	(1.279 – 1.105)/1.279	13.60%
反烧炉烧涟源净煤球比隧道式非金属炉烧涟源泥煤球节能/t ce	2500 × 2 × (1.279 – 1.105)/1000	0.870
铁冲工场投资 2 座反烧炉运行费用节省/(元·年$^{-1}$)	0.87 × 900 + 2500 × 2 × (1.279/0.887 – 1.105/0.849) × 0.15 – 2500 × 2 × 1.192/1000 × 20	888
铁冲工场投资 2 座反烧炉静态投资回收期/年	14140/888	15.92
立式金属炉烧洁净散煤比烧涟源散煤相对节能/%	(1.502 – 1.236)/1.502	17.70%
反烧炉烧洁净煤球比烧涟源净煤球相对节能/%	(1.105 – 1.411)/1.105	– 27.70%
反烧炉烧涟源净煤球比立式金属炉烧涟源散煤相对节能/%	(1.502 – 1.105)/1.502	26.40%
反烧炉烧涟源净煤球比立式金属炉烧涟源散煤节能/t ce	2500 × 4 × (1.502 – 1.105)/1000	3.970
玉山工场投资 4 座反烧炉运行费用节省/(元·年$^{-1}$)	3.97 × 900 – 2500 × 4 × 1.105/0.849 × 0.15 – 2500 × 4 × 1.105/1000 × 20 + 280 × 4 × 5	7000
玉山工场投资 4 座反烧炉静态投资回收期/年	28280/7000	4.04

综上所述：

①就干烟叶而言，反烧炉烧涟源净煤球单耗为 1105 g ce/kg，隧道式非金属炉烧涟源泥煤球单耗为 1279 g ce/kg，立式金属炉烧涟源散煤单耗为 1502 g ce/kg。反烧炉烧涟源净煤球比隧道式非金属炉烧涟源泥煤球相对节能 13.6%，比立式金属炉烧涟源散煤相对节能 26.4%。铁冲烘烤工场 2 座反烧炉替代 2 座隧道式非金属炉，节能 0.870 t ce/年，运行费用节省 888 元/年，静态投资回收期约 15.92 年。玉山烘烤工场 4 座反烧炉替代 4 座立式金属炉，节能 3.97 t ce/年，运行费用节省 7000 元/年，静态投资回收期约 4.04 年。反烧炉替代隧道式非金属炉，单台年节能 435 kg ce，单台运行费用节省 444 元。反烧炉替代立式金属炉，单台节能

0.993 t ce/年，单台运行费用节省 1750 元/年。

②就单位干烟叶耗标煤指标而言，反烧炉低于隧道式非金属炉，隧道式非金属炉低于立式金属炉。

③反烧炉替换立式金属炉或隧道式非金属炉，经济节能效益明显。

④反烧炉适合燃烧净煤球，不适宜燃烧泥煤球；隧道式非金属炉适合燃烧泥煤球，不适宜燃烧净煤球；立式金属炉适宜燃烧高热值散煤。

6.5 第三方环保检测

依据《工业炉窑大气污染物排放标准》GB 9078—1996 和《固定污染源排气中颗粒物测定与气态污染物采样方法》GB/T 16157—1996 要求，2017 年 7 月 10—13 日委托第三方进行反烧炉稳温阶段烟气污染物排放检测。

燃用朝鲜产精选无烟煤净蜂窝煤球。热风炉废气检测方法与仪器如表 6 - 6 所示。反燃炉与金属炉废气检测对比数据如表 6 - 7 所示。

表 6 - 6　热风炉废气检测方法与仪器

检测类型	检测项目	分析方法	使用仪器	精度/(mg·m^{-3})
有组织废气	SO_2	《固定污染源排气中二氧化硫的测定 定电位电解法》HJ/T 57—2000	LY3012（新）08 代自动烟尘（气）测试仪	1
	NO_x	固定污染源监测 定电位电解法（《空气和废气监测分析方法》，国家环保总局编，2007 年）		3
	颗粒物	《锅炉烟尘测试方法》GB/T 5468—1991	分析天平	0.1

表 6 - 7　反烧炉与金属炉废气检测对比数据

炉型	燃料种类	稳温阶段/℃	排烟温度/℃	烟气含氧浓度/%	烟气 SO_2 浓度/(mg·m^{-3})	烟气 NO_x 浓度/(mg·m^{-3})	烟尘浓度/(mg·m^{-3})
反烧炉	朝鲜无烟煤	42	44	16.5	818	16	8.59
反烧炉	朝鲜无烟煤	46	54	12.1	797	36	7.18
反烧炉	朝鲜无烟煤	52	75	9.9	83	32	6.25
反烧炉	朝鲜无烟煤	58	77	16.6	727	56	11.30

续表 6-7

炉型	燃料种类	稳温阶段/℃	排烟温度/℃	烟气含氧浓度/%	烟气 SO_2 浓度/($mg·m^{-3}$)	烟气 NO_x 浓度/($mg·m^{-3}$)	烟尘浓度/($mg·m^{-3}$)
反烧炉	朝鲜无烟煤	68	77	16.6	727	56	11.30
金属炉	朝鲜无烟煤:资兴烟煤=1:1	42	126	18.1	818	124	57.80
金属炉	朝鲜无烟煤:资兴烟煤=1:1	46	131	11.8	450	84	18.90
金属炉	朝鲜无烟煤:资兴烟煤=1:1	52	147	8.2	280	171	12.90
金属炉	朝鲜无烟煤:资兴烟煤=1:1	58	150	12.6	476	174	51.90
金属炉	朝鲜无烟煤:资兴烟煤=1:1	63	170	15.5	454	79	54.10
金属炉	山西烟煤	39	81	19.6	3180	168	286.00
金属炉	山西烟煤	40	67	19.3	654	145	198.00
金属炉	涟源无烟煤	42	142	13.6	481	210	19.40
金属炉	涟源无烟煤	46	149	10.9	757	128	15.80
金属炉	涟源无烟煤	52	172	15.7	809	119	74.40
金属炉	涟源无烟煤	52	101	19.9	1060	202	146.00
金属炉	涟源无烟煤	58	183	18.4	314	14	158.20
金属炉	涟源无烟煤	63	123	18.6	4250	165	147.00
金属炉	涟源无烟煤	68	156	17.9	279	72	118.00
金属炉	涟源无烟煤	68	163	15.2	724	164	24.50

分析表 6-7 可知：

①反烧炉废气检测证实，烟气 SO_2 排放浓度检测最高达 820 mg/m^3，低于《工业炉窑大气污染物排放标准》GB 9078—1996 中二类区排放标准 850 mg/m^3，NO_x 和粉尘排放浓度检测低于《锅炉大气污染物排放标准》（GB 13271—2014）排放标准，建议加设烟气脱硫装置，但无须加设烟气脱硝及除尘装置。烟农自行使用反烧炉，预装煤时煤床区煤球与煤球之间的缝隙明显，空气短路旁通较多，空气利用率不高，烟气含氧浓度高，导致烟气 SO_2 浓度偏高。反烧炉内气流速度小，燃烧释热温和，燃烧区温度均匀且无局部高温区，是烟气含 NO_x 和颗粒物等污染物浓度低的主要原因。

②反烧炉燃烧朝鲜无烟煤，排烟温度为 45~78℃，而金属炉燃烧涟源无烟煤或朝鲜无烟煤，排烟温度为 125~170℃，高出反烧炉 80~90℃。和金属炉相比，反烧炉热效率高。

③由于燃料本身 S 元素含量高，反烧炉燃烧朝鲜无烟煤时烟气 SO_2 排放浓度低于金属炉燃烧涟源无烟煤时烟气 SO_2 排放浓度（已超标）。

④反烧炉燃烧朝鲜无烟煤时，烟气 NO_x 排放浓度为 16~56 mg/m^3，无须设计烟气脱硝装置。金属炉燃烧涟源无烟煤时，烟气 NO_x 排放浓度为 70~210 mg/m^3，需要加设烟气脱硝装置。

⑤反烧炉燃烧朝鲜无烟煤时烟气粉尘排放浓度为 6~11 mg/m^3，无须设计烟气除尘装置。而金属炉燃烧涟源无烟煤时，烟气粉尘排放浓度高达 15~158 mg/m^3，明显超出了国家标准要求，需要加设烟气除尘装置。

6.6 干烟叶品质权威鉴定

采用国标 42 标准分级，委托农业部烟草产业产品质量监督检验测试中心检测反烧炉烤房干烟叶的外观质量、评吸质量和内在化学成分。以金属炉烤房为对照，见表 6-8。

表 6-8 干烟叶等级结构对比

烤房类型	上等烟比例/%	中等烟比例/%	橘黄烟比例/%	青杂烟比例/%
反烧炉	61.3	33.2	71.3	5.5
金属炉	60.2	33.6	64.6	6.2

从烟叶等级结构来看，反烧炉干烟叶上等烟比例高于金属炉 0.9 个百分点，橘黄烟比例高于对照 6.7 个百分点，青杂烟比例低于对照 0.7 个百分点，综合以上，反烧炉优于金属炉。

从烤后烟外观质量来看，干烟叶外观质量鉴定相当，证明反烧炉与金属炉无明显区别，见表 6－9。

表 6－9　干烟叶外观质量对比

烤房类型		颜色	成熟度	叶片结构	身份	油分	色度	综合
反烧炉	B2F	橘黄 +	成熟	尚疏松	稍厚	有 +	强	较高 －
	C3F	橘黄 +	成熟	疏松	中等	有	中	较高 －
	X2F	橘黄	成熟	疏松	稍薄	稍有	中	较高 －
金属炉	B2F	橘黄	成熟	尚疏松 －	稍厚	有	强 －	较高 －
	C3F	橘黄 +	成熟	疏松	中等	有 +	中	较高
	X2F	橘黄 +	成熟	疏松	稍薄	稍有	中	一般 +

从干烟叶内在质量来看，反烧炉略好于金属炉，上部叶高于对照一个档次，见表 6－10。

表 6－10　干烟叶内在质量对比

烤房类型		香型	劲头	浓度	香气质 15	香气量 20	余味 25	杂气 18	刺激性 12	燃烧性 5	灰分 5	得分 100	质量档次
反烧炉	B2F	浓偏中	适中	中等 +	11.63	16.38	19.63	13.25	9.00	3.00	3.00	75.90	较好 －
	C3F	浓偏中	适中	中等 +	11.38	16.25	19.63	13.00	8.63	3.00	3.00	74.90	中等 +
金属炉	B2F	浓偏中	适中	中等 +	11.25	16.00	19.13	12.88	8.75	3.00	3.00	74.00	中等 +
	C3F	浓偏中	适中	中等 +	11.38	15.88	19.25	12.75	8.63	3.00	3.00	73.90	中等 +

采用 B2F、C3F、X2F 为分析样，分析总糖、还原糖、总植物碱、总氮、K_2O、Cl，分析表明：反烧炉糖碱比更合理，化学成分更协调。

6.7 小结

2015 年加工出 1 座反烧炉（第一代），2016 年加工出 3 座反烧炉（第二代），2017 年加工出 8 座反烧炉（第三代）。

2016 年，在喻家坳乡月亮湾烘烤工场完成了 44.5 t 烟叶烘烤第二代反烧炉对比试验；2017 年，在喻家坳乡玉山工场完成了 7 房烟叶烘烤第三代反烧炉对比试验，在铁冲乡铁冲工场完成了 2 房烟叶烘烤第三代反烧炉对比试验，住郴州樟木乡曾家组新能源烘烤工场完成了 3 房烟叶烘烤第三代反烧炉对比试验。

烘烤试验表明：反烧炉低、中、高温稳温和加热能力均能满足密集烤烟工艺需要。烤烟房空气干球温度贴合烘烤曲线，无超温、掉温现象发生，干烟叶质量有保障。无倒火高温烧损助燃风机，无爆燃事故。

2017 年已完成的洁净煤反向燃烧热风炉综合技术经济指标汇总如表 6 - 11 所示。

表 6 - 11　2017 年已完成的洁净煤反向燃烧热风炉综合技术经济指标汇总

预期指标	完成指标	完成情况
热风炉 SO_2、NO_x 等排放，达到《大气污染物综合排放标准》（GB 16297—1996）和《锅炉大气污染物排放标准》（GB 13271—2014）要求。和隧道炉相比，反烧炉烟气 CO 排放减少 30% 以上	①B201706159050 - 1 显示：折含氧浓度 9%，烟气 SO_2 排放小于 820 mg/m³，小于 GB 16297—1996 新污染源 960 mg/m³，小于 GB 9078—1996 二级 850 mg/m³；烟气 NO_x 排放 ≤ 56 mg/m³，远远小于 GB 13271—2014 重点地区 200 mg/m³；烟尘排放 ≤ 11.30 mg/m³，小于 GB 13271—2014 重点地区 30 mg/m³。②自测试反烧炉烟气 SO_2 和 NO_x 排放小于 GB 13271—2014 重点地区排放 200 mg/m³。③肉眼看不见排烟，满足 GB 13271—2014 重点地区排烟林格曼黑度 ≤1 要求。④自测试反烧炉烟气 CO 排放 1～2 g/m³，隧道炉烟气 CO 排放 10～16 g/m³。对比隧道炉，反烧炉减排 CO 90%	完成烟气 SO_2 NO_x 粉尘 CO 排放指标均为先进
和隧道炉相比，新型热风炉相对节煤 8%～10% 及以上	HNJNPJ20171012 显示：①反烧炉比隧道炉相对节能 13.6%，替代隧道炉节能 435 kg ce/（年·台）、运行费用节省 444 元/（年·台）。②反烧炉比金属炉相对节能 26.4%，替代金属炉节能 993 kg ce/（年·台）、运行费用节省 1750 元/（年·台）	完成指标先进

续表 6 – 11

预期指标	完成指标	完成情况
无助燃风机倒火高温烧损故障	整个烘烤过程助燃风机机壳温度保持在 38℃ 左右，无倒火高温烧损等设备毁损事故	完成指标先进
一次性装煤	预装 950 个 $\phi110 \times h75$ mm 净煤球，8 ~ 9 天烘烤供热无须中途添煤	完成
申请发明 1 项实用新型 2 项	申请发明 3 项、实用新型 3 项，其中已授权发明 2 项、实用新型 3 项	超额完成

洁净煤反向燃烧热风炉初始投资为 7550 元/台，烘烤用能成本为 450 ~ 630 元/烤次。比传统立式金属热风炉相对节能 26.4%，替代金属炉节能 0.993 t ce/（年·台），运行费用节省 1750 元/年·台。反烧炉比隧道式非金属热风炉相对节能 13.6%，替代卧式隧道炉节能 435 kg ce/（年·台），运行费用节省 444 元/（年·台）。反烧炉烟气污染物 SO_2 排放低于 GB 16297—1996 新污染源排放标准及 GB 9078—1996 二级排放标准；NO_x 排放、烟尘排放和排烟林格曼黑度远低于 GB 13271—2014 重点地区排放标准。相比于隧道炉，反烧炉减排 CO 约 90%，无烤坏烟叶。和金属炉对照，反烧炉干烟叶等级结构更优，内在质量略好，外观质量相当，糖碱比更合理，化学成分更协调。一次性直立舒适预装煤球约 950 个，完成 8 ~ 9 天烘烤供热，整个烘烤过程无须中途添加煤球，能配套标准密集烤烟房使用。配合目前普遍使用的烤烟控制器（约 800 元/台），烤房温度波动 ±0.2℃，变黄期不掉温，定色干筋期不超温，无须人值守，满足精准密集烤烟需要。反烧炉无炉内爆燃及正压向外喷射高温气流伤人等安全隐患。整个烘烤过程反烧炉助燃风机机壳温度为 38℃，无倒火高温烧损故障。

7 总 结

7.1 研发成果

密集烤烟用洁净煤反向燃烧热风炉，包括设置了 2~4 个补风缝的炉顶盖、炉腹、炉条、内外双炉门或 L 形炉门，以及 1.5 m 高的炉内腔和 1.5 m 高的操作通道，炉内腔被水平炉条分隔为上部煤床区和下部静压清灰区，该操作通道既用于装煤又用于清灰，内炉门堵塞清灰口，外炉门密封操作通道右端口，用 L 形炉门替代内外双炉门时 L 形炉门底部伸展体端面伸入通道堵塞封闭清灰口，炉腹侧壁均匀焊有向外辐射状肋片，底部静压区全部助燃空气穿过炉条后呈活塞流状由下自上流入煤床燃烧区，将正燃烧的小块烟煤塞入煤床顶层中心，煤层由上自下逐层燃烧，煤床顶层以明火反燃（层燃释热强度 450~700 kW/m² 的 1/3~1 倍）方式精准供热，煤床顶层之上以切锥面旋流燃烧（室燃释热强度 265~300 kW/m³ 的 1~3 倍）方式补充供热。助燃空气在炉条下方静压室旋流，然后全部垂直向上流动，最后气流旋转流动和固定床式炉固有边壁效应使得绝大部分助燃空气沿贴近炉腹内壁区域流过煤床。几块正燃烧着的赤红无烟煤放置在煤床顶面中心以点燃型煤，高温燃烧面沿煤床顶面自中心向边缘缓慢移动，接着沿煤床边缘自上向下快速移动，最后自煤床边缘向中心轴线方向移动，以减少炉条上方炭锥损失。新型热风炉高温燃烧区邻近炉顶盖，炉顶盖外壁面被大流量循环空气竖直冲击并对流冷却，排烟温度低至 44~77℃，比金属炉排烟温度低 100℃。新型热风炉呈微负压燃烧，炉内负压在 58~63℃稳温阶段最大值为 -2~-8 Pa，CO_2 气体是排烟的主要成分。助燃风机开停控制助燃空气流量，"小火→大火→中火"反向燃烧满足"变黄→定色→干筋"烤烟供热需要。

密集烤烟用洁净煤反向燃烧热风炉的结构特征是单个立式炉内腔，炉内腔高 1.5 m×内径 0.9~1.1 m，煤床高 1.2 m，一次性预装约 950 个煤球。装煤通道和清灰通道合并为宽 560 mm×高 1.5 m 操作通道。内外双炉门或 L 形炉门。炉膛外壁面均匀布置众多肋片。炉顶盖设置 2～4 个补风缝。除助燃风机将空气鼓入静压区外，无其他助燃空气渗入炉内。反烧炉的技术特征是低成本精准烘烤供热，明火反烧，高温隔离，透热旋流燃烧，煤床顶层中心小块烟煤引燃。反烧炉使用目前普遍使用的烘烤控制器(市场单台购买价不超过 900 元)，不另行配置专用烘烤控制器，型煤燃烧所需的助燃空气全部由助燃风机提供，易被烟民理解掌握。

反烧炉的技术指标是：燃用低硫低灰无烟煤型煤(用腐殖酸钠挤压成型)；成本 <6750 元/台(不含控制器、循环风机及烘烤房，折 2017 年物价水平)；烘烤房温度波动 ±0.2℃，不超温、不掉温，不烤坏农作物，无安全事故，无人值守；烟气污染物排放达到《工业炉窑大气污染物排放标准》(GB 9078—1996)要求。

2015 年委托加工出 1 座密集烤烟用洁净煤反烧炉(第一代)，2016 年委托加工出 3 座反烧炉(第二代)，2017 年委托加工出 8 座反烧炉(第三代)。2016 年在喻家坳乡月亮湾烘烤工场完成了 44.5 t 烟叶烘烤对比试验；2017 年在喻家坳乡玉山烘烤工场完成了 7 房烟叶烘烤对比试验，在铁冲乡铁冲烘烤工场完成了 2 房烟叶烘烤对比试验，在郴州樟木乡曾家组新能源烘烤工场完成了 3 房烟叶烘烤。宁乡市烟草公司密集烤烟用高效节能环保型热风炉第三方节能评价报告(№HNJNPJ20171012)(湖南节能评价技术研究中心，2017 年 8 月 20 日)显示，反烧炉烧涟源净煤球单耗 1.105 kg ce/kg 干烟叶，隧道炉烧涟源泥煤球单耗 1.279 kg ce/kg 干烟叶，金属炉烧涟源散煤单耗 1.502 kg ce/kg 干烟叶。反烧炉烧涟源净煤球比隧道式炉烧涟源泥煤球相对节能 13.6%，比金属炉烧涟源散煤相对节能 26.4%。反烧炉替代隧道炉节能 435 kg ce/(年·台)，运行费用节省 444 元/(年·台)，静态投资回收期为 15.92 年。反烧炉替代金属炉节能 993 kg ce/(年·台)，运行费用节省 1750 元/(年·台)，静态投资回收期为 4.04 年。宁乡市烟草公司废气检测报告(NOB201706159050 - 1)[广电计量检测(湖南)有限公司，2017 年 7 月 18 日]显示，2017 年玉山烘烤工场 4 座反烧炉烘烤试验现场肉眼观测不到黑色或白色排烟，烟气 SO_2 排放达到《工业炉窑大气污染物排放标准》(GB 9078—1996)要求，粉尘和 NO_x 排放达到《锅炉大气污染物排放标准》(GB 13271—2014)要求。干叶品质评析表明：和金属炉对照，反烧炉干烟叶等级结构更优，内在质量略好，外观质量相当，糖碱比更合理，化学成分更协调。

从目前 31 烤次烘烤试验来看，反烧炉出现的问题有：

(1)反烧炉燃烧腐殖酸钠黏接挤压成型的低灰高热值洁净无烟煤净型煤。在中国，由于清洁煤燃烧没有大面积推广，往往只有大型发电厂或钢铁厂等企业使用，在广大农村，清洁煤来源较少，清洁型煤加工技术不足，需要建立专门的供应渠道。

(2)微开炉门导致烤房温度超温失控问题。炉门严格密封要求易被烟农忽略，或者习惯于隧道炉操作方式，忽略敞开或不关严炉门对烤房温度精准调控的影响。

（3）烟农操作不当。由于反烧技术是从上往下燃烧，与烟农平常的认知不同，需要加强烘烤的操作培训。

7.2　项目创新

针对当前烟叶烘烤燃料成本较高，热效率较低，对环境具有一定的污染且升温控温不灵敏等问题，项目组自主研发了投资较低、控温精准的密集烤烟用高效节能环保型热风炉，其研究成果达到了国内同类研究领先水平。

项目主要创新成果如下：

（1）针对洁净烟煤、生物质压块燃料，研发了一种在靠近炉顶内壁附近区域组织旋流燃烧的密集烤烟用洁净煤反向燃烧热风炉。反烧炉炉腹侧壁均匀焊有呈向外辐射状的肋片，圆台状炉顶侧壁设置 $2 \sim 4$ 个补风缝，炉顶内壁附近区域组织旋流燃烧。炉顶内腔靠近内壁区为高可燃性尾气分子浓度、高氧化剂分子浓度和高温度"三集中"的高效氧化反应区。反烧炉热效率比传统隧道炉相对节能 10%，烟气 CO 排放比传统隧道炉减少约 90%。该研究成果优化了密集烤烟热风炉内流动传热燃烧条件，创新了密集烤房燃烧供热节能环保方式。

（2）针对洁净无烟煤，研发了一种一次性预装煤、控温精准、节能环保的单体立式洁净型煤反向燃烧热风炉及使用方法。该反烧炉将装煤通道和清灰通道合并为操作通道，并将操作通道内腔高度升至 1.5 m，内炉门堵封清灰口，外炉门密封操作通道进口。使用反烧炉时从煤床顶面中心点火引燃。反烧炉预装煤和反向燃烧操作简便，助燃风机关停能精准调控烘烤供热变化，能满足三段式密集烤烟工艺需要。反烧炉热效率比传统金属炉相对节能 26.4%，比传统隧道炉相对节能 13.6%，烟气 SO_2 排放低于《工业炉窑大气污染物排放标准》（GB 9078—1996）二级排放标准，烟气 NO_x 和颗粒物排放低于《锅炉大气污染物排放标准》（GB 13271—2014）重点地区排放标准。该研究成果创新了密集烤房燃烧供热精准控温方式，为现有燃煤烤房技术的升级改造提供了一种新技术和新手段。

反烧炉结构创新申报发明 1 项——密集烤烟反向燃烧热风炉及其使用方法（发明 201610779297.5），获得发明授权 2 项——密集烤烟方桶式反烧炉及其使用方法（发明 ZL201610784466.4）、密集烤烟房用高温热风炉（发明 ZL2015108013057），获得实用新型授权 3 项——密集烤烟用高温热风炉（实用新型 ZL201520936801.9）、蜂窝煤球明火反烧供热炉（实用新型 ZL201621000031.8）和蜂窝煤砖燃烧供热装置（实用新型 ZL201621005756.6）。

7.3 项目推广前景

反烧炉单位干烟叶能耗为 1.105 kg ce/kg，单台反烧炉烤烟全年耗煤 2.763 t ce。传统金属炉单位干烟叶能耗为 1.502 kg ce/kg，单台传统金属炉烤烟全年耗煤 3.755 t ce。传统隧道炉单位干烟叶能耗为 1.279 kg ce/kg，单台传统隧道炉烤烟全年耗煤 3.198 t ce。反烧炉比传统金属炉相对节能 26.4%。单台反烧炉替代传统金属炉，全年节能 993 kg ce，减少排放二氧化碳 2.582 t、烟尘 27.8 kg、二氧化硫 23.83 kg、氮氧化物 6.95 kg，运行费用节省 1750 元。反烧炉替代传统金属炉，烘烤用工成本明显降低，经济社会效益显著。反烧炉比传统隧道炉相对节能 13.6%。单台反烧炉替代传统隧道炉，全年节能 435 kg ce，减少排放二氧化碳 1.131 t、烟尘 12.18 kg、二氧化硫 10.44 kg、氮氧化物 3.045 kg，运行费用节省 444 元。

按 2017 年全国烟叶种植面积 1800 万亩测算，20 亩烟田配套建设 1 座标准密集烤房，全国建有烤房 90 万座。这些烤房满足不了当今各烟区青壮年劳动力紧缺、烟农增收、节能减排和绿色烘烤需要。据统计，2017 年全国烟叶烘烤用煤约 380~450 万 t ce。按每燃烧 1 kg ce，将排放 CO_2 2.6 kg、烟尘 0.028 kg、SO_2 0.024 kg、NO_x 0.007 kg 测算，全国烟叶烘烤年排放 CO_2 988~1170 万 t、烟尘 10.64~12.60 万 t、SO_2 9.12~10.80 万 t、NO_x 2.66~3.15 万 t。一个 20 座规模烤房群，年排放 CO_2 219.56~260 t、烟尘 2.36~2.80 t、SO_2 2.027~2.40 t、NO_x 0.59~0.70 t。

密集烤房大面积推广从 2009 年开始，按 10 年使用寿命计算，大部分烤房加热设备进入更换期。按 5 年内反烧炉占有率年增长 4% 测算，每年反烧炉新建量将达到 3.6 万座，5 年反烧炉新建总数将达到 18 万座。加上密集烤房金属炉能效有约 25% 的提升空间，即年增节能 3.8~4.5 万 t ce，减放 CO_2 9.88~11.7 万 t、烟尘 996.9~1260 t、SO_2 911.7~1012.5 t、NO_x 266.7~315 t。精准烘烤供热的洁净煤反烧炉，可以降低烟叶烘烤劳动强度，确保人身安全，并降低烘烤成本。传统燃煤烤房 1.8~2 个工/烤次，按反烧炉减少用工 0.8 个工/烤次、标准烤房烟叶烘烤产能 5 烤次/(年·座)、劳动力成本 100 元/工测算，5 年内年新增反烧炉 3.6 万座，5 年后反烧炉总数达到 18 万座，5 年内年增用工成本减少 1440 万元。包含烤烟控制器在内的反烧炉初始投资核算为 7550 元/(座·年)，比金属炉节约能源成本 1750 元/(座·年)。5 年内反烧炉市场占有率年增 4%，全国年新增固定资产投资 2.718 亿元，增加利税 2718 万元，比金属炉节约能源成本年增 6300 万元。

湖南省 2017 年烟叶种植面积 110.58 万亩，2009 起全省共建有烤烟房 7.5 万座。密集烤房大面积推广从 2009 年开始，按 10 年使用寿命计算，多批烤房加热设备进入更换期。以宁乡烟区为例，目前标准密集烤烟房总数 4143 座，其中有 400~500 座烤房的主体进入使用寿命结束期；有 940 座金属炉膛烤房，已经逐渐被淘汰；剩余的非金属一次性装煤烤房为主流烤房，约 2700 座。反烧炉市场前景良好。

附　录

中国烟草总公司湖南省公司科学技术奖励推荐书
——密集烤房高效节能环保型热风炉研发

一、项目简介

项目所属科学技术领域、主要科技内容、技术经济指标、对烟草行业科技进步的促进作用及应用推广情况如下。

1. 科学技术领域

项目可应用于农业领域烟草行业烟叶调制工序。

2. 主要科技内容

密集烤房高效节能环保型热风炉，包括锥筒状炉顶盖、立式圆或方筒状炉腹、水平炉条、内外双炉门。炉顶盖侧壁设置 2~4 个补风缝，炉腹侧壁焊有向外均匀辐射状肋片，炉腹内腔侧壁高度 1.5 m，侧壁离炉底板 0.3 m 高度处固定有炉条，炉条上方为煤床区、下方为静压区。炉腹侧壁开设了一个和炉腹侧壁等高且宽 0.6 m 的操作口，通过操作口炉腹内腔和倒置的方筒状操作通道相连通，操作通道方便预装煤点火清灰操作，炉条以下操作口为清灰口，清灰口用内炉门堵塞，操作通道右端口用外炉门密封，外炉门设置辅助通风口。2 股及以上助燃空气切向送入静压区后依次完成静压区旋流流动、竖直向上贴壁缓慢流过型煤煤床区和炉顶区切锥面旋流流动。将正燃烧的小块烟煤塞入煤床顶面中心点火引燃。煤床区发生自上向下自外向内反向燃烧，炉顶区发生未燃尽气体旋流燃烧，能满足三段式密集烘烤精准控温和节能低排放烘烤需要。

3.技术经济指标

助燃风机机壳温度约38℃，排烟温度为44~77℃，炉压为-8~-2 Pa;8天烘烤供热中途不需添煤;烤房温度变化±0.2℃;比金属炉节能993 kg ce/(年·台)(26.4%)，能源费用节省1750元/(年·台)，烟农增收2525元/(年·台);烟气污染物排放低于《工业炉窑大气污染物排放标准》(GB 9078—1996)限值。和金属炉相比，干烟叶等级结构更优，内在质量略好，外观质量相当，糖碱比更合理，化学成分更协调。

项目已授权发明专利3项，实用新型专利3项，发表论文3篇。

4.促进烟草行业科技进步作用

项目解决了金属炉高用工成本、高污染、高能耗和炉温波动大等问题，满足了密集烤烟使用清洁能源和节能环保的需要，为烘烟供热技术设备升级更新、精准控温、烘烤能耗限额及环保门槛管理提供了除生物质及空气能烤房之外的另一种新方案。

5.推广应用情况

2016—2017年共建设9座(长沙宁乡9座)反烧炉。2018年共推广20座(长沙宁乡浏阳各10座)，2019年共推广180座(长沙宁乡80座、浏阳60座，郴州宜章10座，永州江华10座，常德临澧10座，湘西花垣10座)。通过试验和试验性推广，反烧炉使用简便易行，经济节能，环保效益良好，获得了烟农一致好评。

二、主要创新点

针对当前烟叶烘烤燃料成本较高，热效率较低，对环境具有一定的污染且升温控温不灵敏等问题，项目组自主研发了投资较低、控温精准的密集烤烟用高效节能环保型热风炉(简称反烧炉)，其研究成果已达到国内同类研究领先水平。

(1)针对洁净烟煤、生物质压块燃料，研发了一种在靠近炉顶内壁附近区域组织旋流燃烧的密集烤烟用洁净型煤反向燃烧热风炉。该反烧炉炉腹侧壁均匀焊有呈向外辐射状的肋片，圆台状炉顶侧壁设置2~4个补风缝，炉顶内壁附近区域组织旋流燃烧。炉顶内腔靠近内壁区为高可燃性尾气分子浓度、高氧化剂分子浓度和高温度"三集中"的高效氧化反应区。该反烧炉热效率比传统隧道炉相对节能10%，烟气CO排放比传统隧道炉减少约90%。该成果优化了密集烤烟热风炉内流动传热燃烧条件，创新了密集烤房燃烧供热节能环保方式。

(2)针对洁净无烟煤，研发了一种一次性预装煤、控温精准、节能环保的单体立式洁净型煤反向燃烧热风炉及使用方法。该反烧炉将装煤通道和清灰通道合并为操作通道，并将操作通道内腔高度升至 1.5 m，内炉门堵封清灰口，外炉门密封操作通道进口。使用该反烧炉时从煤床顶面中心点火引燃。该反烧炉预装煤和反向燃烧操作简便，助燃风机关停能精准调控烘烤供热变化，能满足三段式密集烤烟工艺需要。该反烧炉热效率比传统金属炉相对节能 26.4%，比传统隧道炉相对节能 13.6%，烟气 SO_2 排放低于《工业炉窑大气污染物排放标准》(GB 9078—1996)二级排放标准，烟气 NO_x 和颗粒物排放低于《锅炉大气污染物排放标准》(GB 13271—2014)重点地区排放标准。该成果创新了密集烤房燃烧供热精准控温方式，为现有燃煤热风炉烤房技术的升级改造提供了一种新技术和新手段。

三、项目详细内容

1. 背景

使用清洁能源、重视节能减耗是当今烟叶密集烤房发展方向之一。美国等普遍使用燃油或天然气烤烟。国内新能源与可再生能源烤烟推广示范空气源热泵烤烟和生物质燃料烤烟。从示范效果看，空气能热泵成本高(2.8 万~3.8 万元/台、0.72~0.75 元/kW·h、1080~1125 元/房)，需要太阳能或电加热等辅助热源。压缩机启动延迟和热泵制热延迟，导致烤房温度波动高达 -2.9~0.6℃。生物质成型燃料烘烤成本高(约 1.5 万元/台、生物质颗粒约 1150 元/t、1150~1380 元/房)，技术要求高，存在炉内爆燃、外喷火引起火灾和断料降温烤坏烟叶等隐患。显然，空气能热泵和生物质成型燃料目前尚不能改变烤烟用能仍然以燃煤为主的形势。燃煤烘烤以基于正向燃烧原理的金属热风炉(金属炉)为主，少数地区使用基于正向燃烧原理的隧道式非金属热风炉(隧道炉)。金属炉煤耗高，需要多次添煤，炉门频繁开启导致炉温波动，不适于当今各烟区用工紧缺形势需要；隧道炉虽然一次性预装煤，但变黄期升温困难、干筋期降温困难，易烧毁助燃风机，影响干烟叶质量；此外，金属炉和隧道炉燃煤消耗高且污染环境。尚处于推广阶段的单体热风炉有生物质压块反向燃烧热风炉、悬浮隧道式蜂窝煤反向燃烧热风炉和双层对向正反燃烧热风炉等。生物质压块反向燃烧热风炉将传统反烧炉倒立布置，以便能连续加料去灰，但存在风机停运期间阴燃、反向受热烘烤排放干馏气白烟和供热调控性能差等问题。悬浮隧道式蜂窝煤反向燃烧热风炉存在供热功率小、供热调控性能差及因吸入空气量小加热升温能力有限等问题。双层对向正反燃烧热风炉设置双炉排结构，供热功率大，加热升温能力强，但未解决风机停运期间阴燃和排放白烟等问题。转气复燃、主炉大火烘烤 + 辅炉小火燃烧、将蜂窝煤热风炉和散煤立式热风炉组合的双炉腔热风炉燃烧功率大，常配合 2 座以上密集烤房同时运行使用。近年来，以提高烤烟质量为目的推广应用的精准烘烤工艺需要配备供热精准调控热风炉。考虑到今后相当长时期内国内能源消费结构仍以燃煤为主,结合国家推行的洁净型煤燃烧技术,项目组集成从煤床顶部点火引燃具有的低污染排放及其独特的燃烧特性,研发推广标准密集烤烟用单体立式洁净型煤反向燃烧热风炉(反烧炉)。从解决正向燃烧风机停运期间阴燃、高温烟气干馏及高温烟气还原下游未燃新鲜煤所导致的烤烟高能耗、高污染及供热不可调控问题出发,项目设计了热风炉新型结构及其使用方法,以优化热风炉热工特性,提高密集烤烟试验研究新型热风炉节能环保及烤房温度精准调控性能,解决传统燃煤热风炉由于炉内流动传热燃烧过程不合理所导致的密集烤烟普遍存在的不节能、污染环境、烤房温度调控性差、烘烤供热用工成本高、干烟叶品质缺乏保障、不能满足烟草行业可持续发展需要等问题。旨在证实新型反向燃烧热风炉应用于密集烤烟工艺的可行性,为目前广泛使用的金属炉和隧道炉节能环保技术的升级改造提供新方案。

2. 详细内容

2.1 结构、原理及应用

如图 2 – 1 所示,密集烤房高效节能环保型热风炉,包括锥筒状炉顶盖、立式圆或方筒状炉腹、水平炉条、内外双炉门。炉顶盖侧壁设置 2 ~ 4 个补风缝,炉腹侧壁焊有向外均匀辐射状肋片,炉腹内腔侧壁高度 1.5 m,侧壁离炉底板 0.3 m 高度处固定炉条,炉条上方为煤床区、下方为静压区。炉腹侧壁开设一个和炉腹侧壁等高且宽 0.6 m 的操作口,通过操作口炉腹内腔和倒置的方筒状操作通道相连通,操作通道方便预装煤点火清灰操作,炉条以下操作口为清灰口,清灰口用内炉门堵塞,操作通道右端口用外炉门密封,外炉门设置辅助通风口。新型热风

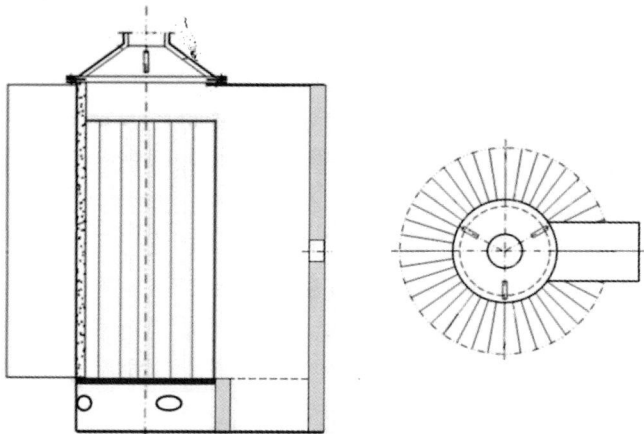

图 2 – 1　反烧炉原理结构

炉选材加工参照《密集烤房技术规范》(国烟办综[2009]418号)中金属炉的要求。反烧炉金属结构共重约400 kg。

洁净无烟煤加入适量腐殖酸钠黏接剂后机加工成净煤球。反烧炉一次性预先装入烘烤所需的全部净煤球,煤球最大预装量约950个(15~16层)。热风室内腔大小1.4 m(L)×1.4 m(W)×2.5 m(H),反烧炉总换热面积为9.98 m^2。使用反烧炉时,保持装烟房、烘烤控制器及温湿检测系统、新风机和循环风机不变。

2股及以上助燃空气切向送入静压区后,依次完成静压区旋流流动、竖直向上贴壁缓慢流过型煤煤床区和炉顶区切锥面旋流流动。将正燃烧的小块烟煤塞入煤床顶面中心点火引燃。煤床区发生自上向下自外向内反向燃烧,炉顶区发生未燃尽气体旋流燃烧,能满足三段式密集烘烤精准控温和节能低排放烘烤需要。助燃空气送入静压区后形成旋流气流,穿过炉条后全部向上流过煤床。静压区气流旋流和固定床式炉固有的边壁效应,使得炉腹内腔靠近内壁面区域空气较多,中心区域空气较少,绝大部分助燃空气沿贴近炉腹内壁区域流过煤床。将正燃烧的1~2小块赤红无烟煤塞入煤床顶层中心点火引燃型煤,排放烟气成分以CO_2气体为主。高温燃烧面自煤床顶面中心区域向边缘区域缓慢移动,接着在贴近炉腹内壁面区域自上向下快速移动,最后自贴壁区域向中心区域移动,以消除炉条上方堆煤区中心煤球的不完全燃烧损失。新型热风炉高温燃烧区邻近炉顶盖,炉顶盖外壁面被大流量循环空气竖直冲击并对流冷却,排烟温度低至44~77℃,比金属炉排烟温度低100℃。新型热风炉呈微负压燃烧,炉内负压在58~63℃稳温阶段最大,高达-8~-2 Pa,CO_2气体是排烟主要成分。助燃风机开停控制助燃空气流量,"小火→大火→中火"反向燃烧满足"变黄→定色→干筋"烤烟供热需要。

项目关键技术包括低成本精准烘烤供热、明火反烧、高温隔离、透热旋流燃烧、煤床顶层中心小块烟煤引燃。反烧炉使用目前普遍使用的烘烤控制器(烤房温度变化±0.2℃,市场价<900元/台),不另行配置专用烘烤控制器,型煤燃烧所需的助燃空气全部由助燃风机提供,将烘烤房温度变化精准控制在±0.2℃以内,不掉温、不超温,无烤坏农作物风险,而且成本低,技术要求低,易被烟民理解掌握。

2.2 空载模拟试验

反烧炉空载模拟升温过程中,在关键温度点50℃、58℃、65℃、70℃分别增设1~3 h稳温时间,以检查密封性和稳温性,确保无漏风导致加热升温能力不真实现象。考虑项目不考查烤房保温性能。反烧炉空载模拟烤房温度设置曲线[1, 26]和实测曲线如图2-2所示。

分析图2-2可知,新风门关闭条件下,烤房空气温度升高到50℃,空气升温速度>6℃;新风门全开条件下,烤房空气温度从50℃升高到58℃,烤房空气升温速度≥3℃;新风门半开条件下,烤房空气温度从58℃升高到65℃,加热时间≤3 h;

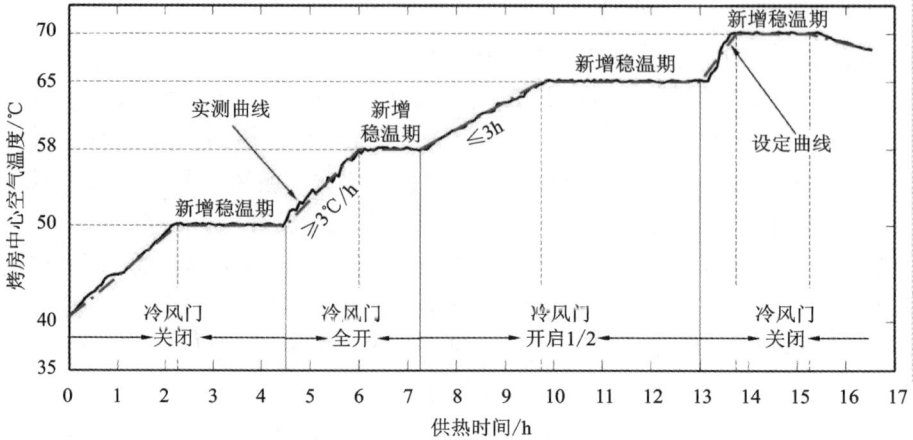

图 2-2　反烧炉空载模拟试验曲线

最大加热能力和稳温能力能满足三段式密集烤烟工艺需要。

2.3　密集烤烟试验

图 2-3 为宁乡烟区 2017 年 5—7 月反烧炉烘烤上部烟叶时烤房空气干湿球温度设定值和实际值变化曲线图，鲜烟叶装入量为 3615 kg，一次性预先装入 801

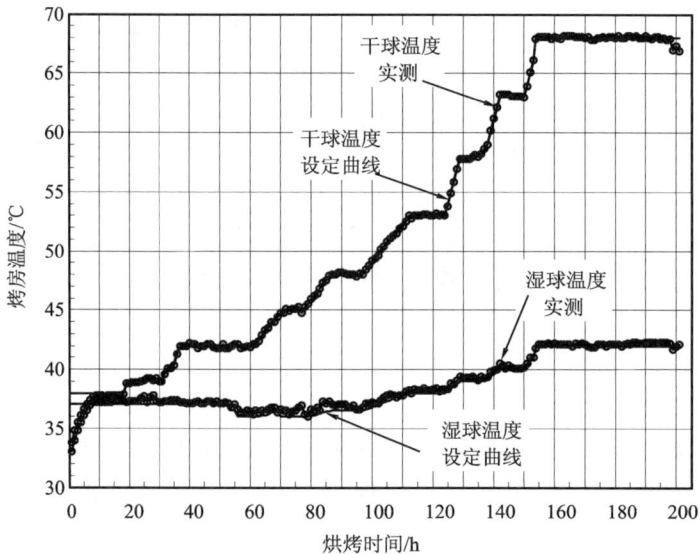

图 2-3　反烧炉烘烤上部烟叶时烤房空气温度设定值与实测值变化曲线

个净煤球，烟叶含水率为 86.46%。

　　分析图 2-3 可知：①反烧房一次性预装 801 个净煤球，烘烤供热时间长达 198 h。烘烤前一次性预先装入烘烤所需全部用煤，避免烘烤中途打开炉门看火引起的烤房温度波动影响。炉内煤床区高 1.2 m，一次性预装最多 950 个煤球，能满足标准密集烤房烟叶烘烤供热需要。②烘烤中、上部烟叶，无论是 38~40℃ 小火变黄期、40~60℃ 大火定色期还是 68℃ 中火干筋期，反烧炉稳温和升温能力均可以满足烘烤供热需要。③烤房空气干球温度实测值和设定值误差在烘烤控制器设定范围 ±0.2℃ 以内，能紧贴烘烤曲线生成烘烤热风，烤房温度无掉温或超温现象发生。整个烘烤过程燃烧供热能满足烘烤工艺要求，无过量燃烧供热，也无欠量燃烧供热。将烤房温度与烤房设定温度偏差在 ±0.2℃ 以内的燃烧供热视为有效烘烤供热，则反烧炉有效烘烤供热在全部烘烤供热中占比达到 100%，提高了烘烤效率，保证了节能效益。没有对烘烤控制技术及元器件提出额外过高要求，仅通过助燃风机启停，即低成本地实现了烤房温度的精准调控，降低了初始投资。④无助燃风机倒火烧损隐患。助燃风机安装在煤床低温端，一定高度的低温煤床可以阻止停机期间高温炉气反向倒流至风机机壳，风机始终处于低温状态，风机送风量始终恒定为额定风量，从而稳定了供热能力，保证了精准燃烧供热，节省了风机更新费用。

　　反烧炉炉内静压值决定着能否正常排烟和燃烧的安全性。用标准毕托管（配数字式微压差计）测得的 2 个烤次反烧炉炉内静压如表 2-1 所示。显然，炉内能保持微负压燃烧，高温炉气向上流动进入换热管束阻力小，向外喷火可能性较小，烘烤供热安全。58~63℃ 稳温阶段炉内负压值最大，高达 -8~-2 Pa，此阶段炉门及备用通风口的密封对保持炉温调控性能非常重要。

表 2-1　反烧炉稳温阶段操作通道静压测试　　　　　　　　Pa

烤次/℃	38	42	48	53	58	61	63	68
烤次 A	3~5	-5~-4	-2~-1	-6~-4	-6~-5	-8~-7	-7~-6	0~1
烤次 B	-4~-2	-1~1	-2~0	0~1	-3~-2	-7~-6	-8~-6	-1~2

　　在热风炉垂直排烟管中点开设测温孔，用 PT 100 铂电阻测试排烟温度。反烧炉和金属炉排烟温度汇总如表 2-2 所示，显然反烧炉排烟温度在 44 至 77℃ 范围，比金属炉排烟温度低 100℃ 左右。

表 2 – 2　热风炉换热管出口烟气温度检测　　　　　　　℃

炉型/℃	42	46	52	58	63	68
金属炉	142	149	172	183	123	163
反烧炉	44	54	75	77	—	77

2.4　能效第三方评估

2017 年 5—7 月委托第三方完成了能效测试。试验烟叶品种为"云烟87"。同批次对比试验烟叶成熟度相近,摘自同一块大田,采摘部位相近,采摘时间相同。选用涟源产低硫无烟煤(低热值 23.3 MJ/kg,灰分 23%)。反烧炉燃用 110 mm(φ)×75 mm(h)蜂窝状型煤球。不考虑年度首烤数据。装鲜烟叶时,每房选取 45 竿夹密度基本一致的烟叶,分别挂置在试验烤房相同位置上,每层 15 竿夹并标记。记录装入炉内腔蜂窝煤球个数或添入炉内腔的散煤总重量,记录烘烤前后标记烟叶重量和烘烤后解出的干烟叶总重量,记录烘烤前后电能表读数,核算出单位干烟叶能耗指标(见表 2 – 3),进而核算出技术经济指标(见表 2 – 4)。

表 2 – 3　密集烘烤单位产品能源消耗指标对比

序号	炉型	标记鲜叶/kg	标记干叶/kg	标记杆重/kg	鲜叶含水/%	干叶总重/kg	耗电/(kW·h)	总能耗/kg ce	干叶单耗/(gce·kg⁻¹)	干叶单耗计算值/(gce·kg⁻¹)
1	反烧炉	360.0	86.8	44.0	86.46	489.4	316	594.4	1215	1105
2	反烧炉	544.1	136.0	56.2	83.64	496.2	177	525.6	1059	1105
3	反烧炉	453.0	119.8	52.0	83.09	579.4	212	528.6	912	1105
4	反烧炉	524.8	115.8	56.3	87.30	445.5	179	538.5	1209	1105
5	反烧炉	450.4	111.3	54.3	85.61	494.2	140	470.1	951	1105
6	反烧炉	3161.9	—	—	87.65	390.6	138	501.4	1284	1105
7	金属炉	495.9	112.8	55.5	86.99	484.1	184	726.9	1502	1502
8	隧道炉	310	81.5	40.3	84.73	475.6	197	608.3	1279	1279

表 2 - 4 反烧炉替换金属炉综合性能指标对比

	干叶能耗 /(g ce·kg⁻¹)	年煤耗 /(kg ce·座⁻¹·年⁻¹)	烘烤用工 /(元·座⁻¹·年⁻¹)	总运行费用 /(元·座⁻¹·年⁻¹)
反烧炉	1105	2763	500	3572
金属炉	1502	3755	1900	5322
节能比较	26.4%	993	1400	1750

注：每座烤房按年烤干烟叶 2500 kg 计算，电费按 0.7 元/kW·h。

分析表 2 - 4 可知，反烧炉替换金属炉，相对节能 26.4%，节能 993 kg ce/(座·年)，运行费用节省 1750 元/(座·年)，节能及经济效益显著。

2.5 环保第三方检测

2017 年 7 月完成了反烧炉烟气污染物排放第三方检测(见表 2 - 5)。燃用朝鲜精选无烟煤净蜂窝煤球。

表 2 - 5 反烧炉废气检测数据

稳温阶段/℃	折烟气含氧浓度 9% 时烟气污染物浓度/(mg·m⁻³)		
	SO₂	NOₓ	颗粒物
42	818	16	8.59
46	797	36	7.18
52	83	32	6.25
58	727	56	11.30
68	727	56	11.30

分析表 2 - 5 可知，烟气颗粒物、氮氧化物及二氧化硫排放浓度低于《工业炉窑大气污染物排放标准》(GB 9078—1996)排放标准。反烧炉内气流速度小，燃烧反应温和，燃烧区温度均匀且无局部高温区，是烟气含 NOₓ 和颗粒物浓度低的主要原因。

2.6 干烟叶品质第三方鉴定

采用国标 42 标准分级，委托农业部烟草产业产品质量监督检验测试中心检测反烧炉烤房干烟叶的外观质量、评吸质量和内在化学成分。

从烟叶等级结构(见表 2 - 6)看，反烧炉干烟叶上等烟比例高于金属炉 0.9 个百分点，橘黄烟比例高于对照 6.7 个百分点，青杂烟比例低于对照 0.7 个百分点,综合以上,反烧炉优于金属炉。从烤后烟外观质量(见表2-7)看,干烟叶外观质量鉴定相当,证明反烧炉与金属炉无明显区别。从干烟叶内在质量(见表2-8)看,反烧炉烟叶略好于金属炉,上部叶高于对照一个档次。

表2-6 干烟叶等级结构对比

烤房类型	上等烟比例	中等烟比例	橘黄烟比例	青杂烟比例
反烧炉	61.3	33.2	71.3	5.5
金属炉	60.2	33.6	64.6	6.2

表2-7 干烟叶外观质量对比

烤房类型	烟叶部位	颜色	成熟度	叶片结构	身份	油分	色度	综合
反烧炉	B2F	橘黄+	成熟	尚疏松	稍厚	有+	强	较高-
	C3F	橘黄+	成熟	疏松	中等	有	中	较高-
	X2F	橘黄	成熟	疏松	稍薄	稍有	中	较高-
金属炉	B2F	橘黄	成熟	尚疏松-	稍厚	有	强-	较高-
	C3F	橘黄+	成熟	疏松	中等	有+	中	较高
	X2F	橘黄+	成熟	疏松	稍薄	稍有	中	一般+

表2-8 干烟叶内在质量对比

烤房类型	烟叶部位	香型	劲头	浓度	香气质(15)	香气量(20)	余味(25)	杂气(18)	刺激性(12)	燃烧性(5)	灰分(5)	得分(100)	质量档次
反烧炉	B2F	浓偏中	适中	中等+	11.63	16.38	19.63	13.25	9.00	3.00	3.00	75.90	较好-
	C3F	浓偏中	适中	中等+	11.38	16.25	19.63	13.00	8.63	3.00	3.00	74.90	中等+
金属炉	B2F	浓偏中	适中	中等+	11.25	16.00	19.13	12.88	8.75	3.00	3.00	74.00	中等+
	C3F	浓偏中	适中	中等+	11.38	15.88	19.25	12.75	8.63	3.00	3.00	73.90	中等+

以 B2F、C3F、X2F 为分析样,分析总糖、还原糖、总植物碱、总氮、K_2O、Cl,分析表明,反烧炉糖碱比更合理,化学成分更协调。

2.7 结论及讨论

1）结论

反烧炉应用于三段式密集烤烟工艺完全可行。反烧炉组织明火反向燃烧供热，助燃风机开停能精准调控烤房温度，烤房空气干湿球温度变化紧贴烘烤工艺曲线，无掉温或超温现象发生，克服了燃烧供热对干烟叶品质的影响。

反烧炉节能环保品质优势突出。能效评估表明，反烧炉比金属炉相对节能26.4%。反烧炉替代金属炉节能 993 kg ce/（年·台），运行费用节省 1750 元/（年·台）；反烧炉比隧道炉相对节能 13.6%。反烧炉替代隧道炉节能 435 kg ce/（年·台），运行费用节省 444 元/（年·台）。烟气检测表明，反烧炉烟气污染物排放低于《工业炉窑大气污染物排放标准》（GB 9078—1996）排放标准。干烟叶品质鉴定表明，和金属炉对照，反烧炉干烟叶等级结构更优，内在质量略好，外观质量相当，糖碱比更合理，化学成分更协调。

反烧炉在烟草调制行业推广应用前景广阔。密集烤房大面积的推广是从2009 年开始的，按 10 年的使用寿命计算，多批烤房加热设备进入更换期。洁净型煤反向燃烧热风炉是燃煤金属炉和隧道炉节能环保综合改造的理想方案之一。

2）讨论

①反向燃烧在密集烤烟中具有节煤环保、温湿度控制精准和提高烟叶烘烤质量优势，在本研究中得到了进一步证实。②反烧炉能应用于三段式密集烤烟工艺，关键是热风炉结构创新和炉内流动传热燃烧过程优化。反烧炉将装煤通道和清灰通道合并为操作通道，并将操作通道顶面升高至炉腹顶面，增加了使用舒适性。反烧炉内炉门堵封清灰口且外炉门封闭操作通道进口，型煤床竖直布置，空气在静压室旋流流动后贴炉腹内壁区域流过型煤床，少量高温引燃物塞入型煤床顶面中心区域，实现"小火→大火→中火"烘烤供热，和三段式密集烤烟工艺相适应。助燃风机停机时，反烧炉不会反向加热新鲜未燃煤，从而解决了阴燃和白烟问题。③反烧炉推广应用仍有条件限制：反烧炉预装型煤球数量有限，减小中途加煤次数要求燃用高热值型煤。试验表明，无烟煤低热值大于 18.837 MJ/kg，且选用腐殖酸钠为型煤黏结剂，可以做到烘烤中途不开启炉门添加型煤。传统反烧煤点火需要较多高热值高挥发分引燃物。反烧炉选用高热值烟煤，但煤球数量只有 1~2 个，且将煤球埋入空气相对较少型煤床顶面中心，另外燃用型煤挥发分不低于 10%，可以确保点火引燃顺利。在型煤低热值、挥发分含量和点火引燃方式满足上述要求时，烤烟试验未发现炉条上方有明显未燃尽煤球现象。

2.8 操作特性模拟研究

单因素仿真整理空气速度场分布和空气利用率随空气速度 u、煤床高度 H、清灰口高度 h、多孔介质区内部阻力系数 ζ 和多孔介质区黏性阻力系数 v 的变化如图 2 - 4 所示。

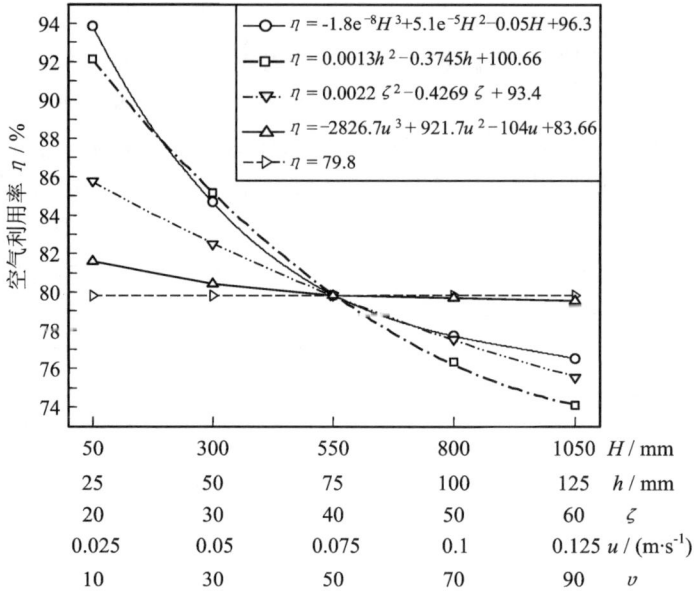

图 2-4　单因素优化空气利用率 η 曲线

Legend:
$\eta = -1.8e^{-8}H^3 + 5.1e^{-5}H^2 - 0.05H + 96.3$
$\eta = 0.0013h^2 - 0.3745h + 100.66$
$\eta = 0.0022\zeta^2 - 0.4269\zeta + 93.4$
$\eta = -2826.7u^3 + 921.7u^2 - 104u + 83.66$
$\eta = 79.8$

H / mm	50	300	550	800	1050
h / mm	25	50	75	100	125
ζ	20	30	40	50	60
u / (m·s⁻¹)	0.025	0.05	0.075	0.1	0.125
v	10	30	50	70	90

综合图 2-4 可知：

(1)装煤通道和清灰通道合并为操作通道，清灰口内置，满足一次性预煤操作需要，是反烧炉的结构特征之一。操作通道使得静压区和操作通道区连通、煤床区和操作通道区连通，并使得反烧炉具有独特的流动特性和操作特性。

(2)煤床高度、清灰口高度和煤床区上下层型煤气流通道孔对准程度，成为反烧炉燃烧供热调控灵敏性的重要影响因素。反烧炉精准燃烧供热技术的关键在于：一次性预先装入全部烘烤用型煤时，按烤房湿烟叶装入量准确测算型煤用量，型煤装入量既不过量也不欠量；在煤床区堆置型煤时，上下层型煤气流通道孔对孔；密封外炉门前确保清灰口被完全堵塞封闭；与反烧炉温度水平无关。

(3)结合多孔介质模型和 RNG $k-\varepsilon$ 紊流模型，建立密集烤烟用洁净型煤反向燃烧热风炉炉内空气流动数值计算模型，应用单因素仿真优化方法，研究炉内空气流动分布和空气利用率随煤床高度、静压区侧壁清灰口高度及上下层型煤蜂窝孔对准程度的变化规律，归纳其操作特性。研究表明：空气利用率是空气速度的 3 次函数、煤床高度的 3 次函数、清灰口高度的 2 次函数和多孔介质区内部阻力系数的 2 次函数；反烧炉燃烧供热调控精准性和多孔介质区黏性阻力系数无关；预装适量型煤、孔对孔堆置型煤和封闭清灰口是反烧炉燃烧供热精准调控的前提条件。

2.9 成果创新性、先进性

项目成果填补了国内空白，达到了国内领先水平。

创新一：首次研发出一种填补国内外空白的配套标准密集烤烟房使用的单体立式洁净型煤反向燃烧热风炉及使用方法。密集烤烟用洁净型煤反向燃烧热风炉，包括炉顶盖、炉腹、炉条、内外双炉门或 L 形炉门，以及 1.5 m 高的炉内腔和 1.5 m 高的操作通道，炉内腔被水平炉条分隔为上部煤床区和下部静压清灰区，该操作通道既用于装煤又用于清灰，内炉门堵塞清灰口，外炉门密封操作通道右端口，用 L 形炉门替代内外双炉门时 L 形炉门底部伸展体端面伸入通道堵塞封闭清灰口，炉腹侧壁均匀焊有向外辐射状肋片，煤床区组织从煤床顶部中心点火引燃的明火反向燃烧供热。

结构强调，更改金属炉上下双炉门和隧道炉矮小单炉门结构，密集烤烟用洁净型煤反向燃烧热风炉将装煤通道和清灰通道合并为高 1.5 m 的操作通道。这样，反烧炉内腔划分为上部燃烧区、下部静压区和约 0.2 m 长的右边操作通道区。内外炉门之间有操作通道区水平相隔，正常运行时同时使用内外炉门，内炉门切断静压区与操作通道的连通，外炉门切断操作通道和外界的连通，使得静压区助燃空气以活塞流方式均匀流入炉条上方煤床区。立式煤床设计，引导高温 CO_2 气流尽快离开煤床区，以接触到循环空气加热面。将点火位置从传统煤床底部静压区移到煤床炉顶区，将高耗能高污染暗火正烧改变为节能环保明火反烧。风机安装在煤床低温端，燃烧面位于煤床区顶部，燃烧面和风机之间有低温煤床相隔，低温煤床阻止停机期间高温气流反向流入风机机壳，风机始终处于低温状态，以保证风机出风量及静压始终稳定。

使用方法强调，不同于传统反烧炉煤床顶面用正燃大量柴火进行全覆盖式点火引燃，洁净型煤反向燃烧热风炉从煤床顶层中心小块烟煤点火引燃。反烧炉属于固定床式炉，科学设置点火引燃条件，克服边壁效应、漏斗效应和温度场不均匀效应的不利影响，是反向燃烧能应用到三段式密集烤烟的关键。煤床顶面中心恰好是空气稀少区域。一方面，此区域微量空气保证引燃物接触的型煤发生微量燃烧反应；另一方面，微量空气也控制了燃烧反应量，避免大热量燃烧反应使烘烤供热失控。煤床顶面中心微量型煤燃烧反应不断激发与之相邻的型煤燃烧反应，使得燃烧区自煤床顶面中心沿中心轴线方向自上向下和沿半径方向自内向外移动。垂直方向因能接触到的空气量始终很少，空气利用率远小于 100%，燃烧区移动缓慢。水平方向尽管能接触到逐渐加多的空气，但燃烧面小，最终燃烧区移动也很缓慢，需要 1～2 天才能使燃烧区从煤床顶面中心移动到边缘。这段时间燃烧释放的微量热量，即能满足小火变黄期烘烤供热需要。燃烧区从煤床顶面边缘移动到底面边缘过程，能遇到煤床边缘区域足够多且恒定流量助燃空气供应，空气利用率 100%，始终发生大热量型煤燃烧反应，满足大火定色期烘烤供热需要。燃烧区移动到煤床底面后即逐渐削减中心未燃炭锥过程，集中于煤床边缘区域的助燃空气有效利用率逐渐下降，燃烧释放中等热量，满足中火干筋期烘烤供热需要。中心未燃炭锥削减过程中，燃烧反应强度比变黄期要大得多，比定色期逐渐变小。传统平面点火，直接发生大热量煤燃烧反应，满足大火定色期烘烤供热需要，表现出微量供热阶段，不能满足小火变黄期烘烤供热需要。选用正燃小块烟煤，保证局部高强度热传导使引燃物传递至型煤热能超过型煤燃烧反应活化能，稳妥激发局部型煤燃烧反应。这样，减少引燃物消耗，实现 1~2 天缓慢燃烧放热满足变黄期烘烤需要。

结构技术创新导致的积极效果：

①实现了预装约 950 个煤球，装煤操作人性化，满足当今各烟区用工紧缺和烟草行业可持续发展需要的目标。金属炉中途加煤次数高达 20 多次。隧道炉预装 800~1000 煤球，中途添加 1~3 次煤球。反烧炉可预装 900~1000 煤球，无须中途添加煤。金属炉烘烤过程用工 1.8~2 个，反烧炉减少用工约 0.8 个。反烧炉预装总热量超过隧道炉，且热效率高出隧道炉 25%，自然能保持更长时间的烘烤供热。金属炉烟农多次在炉外远距离用铁铲抛送散煤和取灰，不能维修炉内壁。隧道炉烟农触地爬行进入炉内腔，然后以蹲姿势退行堆置煤球。炉内腔高度矮，空气流动不畅，有憋闷感，难于满足孔对孔堆置煤球要求。反烧炉以人为本，去掉装煤通道和清灰通道之间的公共壁板，将装煤通道和清灰通道合并成操作通道，将操作通道内腔高度升至 1.5 m，使烟农可直立进出炉内腔。炉内腔高，空气流动顺畅，孔对孔堆煤易满足，并使炉内壁维修有了可能。

②解决了传统反烧炉停机期间不可避免的阴燃升温冒烟问题。

③避免了烘烤精准依赖于先进烤烟控制器的传统认识，实现了低成本精准烘烤。反烧炉高温燃烧区移动方向和助燃空气流动方向相反，助燃空气 O_2 以活塞流方式均匀穿过低温煤床后流入燃烧区，O_2 接触炽热固定碳后发生氧化反应，O_2 以高温 CO_2 方式流入煤床上方的气相空间。高温 CO_2 离开燃烧区后不再接触固定碳，从而杜绝了后续 CO_2 还原反应的发生，从而控制了烟气 CO 含量。燃烧区以下的低温型煤只接收燃烧区热传导，不接收赤红炉内壁热辐射，从而控制了煤床挥发分析出速度。和金属炉或隧道炉 O_2 变成 CO_2 + CO + O_2 相比，反烧炉 O_2 全部变成 CO_2，烟气中无过剩空气和 CO，助燃空气有效利用率接近 100%，型煤内能被全部释放，烘烤燃烧供热和空气消耗成正比，即启停风机即可精准调控烘烤供热，最终将烤房温度变化精准控制在烘烤控制器设定的 ±0.2℃ 以内。烤房温度偏差在 ±0.2℃ 以内的有效烘烤在全部烘烤中的占比高达 100%，避免了不正确供热对干烟叶品质的影响。反烧炉仍使用原烤烟控制器，不另行配置专用烘烤控制器，仅从源头（洁净型煤燃烧）调控性能入手，不追求空气能烤房及生物质颗粒烤房追求烤烟控制技术器件先进性和额外投入，仅通过风机启停，即能低成

本地精准调控烤房温度。

④解决了隧道炉停机期间高温气流反向流入助燃风机机壳，导致风机高温烧损、空气无法稳定供应等问题。隧道炉炉门内侧即为高温燃烧区，静压区和燃烧区重合为一，在风机停止送风时，燃烧区高温炉气能通过通风口及吹火筒反向吹向风机，加上风机受到炉门高温辐射作用，导致机壳温度升高至 $200 \sim 300℃$，出现风机静压下降，空气流量变小，甚至直接被烧毁。助燃风机成为隧道炉更换频率最高、消耗最多的部件之一。

⑤解决了金属炉和隧道炉高能耗问题。隧道炉从煤床下游点火引燃，暗火正烧方式供热，处于燃烧面斜上方的煤床受到高温烘烤，干馏气、挥发分连同高温 CO_2 气体接触高温焦炭被还原生成的 CO 气体一起，向煤床上游方向流动离开煤床，热效率低至 50% 左右。反烧炉从煤床顶面中心开始点火引燃，明火反烧方式供热，高温 CO_2 气体离开煤床，热效率提高到 75% 左右。

创新二：首次研发出一种填补国内外空白的圆台状顶盖补风缝设置 $2 \sim 4$ 个，炉顶区组织切锥面旋流燃烧的密集烤烟用洁净型煤反向燃烧热风炉。

反烧炉炉顶盖设置 $2 \sim 4$ 个补风缝，分 $2 \sim 4$ 处补充送入二次空气，在燃烧室顶部区域形成 $2 \sim 4$ 个薄片状空气流，加上空气流卷吸可燃性烟气污染物沿一假想圆锥侧壁区旋转流动，该区域燃烧放热、挥发分 CO 炭黑和氧分子集中，即为可燃性污染物燃烧所需高温度、高可燃分子浓度和高氧分子浓度"三集中"区域，该区域组织少量挥发分 CO 炭黑高释热强度切锥面螺旋燃烧，出现明显火焰，燃烧温度从金属炉及隧道炉 $500 \sim 700℃$ 提高至 $1000 \sim 1200℃$，促使可燃性污染物继续燃烧完全，确保反烧炉节能环保优势。

2.10 预期投资效益分析

反烧炉单位干烟叶能耗 1.105 kg ce/kg，单台反烧炉烤烟全年耗煤 2.763 t ce。金属炉单位干烟叶能耗 1.502 kg ce/kg，单台传统金属炉烤烟全年耗煤 3.755 t ce。隧道炉单位干烟叶能耗 1.279 kg ce/kg，单台传统隧道炉烤烟全年耗煤 3.198 t ce。

反烧炉比传统金属炉相对节能 26.4%。单台反烧炉替代传统金属炉，全年节能 993 kg ce，减少排放 CO_2 2.582 t，烟尘 27.8 kg，SO_2 23.83 kg，NO_x 6.95 kg，运行费用节省 1750 元。反烧炉替代传统金属炉，烘烤用工成本明显降低，经济社会效益显著。

3. 与当前同类成果的主要参数、效益、市场竞争力的比较

表 3 − 1　洁净型煤反向燃烧热风炉与传统燃煤炉、新能源
与可再生能源热风炉技术经济性能指标对比

	传统立式金属热风炉	传统非金属热风炉	洁净型煤反向燃烧热风炉	生物质颗粒热风炉	空气能热泵热风炉
燃烧室结构	立式,有耐腐蚀钢壳体	隧道式,无耐腐蚀钢壳体	立式,有耐腐蚀钢壳体	立式 + 卧式,有耐腐蚀钢壳体	—
换热器材质	耐腐蚀钢管	无机非金属管	耐腐蚀钢管	耐腐蚀钢管	全翅片耐腐钢管
燃烧供热	暗火正燃	暗火正燃	明火反然	层状燃烧	—
初始投资含烤烟控制器	5800 元/台	约 10000 元/台	约 10000 元/台	1.5 万元/台	2.8 万 ~ 3.8 万元/台
运行费用	630 ~ 756 元/烤次	540 ~ 756 元/烤次	450 ~ 630 元/烤次	1150 ~ 1380 元/烤次	1080 ~ 1125 元/烤次
燃料	高热值无烟散煤	高热值无烟煤,蜂窝状泥煤球,800 ~ 1000 个/烤次	洁净无烟煤净型煤 650 ~ 850 个/烤次	生物质成型燃料 3.8 ~ 4.2 MJ/kg,1150 元/t,1 ~ 1.2 t/烤次	电力,0.72 ~ 0.75 元/kW·h,1500 kW·h/烤次
废气排放检测	超标	超标	达标	颗粒物超标,SO_2 达标,NO_x 接近超标	—
烟气 CO 排放	较高,偶尔排黑烟	高	隧道炉的 30% ~ 50%	较高,偶尔排黑烟	—
综合热效率	35% ~ 45%	国家烟草行业规定 50%	比隧道炉节能 13.6% 比金属炉节能 26.4%	—	—
装煤人性化	全站立状加煤,10 ~ 20 次/炉	全蹬姿堆煤,1 ~ 2 次/炉	全站立状加煤,1 ~ 2 次/炉	机械连续式加料	—
控温能力	−2 ~ 5℃	−2 ~ 8℃	±0.2℃	−0.2 ~ +0.5℃	−2.9 ~ 0.6℃
助燃风机安全性	较安全	易烧损(烧损率 39%) 壳体 > 200 ~ 300℃	安全 壳体 < 38℃	较安全	—
安装难易程度	易,省安装费	难,需安装费	易,省安装费	易,省安装费	难,需安装费
加工制造难度	易	难	易	难	难
跟温能力	一般,偶尔波动	差,超掉温机率大	良好,无超掉温	较好	差,掉温机率大

续表 3-1

	传统立式金属热风炉	传统非金属热风炉	洁净型煤反向燃烧热风炉	生物质颗粒热风炉	空气能热泵热风炉
升温速度	快，（无热惯性）	慢，（热惯性大）	快，（无热惯性）	快，（无热惯性）	快，（无热惯性）
炉内爆燃可能性	一般	大（CO爆燃）	极小	大（固定碳爆燃）	——
故障、维护费用	故障少、维护费用少	故障多、维护费用较高	故障少、维护费用少	控制元器件近距离接触高温，性能不可靠，导致故障具有不确定性、维护费较高	故障多、维护费用高
烤烟品质保障性	一般	较差	很好	较好	较差

4. 应用情况

4.1 推广应用情况

2016—2019年全省累计推广应用反烧炉5个产区、209座烤房。其中，2016—2017长沙宁乡推广应用烤房9座。2018年推广应用烤房20座，其中长沙宁乡、浏阳各10座。2019年在省内5个烟叶产区推广应用烤房180座，其中长沙140座（宁乡80座、浏阳60座），郴州宜章10座，永州江华10座，常德临澧10座，湘西花垣10座。

4.2 推广应用条件

燃用低硫（<0.35%）低灰（<23%）低挥发分（约10%）中高热值（>4500 kcal/kg）无烟煤净型煤，且配合标准密集烤烟房使用，但只是替换热风室金属炉或隧道炉，烤房烘烤控制器及自动检测控制元器件不变。安装反烧炉时，热风室顶面循环风机安装孔中心在炉腹垂直中心线上，操作通道右端口端面在热风室前墙外壁面上。

4.3 推广应用市场前景

湖南省2017年烟叶种植面积为110.58万亩，2009起全省共建有密集烤烟房7.5万座。全省密集烤房大面积推广是从2009年开始的，按10年使用寿命计算，多批烤房加热设备进入更换期，反烧炉市场前景良好。

4.4 推广应用存在的问题

反烧炉燃烧腐殖酸钠黏接挤压成型的低灰高热值机制洁净无烟煤净型煤。在中国，由于清洁煤燃烧没有大面积推广，清洁煤往往只有工业企业使用，在广大农村，清洁煤来源较少，清洁型煤加工技术不足，需要建立专门的供应渠道。

5. 经济、节能、环保效益

表 5-1 反烧炉经济、节能、环保效益核算

年度	示范座数/座	能源成本节约/元	烟农增收/元	节煤/t ce	节煤率/%	减排CO$_2$/%	减排SO$_2$/%	减排NO$_x$/%	减排烟尘/%
2016	3	1065.6	1065.6	1.044	13.6	13.6	13.6	13.6	13.6
2017	6	4466.4	4466.4	2.643	13.6 ~ 26.43	13.6 ~ 26.43	13.6 ~ 26.43	13.6 ~ 26.43	13.6 ~ 26.43
2018	20	35000	50500	19.85	26.43	26.43	80.49	45.24	75.01
2019	180	350000	505000	198.5	26.43	26.43	80.49	45.24	75.01
合计	209	389200	559700	220.732	26.43	26.43	80.49	45.24	75.01

各栏目的计算依据：

已知：①密集烤烟房年产能 2500 kg 干烟叶/座。无烟煤（23.3 MJ/kg）单价 740 元/t，黏结剂 20 元/(t·煤)，煤球加工费 0.15 元/个，金属炉看火费 280 元/房。②烤烟用煤主要用于加热蒸发烟叶水分，参考《密集烘烤》(宫长荣等编，科学出版社 2010 年出版)，考虑干烟叶含水量 7%，湿烟叶水分蒸发负荷分配设定为变黄期 20%、定色期 65%、干筋期 8%。③反烧炉烟气污染物排放第三方检测数据如表 5-2 所示。

表 5-2 反烧炉烟气污染物排放检测数据

热风炉种类	测试时间/单位	SO$_2$ 排放	NO$_x$ 排放	粉尘排放
反烧炉	变黄期/(mg·m^{-3})	818	16	8.59
	定色期/(mg·m^{-3})	83	32	6.25
	干筋期/(mg·m^{-3})	727	56	11.30
金属炉	变黄期/(mg·m^{-3})	481	210	19.40
	定色期/(mg·m^{-3})	809	119	74.40
	干筋期/(mg·m^{-3})	279	72	25.40

反烧炉单位干烟叶能耗　　1.105 kg ce/kg

金属炉单位干烟叶能耗　　1.502 kg ce/kg

反烧炉替换金属炉节煤率　(1.502 - 1.105)/1.502 × 100% = 26.43%

反烧炉替换金属炉节能　　2500 × (1.502 - 1.105)/1000 = 993 kg ce/(年·台)

反烧炉替换金属炉能源费用节省为：$0.993 \times 900 - 2500 \times 1.105/0.849 \times 0.15 - 2500 \times 1.105/1000 \times 20 + 280 \times 5 = 1750$ 元/（年·台）。

烟叶质量提高产值增加。上等烟提高 1.1%，均价提高 0.1 元/kg，同时青杂烟减少 0.7%，收购价 + 补贴 30 元/kg，产值增加 $(0.1 + 0.7\% \times 30) \times 20 \times 125 = 775$ 元/（座·年）。

烟农年收益：能源费用节省 + 烟叶提质收入增加 = 1750 + 250 + 525 = 2525 元/（座·年）。

燃烧 1 kg ce，排放 CO_2 2.6 kg、烟尘 0.028 kg、SO_2 0.024 kg、NO_x 0.007 kg。

反烧炉替换金属炉减排率　节煤率 + （1 - 节煤率）×（变黄期减排浓度 × 20% + 定色期减排浓度 × 65% + 干筋期减排浓度 × 8%）

反烧炉替换金属炉总减排量　1 房年烤烟干烟叶量 × 金属炉烤烟单耗 × 1 kg 标煤污染物排放 × 反烧炉替换金属炉减排率

表 5 - 3　反烧炉燃烧污染物减排核算

	计算公式	CO_2	SO_2	NO_x	粉尘
变黄期/%	（反烧炉排放 - 金属炉排放）/金属炉排放 × 100	—	70.1	-92.4	-55.7
定色期/%	（反烧炉排放 - 金属炉排放）/金属炉排放 × 100	—	-89.7	-73.1	-91.6
干筋期/%	（反烧炉排放 - 金属炉排放）/金属炉排放 × 100	—	160.6	-22.2	-55.5
小计/%	变黄期减排 × 20% + 定色期减排 × 62% + 干筋期减排 × 10%	—	-25.6	-66.0	-73.5
合计减排率/%	节煤率 + （1 - 节煤率）× 小计	26.43	45.24	75.01	80.49
合计减排量/kg	1 房烤烟干烟叶量 × 金属炉烤烟单耗 × 燃烧 1 kg ce 污染物排放 × 合计减排率	2580.5	40.8	19.7	84.6

6. 社会效益

（1）直接社会效益。2017—2019 年，全省累计推广应用反烧炉烤房 209 座，共计烘烤烟叶 1112 烤次。长沙烟区 2017 年改建反烧炉 4 座，2018 年改建反烧炉 20 座，2019 年改建反烧炉 140 座。2019 年郴州、永州、常德和湘西烟区分别改建 10 座反烧炉，共计烘烤 200 烤次。1112 烤次烘烤实现了无人值守烘烤，节省看火费 280 元/房。无排烟，灰渣含碳少。和金属炉相比，反烧炉电耗差不多（约 180 kW·h/房），节煤 26.43%。1112 烤次能源费用总节省 389200 元，烟农增收 559700 元，节煤 220.732 t ce，减排 CO_2 26.43%、烟尘 80.49%、SO_2 45.24%、

NO$_x$ 75.01%。反烧炉烟气污染物排放浓度低于工业炉窑烟气污染物排放标准 GB 9078—1996 限定值。

（2）预期社会效益。每燃烧 1 kg ce，将排放 CO$_2$ 2.6 kg、烟尘 0.028 kg、SO$_2$ 0.024 kg、NO$_x$ 0.007 kg。根据统计，湖南省从 2009 年起共建设标准密集烤房约 7.5 万座，陆续达到或超过设计使用寿命，5 年内反烧炉按年替换 10% 计算，反烧炉与金属炉节能按 25% 的计算，即年增节能 8000 ~ 9400 t ce，减放 CO$_2$ 2.05 ~ 2.44 万 t、烟尘 207.7 ~ 262.5 t、SO$_2$ 189.9 ~ 210.9 t、NO$_x$ 55.6 ~ 65.6 t。反烧炉可降低烟叶烘烤劳动强度，提高人身安全，并降低烘烤成本。传统燃煤烤房 1.8 ~ 2 个工/烤次，按反烧炉减少用工 0.8 个工/烤次、标准烤房烟叶烘烤产能 5 烤次/（年·座）、劳动力成本 100 元/工测算，5 年内年新增反烧炉 7500 座，5 年后反烧炉总数达到 3.75 万座，共进行了 11.25 万座烤房的烘烤，5 年内年节省烘烤用工 45 万个，用工节省约 4500 万元。按照每座烤房每年给烟农增收 2525 元计算，5 年共计产生经济效益 2.84 亿元。

四、主要证明目录

1）技术评价证明目录

（1）密集烤烟高效节能环保型热风炉研发。湖南省科学技术成果评价报告. 农学评字〔2018〕第 003 号.

（2）湖南节能评价技术研究中心. 宁乡市烟草公司密集烤烟用洁净型煤反向燃烧供热装置第三方节能评价报告（№HNJNPJ20171012）. 宁乡：宁乡市烟草公司，2017.8.20.

（3）广电计量检测（湖南）有限公司. 宁乡市烟草公司废气检测报告（№B201706159050 - 1）. 宁乡：宁乡市烟草公司，2017.07.18.

（4）农业部烟草产业产品质量监督检验测试中心. 反烧炉烤房干烟叶品质检测报告. 长沙市烟草公司，2016.

2）知识产权证明目录

授权（申请）项目名称	知识产权类别	申请号	授权号
密集烤烟反烧热风炉及其使用方法	发明专利授权	201610779297.5	ZL201610779297.5
密集烤烟方桶式反烧炉及其使用方法	发明专利授权	201610784466.4	ZL201610784466.4
密集烤烟房用高温热风炉	发明专利授权	2015108013057	ZL2015108013057
密集烤烟用高温热风炉	实用新型专利授权	201520936801.9	ZL201520936801.9
蜂窝煤球明火反烧供热炉	实用新型专利授权	201621000031.8	ZL201621000031.8
蜂窝煤砖燃烧供热装置	实用新型专利授权	201621005756.6	ZL201621005756.6

参考文献

［1］余砚碧，胡云见．云南省立式炉新型节能烤房特点及推广应用效果［J］．中国烟草科学，2002，23（1）：6－8．

［2］国烟办综［2009］418号．密集烤房技术规范（试行）修订版［S］．

［3］汤明．烤烟烘烤节能现状与展望［J］．安徽农业科学，2007，35（15）：4549－4550．

［4］云南省烟草农业科学研究院．烤烟密集型自动化烤房及烘烤工艺［M］．北京：科学出版社，2012．

［5］GB16297－1996.大气污染物综合排放标准［S］．

［6］GB13271－2014.锅炉大气污染物排放标准［S］．

［7］北京市清仓节约办公室．介绍改进燃烧方式消除烟尘的几种方法［J］．铁路标准设计通讯，1973（1）：35－36．

［8］刘伟强，马德义，钟良生，等．手烧燃煤炉消烟除尘与节能改造方法［J］．节能技术，1991（1）：31－32．

［9］吴桂华．固定炉排反烧法燃煤技术在铸造烘窑中的应用［J］．中国铸造，1995（5）：33－35．

［10］宋绪国．明火反烧法治理固定炉排手烧炉冒黑烟的问题［J］．煤矿环境保护，1994（5）：25－26．

［11］史君洁．手烧炉消黑烟技术研究［J］．玻璃与搪瓷，1998，26（3）：32－34．

［12］宋继富，崔昌龙，殷凤英．烟煤无烟化燃烧型煤技术的回顾与展望［J］．燃料流通科技，1994（3）：25－26．

［13］史庆脉，周立新．明火反烧法在铸型"芯"干燥炉上的应用［J］．机械科学与技术，1993，（3）：23－25．

［14］孙中和．改变旧的焚火方法，推广厚煤层逆向燃烧方式［J］．铁道劳动卫生通讯，1981（2）：31－32．

［15］沈志康．一种常见锅炉裂纹事故的分析［J］．中国机械，2015（8）：170－171．

［16］曹寅．厚煤层反烧法在烘干炉上的应用［J］．铸造机械，1985（2）：17－21．

［17］杨其舜，胡人慧，肖正大．反烧法在砂型烘炉上的应用［J］．铸造，1987（3）：31－33．

［18］胡云见．立式炉热风室节能烤房研究与应用［J］．山地农业生物学报，2003，22（3）：200－203．

[19] 曾祖荫, 李碧宽. 立式炉灶气流下降式烤房(L - QX)技术的机理初探[J]. 贵州农业科学, 2003(6): 58 - 59.

[20] 刘奕平, 许锡祥. MY - N 型双炉烤房安装与烘烤试验初报[J]. 中国烟草科学, 1998, 19(2): 21 - 23.

[21] 孙培和, 李明. 250 竿蜂窝煤炉热风循环烤房的修建和使用[J]. 中国烟草科学, 2000, 21(3): 37 - 40.

[22] 宋朝鹏, 陈江华, 许自成, 等. 生物质能在烟叶烘烤中应用前景[J]. 河北农业科学, 2008, 12(12): 83 - 86.

[23] 张国显, 袁志勇, 谢德平, 等. 烤烟热风循环烘烤技术研究[J]. 烟草科技, 1998 (3): 35 - 36.

[24] 何昆, 刁朝强, 黄宁, 等. 非金属复合耐火材料供热设备在密集烤房中的应用效果[J]. 贵州农业科学, 2011, 39(5): 56 - 58.

[25] 唐革利, 陈道颖, 李锋, 等. 烤烟房及其烟道控火闸板装置[P]. 发明申请号 2013104919044, 申请日 2015 - 04 - 29.

[26] 宫长荣, 陈江华, 吴洪田, 等. 密集烤房[M]. 北京: 科学出版社, 2010.

[27] 曾中, 汪耀富, 肖春生, 等. 密集烤房碳纤维增强水泥基复合材料供热设备的设计与试验 [J]. 农业工程学报, 2012, 28(11): 61 - 67.

[28] 铁燕, 和智君, 罗会龙. 烟叶烘烤密集烤房应用现状及展望[J]. 中国农学通报, 2009, 25(13): 260 - 262.

[29] 黄化刚, 代昌明, 李德仑, 等. 双层对向正反燃烧单体供热技术在烤烟烘烤中的应用研究 [J]. 中国农学通报, 2014, 30(17): 161 - 166.

[30] 周昕, 宗树林, 孙培和, 等. 无尘环保逆流循环高效换热烤烟设备开发应用研究[J]. 农业与技术, 2014, (11): 59, 97.

[31] 赵阿娟, 段美珍, 陈道颖, 等. 蜂窝煤球明火反烧供热炉[P]. ZL201621000031.8, 2017322.

[32] 赵阿娟, 段美珍, 陈道颖, 等. 蜂窝煤砖燃烧供热装置[P]. ZL201621005756.6, 2017322.

[33] 赵阿娟, 段美珍, 陈道颖, 等. 密集烤烟反烧热风炉及其使用方法[P]. 发明申请号 201610779297.5, 申请日 2016.8.31.

[34] 赵阿娟, 段美珍, 陈道颖, 等. 密集烤烟方桶式反烧炉及其使用方法[P]. ZL201610784466.4, 2017128.

[35] 段美珍, 陈道颖, 郭亮, 等. 密集烤烟房用高温热风炉[P]. ZL2015108013057, 20171107.

[36] 段美珍, 陈道颖, 郭亮, 等. 密集烤烟用高温热风炉[P]. ZL201520936801.9, 20160330.

[37] 黄国强, 周亦然, 等. 一种锅炉助燃风机隔热防护装置[P]. ZL201320463758.X, 申请日 2014 - 07 - 09.

[38] 潘洪达, 吴庆农. 明火反烧法在干燥炉上的应用[J]. 机床, 1985(10): 22, 37.

[39] Cao Gengshuo, Bao Yafeng, Wu Chao, et al. Analysis on efficiency optimization of tobacco leaf flue - curing process[J]. Procedia Engineering, 2017(205): 540 - 547.

[40] Bao Yafeng, Wang Yong. Thermal and moisture analysis for tobacco leaf flue - curing with heat pump technology[J]. Procedia Engineering, 2016(146): 481 - 493.

[41] Zheng Shaohua, Wu Chao, Bao Yafeng, et al. Influential parameters analysis on heating performance of heat pump in baking process[J]. Procedia Engineering, 2017(205): 810 – 817.

[42] Song Mengjie, Xu Xiangguo, Mao Ning. Energy transfer procession in an air source heat pump unit during defrosting[J]. Applied Energy, 2017(204): 679 – 689.

[43] Xiao Xiaodi, Li Chunming, Ya Ping, et al. Industrial experiments of biomass briquettes as fuel for bulk curing barns[J]. Int. J. of Green Energy, 2015(12): 1061 – 1065.

[44] N Tippayawong, C Tantakitti, S Thavornun. Use of rice husk and corncob as renewable energy sources for tobacco – curing[J]. Energy for Sustainable Development, 2006, 10(3): 68 – 73.

[45] Ronak Daghigh, Mohd Hafidz Ruslan, Mohamad Yusof Sulaiman, et al. Review of solar assisted heat pump drying systems for agricultural and marine products[J]. Renewable and Sustainable Energy Reviews, 2010(14): 2564 – 2579.

[46] Benoît Brandelet, Christophe Rosec, Caroline Rogaume, et al. Impact of ignition technique on total emissions of a firewood stove[J]. Biomass and Bioenergy, 2018(108): 15 – 24.

[47] Jiang Liangliang, Chen Zhangxin, Farouq Ali S M. Modelling of reverse combustion linking in underground coal gasification[J]. Fuel, 2017(207): 302 – 311.

[48] Gao Yafei, Deng Liang. Converting carbon dioxide into alkanes via alkane reverse combustion reaction[J]. Science Bulletin, 2016, 61(15): 1160 – 1162.

[49] Cui Yong, Liang Jie, Wang Zhangqing, et al. Forward and reverse combustion gasification of coal with production of high – quality syngas in a simulated pilot system for in situ gasification [J]. Applied Energy, 2014(131): 9 – 19.

[50] Zhang Qing, Shao Jiacun, Zhao Hang, et al. Temperature distribution in a cigarette oven during baking[J]. Thermal Science, 2015, 19(4): 1201 – 1204.

[51] Benedek Kerekes. Modelling of the thermal parameters in tobacco curing[J]. IFAC Proceedings Volumes, 1997, 30(5): 125 – 129.

[52] Bai Zhipeng, Guo Duoduo, Li Shoucang. Analysis of temperature and humidity field in a new bulk tobacco curing barn based on CFD[J]. Sensors, 2017, 17(2): 279.

[53] He X, Li J C, Zhao G Q. Temperature distribution of air source heat pump barn with different air flow[J]. IOP Conference Series: Earth and Environmental Science, 2016(40): 148 – 154.

[54] Md Rezwanul Karim, Jamal Naser. Numerical study of the ignition front propagation of different pelletised biomasss in a packed bed furnace[J]. Applied Thermal Engineering, 2018, 128(5): 772 – 784.

图书在版编目(CIP)数据

洁净型煤反向燃烧热风炉 / 段美珍等著. —长沙：
中南大学出版社，2021.5
ISBN 978 - 7 - 5487 - 4442 - 9

Ⅰ. ①洁… Ⅱ. ①段… Ⅲ. ①热风炉 Ⅳ. ①TF578

中国版本图书馆 CIP 数据核字(2021)第 083042 号

洁净型煤反向燃烧热风炉
JIEJINGXINGMEI FANXIANG RANSHAO REFENGLU

段美珍　何命军　赵阿娟　陈治锋　著

□责任编辑	史海燕		
□责任印制	易红卫		
□出版发行	中南大学出版社		
	社址：长沙市麓山南路	邮编：410083	
	发行科电话：0731 - 88876770	传真：0731 - 88710482	
□印　　装	长沙鸿和印务有限公司		

□开　　本	710 mm×1000 mm 1/16	□印张 12.25	□字数 246 千字		
□版　　次	2021 年 5 月第 1 版	□2021 年 5 月第 1 次印刷			
□书　　号	ISBN 978 - 7 - 5487 - 4442 - 9				
□定　　价	56.00 元				

图书出现印装问题，请与经销商调换